Web
前端技术
丛书

精通
HTML5+
CSS3+
JavaScript

网页设计 <small>（视频教学版）</small>
（第2版）

王英英 编著

清华大学出版社
北京

内 容 简 介

HTML5、CSS3 和 JavaScript 技术是网页设计的精髓，本书以应用实例和综合实战案例的形式逐一详解 HTML5 网页设计的文档结构、文本、图像、用 HTML5 创建超链接、表格、使用表单；用 CSS3 设置表格和表单的样式、美化图片、背景和边框；讲述 JavaScript 内置对象、对象编程、JavaScript 操纵 CSS3、HTML5 绘制图形、HTML5 中的音频和视频、使用 jQuery Mobile 设计移动页面等网页设计的方法和技巧。

通过对本书实例和综合实战案例的学习与演练，读者可以尽快掌握所学的知识，提高网页设计的实战能力；同时本书提供实例源代码，可供读者直接查看和调用，以便快速上手或进行二次开发。

本书内容丰富、理论结合实践，对从事网站美工工作的读者而言，是一本必不可少的工具书；对从事 Web 系统开发的读者来说，也是一本难得的参考手册。

图书在版编目（CIP）数据

精通 HTML5+CSS3+JavaScript 网页设计：视频教学版/王英英编著.—2 版.—北京：清华大学出版社，2019
（Web 前端技术丛书）

ISBN 978-7-302-52334-5

Ⅰ. ①精… Ⅱ. ①王… Ⅲ. ①超文本标记语言－程序设计②网页制作工具③JAVA 语言－程序设计
Ⅳ.①TP312.8②TP393.092.2

中国版本图书馆 CIP 数据核字（2019）第 029082 号

责任编辑：夏毓彦
封面设计：王　翔
责任校对：闫秀华
责任印制：杨　艳

出版发行：清华大学出版社
　　　　　网　　　址：http://www.tup.com.cn，http://www.wqbook.com
　　　　　地　　　址：北京清华大学学研大厦 A 座　　　邮　　编：100084
　　　　　社 总 机：010-62770175　　　　　　　　　　邮　　购：010-62786544
　　　　　投稿与读者服务：010-62776969，c-service@tup.tsinghua.edu.cn
　　　　　质量反馈：010-62772015，zhiliang@tup.tsinghua.edu.cn
印 装 者：北京市庆全新光印刷有限公司
经　　销：全国新华书店
开　　本：190mm×260mm　　　印　张：30.5　　　字　数：781 千字
版　　次：2012 年 7 月第 1 版　　2019 年 4 月第 2 版　　印　次：2019 年 4 月第 1 次印刷
定　　价：89.00 元

产品编号：080577-01

前　言

HTML5+CSS3+JavaScript 技术具有布局标准和样式精美的特点，成为 Web 2.0 众多技术中最受欢迎的网页设计技术。HTML5+CSS3+JavaScript 技术的应用范围越来越广，例如门户网站、BBS、博客、在线影视等。HTML5、CSS3 和 JavaScript 三者的结合，使网页样式布局和美化达到了一个不可思议的高度。引领读者快速学习和掌握新的设计模式是本书的初衷。

本书内容

第 1 章是 HTML5 快速入门，包括 HTML5 的基本概念、HTML5 网页文档结构、HTML5 文件的编写方法和 HTML5 语法的新变化。

第 2 章介绍 HTML5 网页中的文本和图像，包括添加文本、文本排版、文字列表和网页中的图像等。

第 3 章介绍用 HTML5 建立超链接，包括 URL 的概念、超链接标记、创建热点区域和浮动框架 iframe 等。

第 4 章介绍用 HTML5 创建表格，包括表格基本结构及操作、完整的表格标记和制作计算机标价表等。

第 5 章介绍使用表单，包括表单概述、表单基本元素的使用和表单高级元素的使用等。

第 6 章是 CSS3 概述，包括 CSS3 基本概念、编写与浏览 CSS3，以及在 HTML5 中使用 CSS3 的方法。

第 7 章介绍 CSS3 中文字与段落属性，主要包括字体属性、文本高级样式和段落属性。最后通过两个综合实例，进一步讲述如何设置公司标题和旅游网页混排的方法和技巧。

第 8 章介绍用 CSS3 设置表格和表单的样式，包括表格基本样式和 CSS3 与表单，并通过 5 个综合实例进一步讲述表单和表格样式的制作方法和技巧。

第 9 章介绍 CSS3 美化图片，主要包括图片样式、图片的对齐和图文混排等。

第 10 章介绍 CSS3 美化背景与边框，主要包括背景相关属性、边框、圆角边框、图像边框和边距，最后通过 1 个综合实例进一步讲述如何制作圆角边框效果。

第 11 章是 JavaScript 概述，包括 JavaScript 简介、在 HTML5 文件中使用 JavaScript 代码等。

第 12 章介绍 JavaScript 语言基础，包括数据类型与变量、运算符与表达式、流程控制语句和函数等。

第 13 章介绍 JavaScript 内置对象，包括字符串对象、数学对象、日期对象和数组对象等。

第 14 章介绍 JavaScript 对象编程，包括文档对象模型、窗口对象、文档对象和表单对象等。

第 15 章介绍 JavaScript 操纵 CSS3，包括 DHTML 简介、前台动态网页效果、JS 控制表单背景色、文字提示和实现即时验证效果等。

第 16 章介绍 HTML5 绘制图形，包括 canvas 概述、绘制基本形状、绘制渐变图形、绘制变形图形、图形组合、绘制带阴影的图形、使用图像、绘制文字和图形的保存和恢复等。

第 17 章介绍在 HTML5 中的音频和视频，包括<audio>标记和<video>标记等。

第 18 章介绍地理定位和离线 Web 应用，包括地理定位、离线 Web 应用和 Web 存储技术。

第 19 章介绍使用 jQuery Mobile 设计移动页面，包括 jQuery Mobile 概述、跨平台移动设备网页、jQuery Mobile 网页的架构、使用 UI 组件、导航条、使用 jQuery Mobile 主题、创建多页面的 jQuery Mobile 网页、制作对话框效果、绚丽多彩的页面切换效果。

第 20 章介绍企业门户型网站的综合实战案例。

第 21 章介绍在线游戏类网站的综合实战案例。

第 22 章介绍手机移动类网站的综合实战案例。

本书特色

知识全面：知识由浅入深，涵盖所有 HTML5、CSS3 和 JavaScript 知识点，便于读者循序渐进地掌握 HTML5 +CSS3+JavaScript 网页布局技术。

图文并茂：注重操作，图文并茂，在介绍案例的过程中，每一个操作均有对应的插图。这种图文结合的方式使读者在学习过程中能够直观、清晰地看到操作的过程以及效果，便于更快地理解和掌握。

易学易用：颠覆传统"看"书的观念，变成一本能"操作"的图书。

案例丰富：把知识点融汇于系统的案例实训当中，并且结合经典案例进行讲解和拓展，进而达到"知其然，并知其所以然"的效果。

贴心周到：本书对读者在学习过程中可能会遇到的疑难问题以"提示"和"技巧"的形式进行了说明，以免读者在学习的过程中走弯路。

代码支持：本书提供实例和综合实战案例的源代码，可让读者在实战应用中掌握网页布局的每一项技能，真正体现"自学无忧"，是一本物超所值的好书。

技术支持：读者可加入 QQ 群 941230971，索要源代码、教学幻灯片和精品教学视频，讨论相关问题。

读者对象

本书是一本完整介绍 HTML5+CSS3+JavaScript 网页制作技术的教程，内容丰富，条理清晰，实用性强，适合如下读者学习使用：

- 对网页制作有兴趣的读者，可以快速上手制作精美网页。
- 对从事美工工作的读者，是必不可少的工具书。

源码、课件与教学视频下载

　　本书源码课件与教学视频下载地址请扫描右边二维码获取。如果下载有问题，请联系 *booksaga@163.com*，邮件主题为"精通 H5C3JS"。

鸣　谢

　　本书由王英英编著，参与编写的还有贾文学、肖品、胡霞、贺盼盼、胡秀芳、郑玉超、纪克新、唐跃爱、李爱玲、郭红侠、李茂有、贺金刚、李鑫、郭红梅、马继梅、郑思贤、贾福运、贺单单、王二帅、郭红民、张工厂、邓爱玲、谢德胜、李友洪、郭推、申小相、覃达朝、张开保、陈敏敏、庞世芳、陈莹莹、贺积回、贺咸阳、李爱勤、许金花、张国年、王永超、刘增杰、李小威、张桐嘉、杨翔艳等。本书虽然倾注了编者的心血，但由于水平有限，书中难免有疏漏之处，敬请谅解。如果遇到问题或有意见和建议，请与我们联系，我们将全力提供帮助，技术支持 QQ 群：941230971。

编　　者

2019 年 2 月

目　录

第 1 章　HTML5 快速入门...1

1.1　HTML5 概述..1
1.2　HTML5 的文档结构..3
　　1.2.1　文档类型说明...3
　　1.2.2　HTML 标记...3
　　1.2.3　头标记 head...3
　　1.2.4　网页的主体标记 body...7
　　1.2.5　页面注释标记<!-- -->..7
1.3　HTML5 文件的编写方法..8
　　1.3.1　使用记事本手工编写 HTML 文件...8
　　1.3.2　使用 Dreamweaver CC 编写 HTML 文件..9
1.4　HTML5 语法的新变化..11
　　1.4.1　标签不再区分大小写...11
　　1.4.2　允许属性值不使用引号...12
　　1.4.3　允许部分属性值的属性省略...12
1.5　专家解惑...13

第 2 章　HTML5 网页中的文本和图像...15

2.1　添加文本...15
　　2.1.1　普通文本...15
　　2.1.2　特殊文字符号...16
　　2.1.3　文本特殊样式...17
2.2　文本排版...19
　　2.2.1　换行标记
与段落标记<p>..19
　　2.2.2　标题标记<h1>～<h6>..21
2.3　文字列表...22

2.3.1 建立无序列表<ul> 23

2.3.2 建立有序列表<ol> 24

2.4 网页中的图像<img> 25

2.4.1 网页中支持的图片格式 26

2.4.2 使用路径 26

2.4.3 网页中插入图像标记<img> 28

2.5 综合实例——图文并茂房屋装饰装修网页 31

2.6 专家解惑 32

第 3 章 用 HTML5 建立超链接 34

3.1 URL 的概念 34

3.1.1 URL 的格式 34

3.1.2 URL 的类型 35

3.2 超链接标记<a> 36

3.2.1 设置文本和图片的超链接 36

3.2.2 超链接指向的目标类型 37

3.2.3 设置以新窗口显示超链接页面 39

3.3 创建热点区域 40

3.4 浮动框架 iframe 41

3.5 综合实例——用 Dreamweaver 精确定位热点区域 42

3.6 专家解惑 44

第 4 章 用 HTML5 创建表格 46

4.1 表格基本结构及操作 46

4.1.1 表格基本结构 46

4.1.2 合并单元格 48

4.2 完整的表格标记 52

4.3 综合实例——制作计算机报价单 54

4.4 专家解惑 56

第 5 章 使用表单 58

5.1 表单概述 58

5.2 表单基本元素的使用 59

5.2.1 单行文本输入框 text 59

5.2.2 多行文本框标记<textarea> 60

5.2.3　密码输入框 password 61

5.2.4　单选按钮 radio 61

5.2.5　复选框 checkbox 62

5.2.6　选择列表标记<select> 63

5.2.7　普通按钮 button 64

5.2.8　提交按钮 submit 65

5.2.9　重置按钮 reset 66

5.3　表单高级元素的使用 67

5.3.1　url 属性 67

5.3.2　email 属性 68

5.3.3　date 和 times 属性 69

5.3.4　number 属性 70

5.3.5　range 属性 71

5.3.6　required 属性 72

5.4　综合实例——创建用户反馈表单 72

5.5　专家解惑 74

第 6 章　CSS3 快速入门 75

6.1　CSS3 介绍 75

6.1.1　CSS3 功能 75

6.1.2　CSS3 发展历史 76

6.1.3　浏览器与 CSS3 76

6.2　编辑和浏览 CSS 77

6.2.1　CSS 基础语法 77

6.2.2　使用记事本手工编写 CSS 文件 78

6.2.3　使用 Dreamweaver CC 创建 CSS 文件 79

6.3　在 HTML5 中使用 CSS3 的方法 80

6.3.1　行内样式 80

6.3.2　内嵌样式 81

6.3.3　链接样式 83

6.3.4　导入样式 84

6.3.5　优先级问题 86

6.4　CSS3 选择器 88

6.4.1　标记选择器 89

6.4.2　类选择器 90

6.4.3　ID 选择器 91

6.4.4　全局选择器 93

6.4.5　组合选择器 94

6.4.6　继承选择器 95

6.4.7　伪类 97

6.4.8　属性选择器 98

6.4.9　结构伪类选择器 100

6.4.10　UI 元素状态伪类选择器 101

6.5　选择器声明 103

6.5.1　集体声明 103

6.5.2　多重嵌套声明 104

6.6　综合实例 1——制作五彩标题 105

6.7　综合实例 2——制作新闻菜单 108

6.8　专家解惑 111

第 7 章　CSS3 字体与段落属性 112

7.1　字体属性 112

7.1.1　字体 font-family 112

7.1.2　字号 font-size 113

7.1.3　字体风格 font-style 115

7.1.4　加粗字体 font-weight 116

7.1.5　小写字母转为大写字母 font-variant 117

7.1.6　字体复合属性 font 118

7.1.7　字体颜色 color 119

7.2　文本高级样式 121

7.2.1　阴影文本 text-shadow 121

7.2.2　溢出文本 text-overflow 122

7.2.3　控制换行 word-wrap 123

7.2.4　保持字体尺寸不变 font-size-adjust 125

7.3　段落属性 126

7.3.1　单词间隔 word-spacing 126

7.3.2　字符间隔 letter-spacing 127

7.3.3　文字修饰 text-decoration 128

7.3.4　垂直对齐方式 vertical-align 129

7.3.5　文本转换 text-transform 131

7.3.6　水平对齐方式 text-align 132

7.3.7　文本缩进 text-indent 134

7.3.8　文本行高 line-height 135

7.3.9　处理空白 white-space 136

7.3.10　文本反排 unicode-bidi 和 direction 137

7.4　综合实例 1——制作旅游宣传网页 139

7.5　综合实例 2——网页简单图文混排 143

7.6　专家解惑 145

第 8 章　CSS3 美化表格和表单样式 146

8.1　表格基本样式 146

8.1.1　表格边框样式 146

8.1.2　表格边框宽度 149

8.1.3　表格边框颜色 150

8.2　CSS3 与表单 151

8.2.1　美化表单元素 152

8.2.2　美化提交按钮 154

8.2.3　美化下拉菜单 155

8.3　综合实例 1——隔行变色 157

8.4　综合实例 2——表格图文网页布局 160

8.5　综合实例 3——变色表格 162

8.6　综合实例 4——登录表单 165

8.7　综合实例 5——注册表单 167

8.8　专家解惑 170

第 9 章　CSS3 美化图像 171

9.1　图片样式 171

9.1.1　图片边框 171

9.1.2　图片缩放 173

9.2　对齐图片 176

9.2.1　横向对齐方式 176

9.2.2　纵向对齐方式 177

9.3　图文混排 179

9.3.1　文字环绕 179

9.3.2　设置图片与文字间距 180

9.4　综合实例 1——一句话新闻 181

9.5　综合实例 2——学校宣传单 185

9.6　专家解惑 187

第 10 章　CSS3 美化背景与边框 188

10.1　背景相关属性 188

10.1.1　背景颜色 188

10.1.2　背景图片 190

10.1.3　背景图片重复 191

10.1.4　背景图片显示 192

10.1.5　背景图片位置 194

10.1.6　背景图片大小 196

10.1.7　背景显示区域 197

10.1.8　背景图像裁剪区域 199

10.1.9　背景复合属性 200

10.2　边框 201

10.2.1　边框样式 201

10.2.2　边框颜色 203

10.2.3　边框线宽 204

10.2.4　边框复合属性 206

10.3　圆角边框 207

10.3.1　圆角边框属性 207

10.3.2　指定两个圆角半径 208

10.3.3　绘制四个不同圆角边框 209

10.3.4　绘制边框种类 212

10.4　图片边框 213

10.4.1　图片边框属性 213

10.4.2　设置图像边框显示方式 215

10.5　综合实例——设计公司主页 217

10.6　专家解惑 221

第 11 章　JavaScript 概述 222

11.1　JavaScript 简介 222

11.1.1　JavaScript 是什么 222

11.1.2　JavaScript 和 Java 的关系 223

11.1.3　JavaScript 的发展历史 224

11.1.4　JavaScript 开发及运行环境 225

11.2　在 HTML5 文件中使用 JavaScript 代码 226

11.2.1　JavaScript 嵌入 HTML5 文件 226

11.2.2　外部 JavaScript 文件 227

11.3　综合实例——欢迎光临网站的 JavaScript 程序 228

11.4　专家解惑 230

第 12 章　JavaScript 语言基础 231

12.1　数据类型与变量 231

12.1.1　数据类型 231

12.1.2　变量 234

12.1.3　保留关键字 235

12.2　运算符与表达式 236

12.2.1　算术运算符及其表达式 237

12.2.2　赋值运算符及其表达式 237

12.2.3　关系运算符及其表达式 239

12.2.4　位运算符及其表达式 239

12.2.5　逻辑运算符与逻辑表达式 240

12.2.6　其他运算符及运算符优先级 241

12.3　流程控制语句 242

12.3.1　注释语句和语句块 243

12.3.2　选择语句 244

12.3.3　循环语句 251

12.4　函数 255

12.4.1　函数简介 255

12.4.2　定义函数 255

12.4.3　调用函数 259

12.4.4　系统函数 261

12.5　综合实例——购物简易计算器 264

12.6　专家解惑 267

第 13 章　JavaScript 内置对象 268

13.1　字符串对象 268

13.1.1　字符串对象的创建 268

13.1.2 字符串对象的常用属性 269

13.1.3 字符串对象的常用函数 269

13.2 数学对象 272

13.2.1 数学对象的属性 272

13.2.2 数学对象的函数 272

13.3 日期对象 276

13.3.1 创建日期对象 276

13.3.2 日期对象的常用函数 278

13.3.3 日期间的运算 280

13.4 数组对象 281

13.4.1 数组对象的创建 282

13.4.2 数组对象的操作 283

13.4.3 数组对象的常用方法 285

13.5 综合实例——随机验证码和动态时钟 289

13.6 专家解惑 293

第 14 章 JavaScript 对象编程 295

14.1 文档对象模型 295

14.1.1 文档对象模型概述 295

14.1.2 在 DOM 模型中获得对象的方法 296

14.1.3 事件驱动 297

14.2 窗口对象 299

14.2.1 窗口概述 299

14.2.2 对话框 302

14.2.3 窗口操作 304

14.3 文档对象 306

14.3.1 文档的属性 306

14.3.2 文档中的图片 308

14.3.3 文档中的超链接 309

14.4 表单对象 311

14.4.1 form 对象 311

14.4.2 form 对象属性与方法 312

14.4.3 单选与复选的使用 314

14.4.4 使用下拉菜单 315

14.5 综合实例 1——表单注册与表单验证 317

14.6 综合实例 2——省市联动效果 322

14.7 专家解惑 326

第 15 章 JavaScript 操纵 CSS3 327

15.1 DHTML 简介 327

15.2 前台动态网页效果 328

15.2.1 动态内容 328

15.2.2 动态样式 329

15.2.3 动态定位 331

15.2.4 显示与隐藏 333

15.3 综合实例 1——JS 控制表单背景色和文字提示 334

15.4 综合实例 2——实现即时验证效果 337

15.5 专家解惑 339

第 16 章 HTML5 绘制图形 341

16.1 canvas 概述 341

16.1.1 添加 canvas 元素 341

16.1.2 绘制矩形 342

16.2 绘制基本形状 343

16.2.1 绘制圆形 343

16.2.2 使用 moveTo 与 lineTo 绘制直线 345

16.2.3 使用 bezierCurveTo 绘制贝塞尔曲线 346

16.3 绘制渐变图形 348

16.3.1 绘制线性渐变 349

16.3.2 绘制径向渐变 350

16.4 绘制变形图形 351

16.4.1 变换原点坐标 352

16.4.2 图形缩放 353

16.4.3 旋转图形 354

16.5 图形组合 356

16.6 绘制带阴影的图形 358

16.7 使用图像 359

16.7.1 绘制图像 359

16.7.2 图像平铺 360

16.7.3 图像裁剪 362

16.7.4 像素处理 364

16.8 绘制文字 366

16.9 图形的保存与恢复 368

16.9.1 保存与恢复状态 368

16.9.2 保存文件 369

16.10 综合实例 1——绘制商标 371

16.11 综合实例 2——绘制火柴棒人物 372

16.12 综合实例 3——制时钟 376

16.13 专家解惑 380

第 17 章 HTML5 中的音频和视频 381

17.1 \<audio\>标记 381

17.1.1 \<audio\>标记概述 381

17.1.2 \<audio\>标记的属性 382

17.1.3 音频解码器 383

17.1.4 \<audio\>标记浏览器的支持情况 383

17.2 \<video\>标记 383

17.2.1 \<video\>标记概述 383

17.2.2 \<video\>标记的属性 384

17.2.3 视频解码器 385

17.2.4 \<video\>标记浏览器的支持情况 385

17.3 音频和视频中的方法 386

17.3.1 canPlayType()方法 386

17.3.2 load()方法 387

17.3.3 play()方法和 pause()方法 388

17.4 音频和视频中的属性 389

17.4.1 autoplay 属性 389

17.4.2 buffered 属性 391

17.4.3 controls 属性 392

17.4.4 currentSrc 属性 394

17.5 专家解惑 395

第 18 章 地理定位、离线 Web 应用 和 Web 存储 396

18.1 获取地理位置 396

18.1.1 地理定位的原理 396

18.1.2　地理定位的函数 397

18.1.3　指定纬度和经度坐标 397

18.1.4　目前浏览器对地理定位的支持情况 399

18.2　HTML5 离线 Web 应用 399

18.2.1　新增的本地缓存 399

18.2.2　本地缓存的管理者——manifest 文件 399

18.2.3　浏览器网页缓存与本地缓存的区别 401

18.2.4　目前浏览器对 Web 离线应用的支持情况 401

18.3　Web 存储 401

18.3.1　本地存储和 Cookies 的区别 402

18.3.2　在客户端存储数据 402

18.3.3　sessionStorage 函数 402

18.3.4　localStorage 函数 404

18.3.5　目前浏览器对 Web 存储的支持情况 405

18.4　专家解惑 406

第 19 章　使用 jQuery Mobile 设计移动页面 407

19.1　jQuery Mobile 概述 407

19.2　跨平台移动设备网页 408

19.2.1　移动设备模拟器 408

19.2.2　jQuery Mobile 的安装 410

19.3　jQuery Mobile 网页的架构 411

19.4　使用 UI 组件 412

19.5　导航条 422

19.6　使用 jQuery Mobile 主题 425

19.7　创建多页面的 jQuery Mobile 网页 429

19.8　制作对话框效果 430

19.9　绚丽多彩的页面切换效果 432

19.10　大神解惑 434

第 20 章　项目实训 1——设计企业门户网站 435

20.1　构思布局 435

20.1.1　设计分析 435

20.1.2　排版架构 436

20.2　模块分割 437

20.2.1　Logo 与导航菜单 437

20.2.2　左侧文本介绍 439

20.2.3　右侧导航链接 441

20.2.4　版权信息 443

20.3　整体调整 444

20.4　专家解惑 445

第 21 章　项目实训 2——设计星际争霸的网页游戏 446

21.1　游戏概述 446

21.2　游戏需求分析 447

21.3　HTML5、CSS 和 JavaScript 搭配实现 448

21.3.1　基本的 HTML5 结构和标记 448

21.3.2　使用 CSS 修改页面 449

21.3.3　编写 JavaScript 程序 450

第 22 章　项目实训 3——设计手机移动类网站 457

22.1　项目概述 457

22.2　项目开发前必备知识 457

22.2.1　Camera 插件 458

22.2.2　Swipebox 插件 460

22.3　项目实现 462

22.3.1　首页 462

22.3.2　宠物图片展示页面 465

22.3.3　咨询页面 467

22.3.4　注册页面 469

第 1 章　HTML5 快速入门

目前网络已经成为人们生活、工作中不可缺少的一部分，网页设计也成为学习计算机的重要内容之一。制作网页可采用可视化编辑软件，但是无论采用哪一种网页编辑软件，最后都是将所设计的网页转化为 HTML。HTML 是网页的基础语言，因此本章就来介绍 HTML 的基本概念、编写方法及浏览 HTML 文件的方法，使读者初步了解 HTML，从而为后面的学习打下基础。

1.1　HTML5 概述

因特网上的信息是以网页的形式展示给用户的，因此网页是网络信息传递的载体。网页文件是用一种标记语言书写的，这种语言称为 HTML（Hyper Text Markup Language，超文本标记语言）。

HTML 是一种标记语言，而不是一种编程语言，主要用于描述超文本中内容的显示方式。标记语言从诞生到今天，经历了二十几载，发展过程中也有很多曲折，经历的版本及发布日期如表 1-1 所示。

表 1-1　HTML 经历的版本

版本	发布日期	说明
超文本标记语言（第一版）	1993 年 6 月	作为互联网工程工作小组（IETF）工作草案发布（并非标准）
HTML 2.0	1995 年 11 月	作为 RFC 1866 发布，在 RFC 2854 于 2000 年 6 月发布之后被宣布已经过时
HTML 3.2	1996 年 1 月 14 日	W3C（万维网联盟）推荐标准
HTML 4.0	1997 年 12 月 18 日	W3C 推荐标准
HTML 4.01	1999 年 12 月 24 日	微小改进，W3C 推荐标准

（续表）

版本	发布日期	说明
ISO HTML	2000 年 5 月 15 日	基于严格的 HTML 4.01 语法，是国际标准化组织和国际电工委员会的标准
XHTML 1.0	2000 年 1 月 26 日	W3C 推荐标准，后来经过修订于 2002 年 8 月 1 日重新发布
XHTML 1.1	2001 年 5 月 31 日	较 1.0 有微小改进
XHTML 2.0 草案	没有发布	2009 年，W3C 停止了 XHTML 2.0 工作组的工作
HTML 5	2014 年 10 月	W3C 推荐标准

HTML 是一种标记语言，经过浏览器的解释和编译，虽然本身不能显示在浏览器中，但是在浏览器中可以正确显示 HTML 标记的内容。HTML 语言从 1.0 至 5.0 经历了巨大的变化，从单一的文本显示功能到图文并茂的多媒体显示功能，许多特性经过多年的完善，已经成为一种非常完善的标记语言。尤其是 HTML5，对多媒体的支持功能更强，它新增功能如下：

- 新增语义化标记，使文档结构明确
- 新的文档对象模型（DOM）
- 实现 2D 绘图的 canvas 对象
- 可控媒体播放
- 离线存储
- 文档编辑
- 拖放
- 跨文档消息
- 浏览器历史管理
- MIME 类型和协议注册

对于这些新功能，支持 HTML5 的浏览器在处理 HTML 代码错误的时候会更灵活，而那些不支持 HTML5 的浏览器将忽略 HTML5 代码。

HTML5 不是一种编程语言，而是一种描述性的标记语言，用于描述超文本中的内容和结构。HTML 最基本的语法是<标记符></标记符>。标记符通常都是成对使用，有一个开头标记和一个结束标记。结束标记只是在开头标记的前面加一个斜杠"/"。当浏览器收到 HTML 文件后，就会解释里面的标记符，然后把标记符相对应的功能表达出来。

如在 HTML 中用<p></p>标记符来定义一个段落，用
标记符来定义一个换行符。当浏览器遇到<p></p>标记符时，会把该标记中的内容自动形成一个段落。当遇到
标记符时，会自动换行，并且该标记符后的内容会从一个新行开始。这里的
标记符是单标记，没有结束标记，标记后的"/"符号可以省略，为了规范代码，一般建议加上。

1.2　HTML5 的文档结构

HTML5 文档最基本的结构主要包括文档类型说明、文档开始标记、元信息、主体标记和页面注释标记。

1.2.1　文档类型说明

HTML5 设计准则中最重要的一条是化繁为简，Web 页面的文档类型说明（Doctype）被极大地简化了。

在 HTML4 或早期的版本中，创建 HTML 文档时，文档头部的类型说明代码如下：

```
<!DOCTYPE html PUBLIC "-//W3C//DTD XHTML 1.0 Transitional//EN"
"http://www.w3.org/TR/xhtml1/DTD/xhtml1-transitional.dtd">
```

上面为 XHTML 文档类型说明，读者可以看到这段代码既麻烦又难记，HTML5 对文档类型进行了简化，简单到 15 个字符就可以了，代码如下：

```
<!DOCTYPE html>
```

 Doctype 声明需要出现在 HTML 文件的第一行。

1.2.2　HTML 标记

HTML 标记代表文档的开始，由于 HTML 语言语法的松散特性，该标记可以省略，但是为了使之符合 Web 标准和文档的完整性，用户要养成良好的编写习惯，建议不要省略该标记。

HTML 标记以<html>开头，以</html>结尾，文档的所有内容书写在开头和结尾的中间部分。语法格式如下：

```
<html>
...
</html>
```

1.2.3　头标记 head

头标记 head 用于说明文档头部相关信息，一般包括标题信息、元信息、定义 CSS 样式和脚本代码等。HTML 的头部信息是以<head>开始，以</head>结束，语法格式如下：

```
<head>
…
</head>
```

 <head>元素的作用范围是整篇文档，定义在 HTML 文档头部的内容往往不会在网页上直接显示。

1. 标题标记 title

HTML 页面的标题一般用来说明页面的用途，显示在浏览器的标题栏中。在 HTML 文档中，标题信息设置在<head>与</head>之间。标题标记以<title>开始，以</title>结束，语法格式如下：

```
<title>
…
</title>
```

在标记中间的"…"就是标题的内容，可以帮助用户更好地识别页面。预览网页时，设置的标题在浏览器的左上方标题栏中显示（如图 1-1 所示）。页面的标题只有一个，在 HTML 文档的头部，即<head>和</head>之间。

图 1-1　标题栏在浏览器中的显示效果

2. 元信息标记 meta

<meta>标记可提供有关页面的元信息（meta-information），比如针对搜索引擎和更新频度的描述和关键词。

<meta>标记位于文档的头部，不包含任何内容。<meta>标记的属性定义了与文档相关联的名称/值，<meta>标记提供的属性及取值见表 1-2。

表 1-2 <meta>标记提供的属性及取值

属性	值	描述
charset	character encoding	定义文档的字符编码
content	some_text	定义与 http-equiv 或 name 属性相关的元信息
http-equiv	content-type expires refresh set-cookie	把 content 属性关联到 HTTP 头部
name	author description keywords generator revised Others	把 content 属性关联到一个名称

（1）字符集 charset 属性

在 HTML5 中，有一个新的 charset 属性，使字符集的定义更加容易。例如，下列代码告诉浏览器，网页使用"ISO-8859-1"字符集显示，代码如下所示。

```
<meta charset="ISO-8859-1">
```

（2）搜索引擎的关键字

早期，meta keywords 关键字对搜索引擎的排名算法起到一定的作用，是很多人进行网页优化的基础。关键字在浏览时是看不到的，使用格式如下。

```
<meta name="keywords" content="关键字,keywords" />
```

说明：

- 不同的关键字之间，应用半角逗号隔开（英文输入状态下），不要使用"空格"或"|"间隔。
- 是 keywords，不是 keyword。
- 关键字标签中的内容应该是一个个的短语，而不是一段话。

例如，定义针对搜索引擎的关键词，代码如下：

```
<meta name="keywords" content="HTML, CSS, XML, XHTML, JavaScript" />
```

关键字标记 keywords，曾经是搜索引擎排名中很重要的因素，但现在已经被很多搜索引擎完全忽略。加上这个标记对网页的综合表现没有坏处，不过如果使用不恰当，对网页非但没有好处，还有欺诈的嫌疑。在使用关键字标记 keywords 时，要注意以下几点：

- 关键字标记中的内容要与网页核心内容相关，确信使用的关键字字出现在网页文本中。
- 使用用户易于通过搜索引擎检索的关键字，过于生僻的词汇不太适合做 meta 标记中的关键字。
- 不要重复使用关键字，否则可能会被搜索引擎惩罚。
- 一个网页的关键字标记里最多包含 5 个重要的关键字，不要超过 5 个。
- 每个网页的关键字应该不一样。

 由于设计者或 SEO 优化者以前对 meta keywords 关键字的滥用，导致目前它在搜索引擎排名中的作用很小。

（3）页面描述

meta description（描述元标记）是一种 HTML 元标记，用来简略描述网页的主要内容，通常被搜索引擎用于搜索结果页上展示给最终用户看的一段文字片段。页面描述在网页中是不显示出来的，使用格式如下：

```
<meta name="description" content="网页的介绍" />
```

例如，定义对页面的描述，代码如下：

```
<meta name="description" content="免费的 web 技术教程。" />
```

（4）页面定时跳转

使用<meta>标记可以使网页在经过一定时间后自动刷新，这可通过将 http-equiv 属性值设置为 refresh 来实现。content 属性值可以设置为更新时间。

在浏览网页时经常会看到一些欢迎信息的页面，在经过一段时间后，这些页面会自动转到其他页面，这就是网页的跳转。页面定时刷新跳转的语法格式如下：

```
<meta http-equiv="refresh" content="秒;[url=网址]" />
```

说明：上面的"[url=网址]"部分是可选项。如果有这部分，页面定时刷新并跳转；如果省略该部分，页面只定时刷新，不进行跳转。

例如，实现每 5 秒刷新一次页面，将下述代码放入 head 标记部分即可。

```
<meta http-equiv="refresh" content="5" />
```

1.2.4　网页的主体标记 body

网页所要显示的内容都放在网页的主体标记内，是 HTML 文件的重点所在，后面章节所要介绍的 HTML 标记都将放在这个标记内。然而它并不仅仅是一个形式上的标记，它本身也可以控制网页的背景颜色或背景图像，这会在后面进行介绍。主体标记以<body>开始、以</body>结束，语法格式如下：

```
<body>
…
</body>
```

注意，在构建 HTML 结构时，标记不允许交叉出现，否则会造成错误。

例如，在下列代码中，<body>开始标记出现在<head>标记内。

```
<html>
<head>
<title>标记测试</title>
<body>
</head>
</body>
</html>
```

代码中的第 4 行<body>开始标记和第 5 行的</head>结束标记出现了交叉，这是错误的。HTML 中的所有标记都是不允许交叉出现的。

1.2.5　页面注释标记<!-- -->

注释是在 HTML 代码中插入的描述性文本，用来解释该代码或提示其他信息。注释只出现在代码中，浏览器对注释代码不进行解释，并且在浏览器的页面中不显示。在 HTML 源代码中适当地插入注释语句是一种非常好的习惯。对于设计者日后的代码修改、维护工作很有好处。另外，如果将代码交给其他设计者，其他人也能很快读懂前者所撰写的内容。

语法格式如下：

```
<!--注释的内容-->
```

注释语句元素由前后两半部分组成，前半部分一个左尖括号、一个半角感叹号和两个连字符，后半部分由两个连字符和一个右尖括号组成。

```
<html>
<head>
<title>标记测试</title>
</head>
```

```
<body>
<!-- 这里是标题-->
<h1>HTML5从入门到精通</h1>
</body>
</html>
```

页面注释不但可以对 HTML 中一行或多行代码进行解释说明，而且可以注释掉这些代码。如果希望某些 HTML 代码在浏览器中不显示，可以将这部分内容放在<!--和-->之间。例如，修改上述代码，如下所示：

```
<html>
<head>
<title>标记测试</title>
</head>
<body>
<!--
<h1>HTML5从入门到精通</h1>
-->
</body>
</html>
```

修改后的代码，将<h1>标记作为注释内容处理，在浏览器中将不会显示。

1.3　HTML5 文件的编写方法

有两种方式来产生 HTML 文件：一种是自己写 HTML 文件，事实上这并不是很困难，也不需要特别的技巧；另一种是使用 HTML 编辑器，它可以辅助使用者来做编写的工作。

1.3.1　使用记事本手工编写 HTML 文件

前面介绍到 HTML5 是一种标记语言（标记语言代码是以文本形式存在的），因此所有的记事本工具都可以作为它的开发环境。HTML 文件的扩展名为.html 或.htm，将 HTML 源代码输入到记事本并保存之后，可以在浏览器中打开文档以查看其效果。

使用记事本编写 HTML 文件，具体操作步骤如下：

01 单击 Windows 桌面上的【开始】按钮，选择【所有程序】➤【附件】➤【记事本】命令，打开一个记事本，在记事本中输入 HTML 代码，如图 1-2 所示。

02 编辑完 HTML 文件后，选择【文件】➤【保存】命令或按 Ctrl+S 组合键，在弹出的【另存为】对话框中选择【保存类型】为【所有文件】，然后将文件扩展名设为.html 或.htm，如图 1-3 所示。

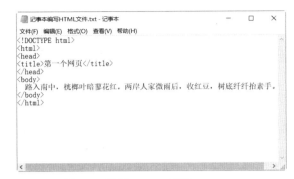

图 1-2 编辑 HTML 代码　　　　　　　　图 1-3 【另存为】对话框

03 单击【保存】按钮，保存文件。打开网页文档，在 IE 浏览器中预览效果，如图 1-4 所示。

图 1-4 网页的浏览效果

1.3.2 使用 Dreamweaver CC 编写 HTML 文件

常言道："工欲善其事，必先利其器"。虽然使用记事本可以编写 HTML 文件，但是编写效率太低，对于语法错误及格式都没有提示，因此，可以使用专门编写 HTML 网页的工具来弥补这种缺陷。Adobe 公司的 Dreamweaver CC 用户界面非常友好，是一个非常优秀的网页开发工具，深受广大用户的喜爱。

使用 Dreamweaver CC 编写 HTML 文件，具体操作步骤如下：

01 启动 Dreamweaver CC（如图 1-5 所示），在欢迎屏幕的【新建】栏中选择 HTML 选项，或者单击菜单中的【文件】➤【新建】命令（快捷键 Ctrl+N）。

02 弹出【新建文档】对话框（如图 1-6 所示），在【页面类型】选项区中选择 HTML 选项，在【文档类型】中选择【HTML 5】选项。

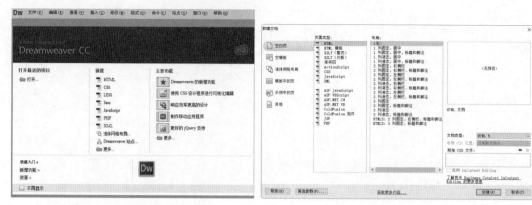

图 1-5　包含欢迎屏幕的主界面　　　　　　　　图 1-6　【文档类型】对话框

03 单击【创建】按钮，创建 HTML 文件，如图 1-7 所示。

04 在文档工具栏中，单击【代码】按钮，切换到代码视图，如图 1-8 所示。

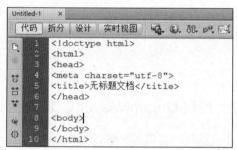

图 1-7　设计视图下显示创建的文件　　　　　　图 1-8　代码视图下显示创建的文件

05 修改 HTML 文件标题，将代码中<title>标记中的"无标题文档"修改成"蝶恋花"。

06 在<body>标记中输入"溪上平岗千叠翠，万树亭亭，争作拏云势。"，完整 HTML 代码如下所示。

```
<!DOCTYPE html>
<head>
<meta charset=utf-8" />
<title>蝶恋花</title>
</head>
<body>
溪上平岗千叠翠，万树亭亭，争作拏云势。
</body>
</html>
```

07 保存文件。单击菜单中的【文件】➢【保存】命令或按 Ctrl+S 组合键，弹出【另存为】对话框。在对话框中，选择保存位置并输入文件名，单击【保存】按钮，如图 1-9 所示。

08 单击文档工具栏中的 图标，选择查看网页的浏览器，或按下功能键 F12 使用默认浏览器查看网页，预览效果如图 1-10 所示。

图 1-9 保存文件

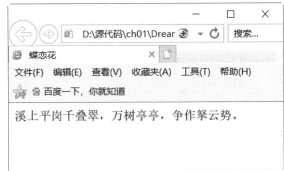

图 1-10 浏览器预览效果

1.4 HTML5 语法的新变化

为了兼容各个不统一的页面代码，HTML5 的设计在语法方面做了以下变化。

1.4.1 标签不再区分大小写

标签不再区分大小写是 HTML5 语法变化的重要体现，例如：

```
<!DOCTYPE html>
<html>
<head>
<title>不再区别大小写标签</title>
</head>
<BODY>
人到情多情转薄，而今真个不多情。
</body>
</html>
```

在 IE 11.0 浏览器中预览，效果如图 1-11 所示。

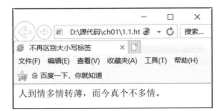

图 1-11 网页预览效果

虽然"<BODY>人到情多情转薄，而今真个不多情。</body>"中开始标记和结束标记不匹配，但是这完全符合 HTML5 的规范。用户可以通过 W3C 提供的在线验证页面来测试上面的网页，验证网址为 http://validator.w3.org/。

1.4.2 允许属性值不使用引号

在 HTML5 中，属性值不放在引号中也是正确的。例如以下代码片段：

```
<input checked="a" type="checkbox"/>
<input readonly type="text"/>
<input disabled="a" type="text"/>
```

上述代码片段与下面的代码片段效果是一样的：

```
<input checked=a type=checkbox/>
<input readonly type=text/>
<input disabled=a type=text/>
```

注意：虽然 HTML5 允许属性值可以不使用引号，但是仍然建议读者加上引号。因为如果某个属性的属性值中包含空格等容易引起混淆的属性值，此时可能会引起浏览器的误解。例如以下代码：

```
<img src=ss ch01/1.1.jpg />
```

此时浏览器就会误以为 src 属性的值就是 ss，这样就无法解析路径中的 1.1.jpg 图片。如果想正确解析到图片的位置，只有添加上引号。

1.4.3 允许部分属性值的属性省略

在 HTML5 中，部分标志性属性的属性值可以省略。例如，以下代码是完全符合 HTML5 规则的：

```
<input checked type="checkbox"/>
<input readonly type="text"/>
```

其中，checked="checked"省略为 checked，而 readonly="readonly"省略为 readonly。

在 HTML5 中，可以省略属性值的属性如表 1-3 所示。

表 1-3 可以省略属性值的属性

属　　性	省略属性值
checked	省略属性值后，等价于 checked="checked"
readonly	省略属性值后，等价于 readonly="readonly"
defer	省略属性值后，等价于 defer="defer"
ismap	省略属性值后，等价于 ismap="ismap"
nohref	省略属性值后，等价于 nohref="nohref"
noshade	省略属性值后，等价于 noshade="noshade"
nowrap	省略属性值后，等价于 nowrap="nowrap"
selected	省略属性值后，等价于 selected="selected"
disabled	省略属性值后，等价于 disabled="disabled"
multiple	省略属性值后，等价于 multiple="multiple"
noresize	省略属性值后，等价于 noresize="noresize"

1.5　专家解惑

问题 1：如何理解 HTML5 中的单标记和双标记书写方法？

HTML5 中的标记分为单标记和双标记。所谓单标记是指没有结束标记的标记，双标记是指既有开始标记又包含结束标记。

对于不允许写结束标记的单标记元素，只可以使用"<元素/>"的形式进行书写。例如 "
…</br>"的书写方式是错误的，正确的书写方式为
。当然，在 HTML5 之前的版本 中
这种书写方法可以被沿用。HTML5 中不允许写结束标记的元素有 area、base、br 、col、 command、embed、hr、img、input、keygen、link、meta、param、source、track、wbr。

对于部分双标记可以省略结束标记。HTML5 中允许省略结束标记的元素有 li、dt、dd、p、 rt、rp、optgroup、option、colgroup、thead、tbody、tfoot、tr、td、th。

HTML5 中有些元素还可以完全被省略标记，即使这些标记被省略了，该元素还是以隐式 的方式存在的。HTML5 中允许省略全部标记的元素有 html、head、body、colgroup、tbody。

问题 2：为何使用记事本编辑 HTML 文件无法在浏览器中预览，而是直接在记事本 中打开？

很多初学者，保存文件时，没有将 HTML 文件的扩展名.html 或.htm 作为文件的后缀，导 致文件还是以.txt 为扩展名，因此无法在浏览器中查看。如果读者是通过右击，创建记事本文件，那么在给文件重命名时一定要以 html 或.htm 作为文件的后缀。特别要注意的是当 Windows 系统的扩展名隐藏时，更容易出现这样的错误。读者可以在【文件夹选项】对话框中设置是否显示扩展名。

问题3：在网页中，语言的编码方式有哪些？

在 HTML5 网页中，<meta>标记的 charset 属性用于设置网页的内码语系，也就是字符集的类型。国内常用的是 GB 码，由于经常要显示汉字，因此通常设置为"GB2312"（简体中文）和"UTF-8"两种。英文是"ISO-8859-1"字符集。此外还有其他的字符集，这里不再介绍。

第2章　HTML5网页中的文本和图像

文字和图像是网页中最主要也是最常用的元素。这一章将开始讲解如何在网页中使用文字、文字结构标记以及图像的方法。

2.1　添加文本

网页中的文本可以分为两大类：一类是普通文本，另一类是特殊字符文本。

2.1.1　普通文本

所谓普通文本是指汉字或者在键盘上可以输出的字符。读者可以在 Dreamweaver CC 代码视图的<body>标记部分直接输入，或者在设计视图下直接输入。

如果有现成的文本，可以使用复制的方法把其他窗口中需要的文本复制过来。在粘贴文本的时候，如果只希望把文字粘贴过来，而不需要粘贴文档中的格式，可以使用 Dreamweaver CC 的"选择性粘贴"功能。

"选择性粘贴"功能只在 Dreamweaver CC 的设计视图中起作用，因为在代码视图中粘贴的仅文本，不会有格式。例如，将 Word 文档表格中的文字复制到网页中，而不需要表格结构，其操作方法为选择【编辑】➤【选择性粘贴】选项或按下快捷键 Shift+Ctrl+V，弹出【选择性粘贴】对话框，在对话框中选中【仅文本】单选按钮即可，如图 2-1 所示。

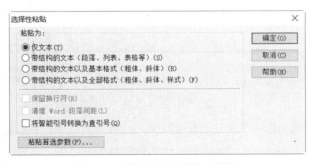

图 2-1　【选择性粘贴】对话框

2.1.2　特殊文字符号

目前，很多行业上的信息都出现在网络上，每个行业都有自己的行业特性，如数学、物理和化学都有特殊的符号。如何在网页上显示这些特殊字符是本节将要讲述的内容。

在 HTML 中，特殊字符以"&"开头，以"；"结尾，中间为相关字符编码。例如，大括号和小括号被用于声明标记，因此如果在 HTML 代码中出现"<"和">"符号，就不能直接输入了，需要当作特殊字符处理。在 HTML 中，用"&lt；"代表符号"<"，用"&gt；"代表符号">"。例如，输入公式"a>b"，在 HTML 中需要表示为"a>b"。

HTML 中还有大量这样的字符，例如空格、版权等，常用特殊字符如表 2-1 所示。

表 2-1　常用特殊字符

显示	说明	HTML 编码
	半角大的空白	
	全角大的空白	
	不断行的空白格	
<	小于	&lt;
>	大于	&gt;
&	&符号	&amp;
"	双引号	&quot;
©	版权	&copy;
®	已注册商标	&reg;
™	商标（美国）	&#8482;
×	乘号	&times;
÷	除号	&divide;

在编辑化学公式或物理公式时，使用特殊字符的频度非常高。如果每次输入时都去查询或者要记忆这些特殊特号的编码，工作量是相当大的，在此为读者提供以下技巧：

（1）在 Dreamweaver CC 的设计视图下输入字符，如输入 a>b 这样的表达式，可以直接输入。对于部分键盘上没有的字符可以借助"中文输入法"的软键盘。在中文输入法的软键盘上单击鼠标右键，弹出特殊类别项（如图 2-2 所示），选择所需类型，如选择"数学符号"，弹出数学相关符号（如图 2-3 所示），单击相应按钮即可输入。

图 2-2　特殊符号分类　　　　　　　图 2-3　数学符号

（2）文字与文字之间的空格如果超过一个，那么从第 2 个空格开始都会被忽略掉。快捷地输入空格的方法如下：将输入法切换成"中文输入法"，并置于"全角"（Shift+空格）状态，直接击键盘上的空格键即可。

（3）对于上述两种方法都无法实现的字符，可以使用 Dreamweaver CC 的【插入】菜单实现。选择【插入】➤HTML➤【特殊字符】菜单命令，在所需要的字符中选择，如果没有所需要的字符，就选择【其他字符】选项。

 尽量不要使用多个" "来表示多个空格，因为多数浏览器对空格的距离的实现是不一样的。

2.1.3　文本特殊样式

在文档中经常会出现重要文本（加粗显示）、倾斜文本、上标和下标文本等。

1. 重要文本

重要文本通常以粗体显示、强调方式显示或加强调方式显示。HTML 中的<b>标记、<em>标记和<strong>标记分别用来实现这三种显示方式。

【例 2.1】（实例文件：ch02\2.1.html）

```
<!DOCTYPE html>
<html>
<head>
<title>无标题文档</title>
</head>
<body>
<!--<b>标记、<em>标记和<strong>标记-->
<p><b>我是粗体文字</b> </p>
<p><em>我是强调文字</em> </p>
<p><strong>我是加强调文字</strong></p>
</body>
</html>
```

在 IE 11.0 中预览，效果如图 2-4 所示，实现了文本的三种显示方式。

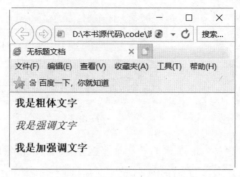

图 2-4　重要文本预览效果

2. 倾斜文本

HTML 中的<i>标记实现了文本的倾斜显示。放在<i></i>之间的文本将以斜体显示。

【例 2.2】（实例文件：ch02\2.2.html）

```
<!DOCTYPE html>
<html>
<head>
<title>无标题文档</title>
</head>
<body>
<i>我将会以斜体字显示</i>
</body>
</html>
```

在 IE 11.0 中预览，效果如图 2-5 所示，其中文字以斜体显示。

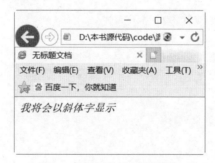

图 2-5　倾斜文本预览效果

　HTML 中的重要文本和倾斜文本标记已经过时，是需要读者忘记的标记，这些标记都应该使用 CSS 样式来实现。随着后面学习的深入，读者会逐渐发现，即使 HTML 和 CSS 实现相同的效果，但是 CSS 所能实现的控制远远比 HTML 要细致、精确得多。

3. 上标和下标文本

在 HTML 中用\<sup\>标记实现上标文字，用\<sub\>标记实现下标文字。\<sup\>和\<sub\>都是双标记，放在开始标记和结束标记之间的文本会分别以上标或下标形式出现。

【例 2.3】（实例文件：ch02\2.3.html）

```
<!DOCTYPE html>
<html>
<head>
<title>无标题文档</title>
</head>
<body>
 <!--上标显示-->
 <p>c=a<sup>2</sup>+b<sup>2</sup></p>
<!--下标显示-->
 <p>H<sub>2</sub>+O→H<sub>2</sub>O</p>
</body>
</html>
```

在 IE 11.0 中预览，效果如图 2-6 所示，分别实现了上标和下标文本显示。

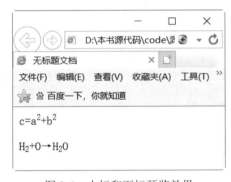

图 2-6　上标和下标预览效果

2.2　文本排版

在网页中如果要把文字都合理地显示出来，离不开段落标记的使用。对网页中文字段落进行排版，并不像文本编辑软件 Word 那样可以定义许多模式来安排文字的位置。在网页中要让某一段文字放在特定的地方是通过 HTML 标记来完成的。

2.2.1　换行标记\<br/\>与段落标记\<p\>

浏览器在显示网页时，完全按照 HTML 标记来解释 HTML 代码，忽略多余的空格和换行。在 HTML 文件里，不管输入多少空格（按空格键）都将被视为一个空格；换行（按 Enter 键）

也是无效的。在 HTML 中，换行使用
标记，换段使用<p>标记。

1. 换行标记

换行标记
是一个单标记，没有结束标记，是英文单词 break 的缩写，作用是将文字在一个段内强制换行。一个
标记代表一个换行，连续的多个标记可以实现多次换行。使用换行标记时，在需要换行的位置添加
标记即可。例如，下面的代码实现了对文本的强制换行。

【例 2.4】（实例文件：ch02\2.4.html）

```
<!DOCTYPE html>
<html>
<head>
<title>文本段换行</title>
</head>
<body>
本节目标<br/>网页中的文字是如何设置的<br/>如何在Dreamweaver中处理文字<br/>如何对
文本进行格式化（CSS）<br/>熟悉使用Dreamweaver进行样式表的创建与应用
</body>
</html>
```

虽然在 HTML 源代码中，主体部分的内容在排版上没有换行，但是增加
标记后，在 IE 11.0 中的预览效果如图 2-7 所示，实现了换行效果。

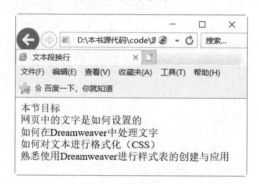

图 2-7　换行标记的使用

2. 段落标记<p>

段落标记是双标记，即<p></p>，在<p>开始标记和</p>结束标记之间的内容形成一个段落。如果省略结束标记，从<p>标记开始，直到下一个段落标记之前的文本都在一段段落内。段落标记中的 p 是英文单词 paragraph（段落）的首字母，用来定义网页中的一段文本，文本在一个段落中会自动换行。

【例 2.5】（实例文件：ch02\2.5.html）

```
<!DOCTYPE html>
```

```
<html>
<head>
<title>段落标记的使用</title>
</head>
<body>
    <p>HTML5、CSS3应用教程之  跟DIV说Bey!Bey!</p>
    <p>Web设计师可以使用HTML4和CSS2.1完成一些很酷的东西。我们可以在不使用陈旧的基于&lt;
table &gt;布局的基础上完成文档逻辑结构并创建内容丰富的网站。我们可以在不使用内联&lt; font
&gt;和&lt; br &gt;标记的基础上对网站添加漂亮而细腻的风格样式。事实上，我们目前的设计能力
已经让我们远离了那个可怕的浏览器战争时代、专有协议和那些充满闪动、滚动和闪烁的丑陋网页。
    <p>
    <p>
    虽然我们现在已经普遍使用了HTML4和CSS2.1，但是我们还可以做得更好！我们可以重组我们代
码的结构并能让我们的页面代码更富有语义化特性。我们可以缩减带给页面美丽外观样式代码量并让他
们有更高的可扩展性。现在，HTML5和CSS3正跃跃欲试地等待大家，下面让我们来看看它们是否真的能
让我们的设计提升到下一个高度吧…
    </p>
    <p>
    曾经，设计师们经常会频繁使用基于&lt; table &gt;的没有任何语义的布局。不过最终还是要
感谢像Jeffrey Zeldman和Eric Meyer这样的思想革新者，聪明的设计师们慢慢地接受了相对更语
义化的&lt; div &gt;布局替代了&lt; table &gt;布局，并且开始调用外部样式表。不幸的是，复
杂的网页设计需要大量不同的标记结构代码。
    </p>
</body>
</html>
```

在 IE 11.0 中的预览效果如图 2-8 所示，<p>标记将文本分成了 4 个段落。

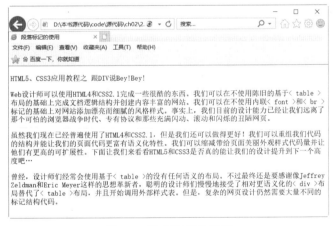

图 2-8　段落标记的使用

2.2.2　标题标记<h1>～<h6>

在 HTML 文档中，文本的结构除了以行和段出现之外，还可以作为标题存在。通常一篇

文档最基本的结构就是由若干不同级别的标题和正文组成的。

HTML 文档中包含有各种级别的标题，各种级别的标题由<h1>到<h6>元素来定义，<h1>至<h6>标题标记中的字母 h 是英文 headline（标题行）的简称。其中，<h1>代表 1 级标题，级别最高，文字也最大，其他标题元素依次递减，<h6>级别最低。

【例 2.6】（实例文件：ch02\2.6.html）

```
<!DOCTYPE html>
<html>
<head>
<title>文本段换行</title>
</head>
<body>
<h1>这里是1级标题</h1>
<h2>这里是2级标题</h2>
<h3>这里是3级标题</h3>
<h4>这里是4级标题</h4>
<h5>这里是5级标题</h5>
<h6>这里是6级标题</h6>
</body>
</html>
```

在 IE 11.0 中的预览效果如图 2-9 所示。

图 2-9　标题标记的使用

 作为标题，它们的重要性是有区别的，其中<h1>标题的重要性最高、<h6>的最低。

2.3　文字列表

文字列表可以有序地编排一些信息资源，使其结构化和条理化，并以列表的样式显示出来，以便浏览者能更加快捷地获得相应信息。HTML 中的文字列表如同文字编辑软件 Word 中的项目符号和自动编号。

2.3.1 建立无序列表<ul>

无序列表相当于 Word 中由项目符号引导的选项，项目排列没有顺序，只以符号作为分项标识。无序列表使用一对标记<ul></ul>，其中每一个列表项使用<li></li>标记，其结构如下所示：

```
<ul>
  <li>无序列表项</li>
  <li>无序列表项</li>
  <li>无序列表项</li>
  <li>无序列表项</li>
</ul>
```

在无序列表结构中，使用<ul></ul>标记表示这一个无序列表的开始和结束，<li>则表示一个列表项的开始。在一个无序列表中可以包含多个列表项，并且<li>可以省略结束标记。下面的实例使用无序列表实现文本的排列显示。

【例 2.7】（实例文件：ch02\2.7.html）

```
<!DOCTYPE html>
<html>
<head>
<title>嵌套无序列表的使用</title>
</head>

<body>
<h1>网站建设流程</h1>
<ul>
  <li>项目需求</li>
  <li> 系统分析
    <ul>
    <li>网站的定位</li>
    <li>内容收集</li>
    <li>栏目规划</li>
    <li>网站目录结构设计</li>
    <li>网站标志设计</li>
    <li> 网站风格设计</li>
    <li> 网站导航系统设计</li>
    </ul>
  </li>
  <li> 伪网页草图
    <ul>
```

```
        <li> 制作网页草图</li>
        <li>将草图转换为网页</li>
        </ul>
    </li>
    <li> 站点建设</li>
    <li>网页布局</li>
    <li> 网站测试</li>
    <li> 站点的发布与站点管理 </li>
</ul>
</body>
</html>
```

在 IE 11.0 中的预览效果如图 2-10 所示。读者会发现，在无序列表项中可以嵌套列表。例如，"系统分析"列表项和"伪网页草图"列表项中都有下级列表，因为在这对<li></li>标记间又增加了一对<ul></ul>标记。

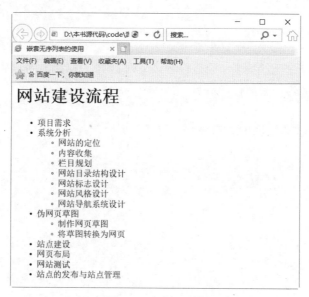

图 2-10　无序列表

2.3.2　建立有序列表<ol>

有序列表类似于 Word 中的自动编号功能。有序列表的使用方法和无序列表的使用方法基本相同，它使用标记<ol></ol>，每一个列表项使用<li></li>。每个项目都有前后顺序之分，通常用数字表示，其结构如下：

```
<ol>
    <li>第1项</li>
    <li>第2项</li>
    <li>第3项</li>
```

```
</ol>
```

下面的实例使用有序列表实现文本的排列显示。

【例 2.8】（实例文件：ch02\2.8.html）

```
<!DOCTYPE html>
<html>
<head>
<title>有序列表的使用</title>
</head>
<body>
<h1>本讲目标</h1>
<ol>
  <li>网页的相关概念 </li>
  <li> 网页与HTML</li>
  <li> Web标准（结构、表现、行为）</li>
  <li> 网页设计与开发的过程  </li>
  <li>与设计相关的技术因素</li>
  <li> HTML简介 </li>
</ol>
</body>
</html>
```

在 IE 11.0 中的预览效果如图 2-11 所示。读者可以从中看到新添加的有序列表。

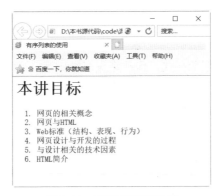

图 2-11　有序列表的效果

2.4　网页中的图像\<img>

俗话说"一图胜千言"，图片是网页中不可缺少的元素，巧妙地在网页中使用图片可以为网页增色不少。网页支持多种图片格式，并且可以对插入的图片设置宽度和高度。

2.4.1　网页中支持的图片格式

图片在网页中具有画龙点睛的作用，既能装饰网页又能表达个人的情调和风格。但在网页上加入的图片不宜过多，否则浏览的速度就会受到影响，导致用户失去耐心而离开页面。网页中使用的可以是 GIF、JPEG、BMP、TIFF、PNG 等格式的图片文件，其中使用广泛的主要是 GIF 和 JPEG 两种格式。

GIF 格式是由 Compuserve 公司提出的与设备无关的图像存储标准，也是 Web 上使用最早、应用最广泛的图像格式。GIF 是通过减少组成图像每个像素的储存位数和 LZH 压缩存储技术来降低图像文件大小的。GIF 格式最多只能是 256 色的图像。GIF 图像文件短小、下载速度快、低颜色数下比 JPEG 装载速度更快，并且可用许多具有同样大小的图像文件组成动画。在 GIF 图像中可指定透明区域，使图像具有非同一般的显示效果。

JPEG 格式是在目前 Internet 中最受欢迎的图像格式，可支持多达 16M 种颜色，它能展现十分丰富生动的图像，还能压缩。但压缩方式是以损失图像质量为代价的，压缩比越高，图像质量损失越大，图像文件也就越小。一般情况下，Windows 支持的 BMP 格式图像大小是 JPEG 格式的 5 至 10 倍，而 GIF 格式最多只能是 256 色，因此可以载入 256 色以上图像的 JPEG 格式成了 Internet 中最受欢迎的图像格式。

当网页中需要载入一个较大的 GIF 或 JPEG 图像文件时，装载速度会很慢。为改善网页的视觉效果，可在载入时设置为隔行扫描。隔行扫描在显示图像开始看起来非常模糊，接着细节逐渐添加上去直到图像完全显示出来。

GIF 是支持透明、动画的图片格式，但色彩只有 256 色。JPEG 是一种不支持透明和动画的图片格式，但是色彩模式比较丰富，保留大约 1670 万种颜色。

网页中现在也有很多 PNG 格式的图片。PNG 图片具有不失真、兼有 GIF 和 JPEG 的色彩模式、网络传输速度快、支持透明图像的制作特点，近年来在网络中也很流行。

2.4.2　使用路径

HTML 文档支持文字、图片、声音、视频等媒体格式，但是在这些格式中，除了文本是写在 HTML 中的，其他都是嵌入式的，HTML 文档只记录了这些文件的路径。这些媒体信息能否正确显示，路径至关重要。

路径的作用是定位一个文件的位置。文件的路径可以有两种表述方法：以当前文档为参照物表示文件的位置，即相对路径；以根目录为参照物表示文件的位置，即绝对路径。

为了方便讲述绝对路径和相对路径，现有目录结构如图 2-12 所示。

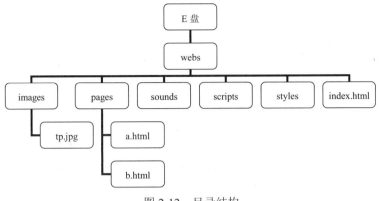

图 2-12　目录结构

1. 绝对路径

例如，在 E 盘的 webs 目录下的 images 下有一个 tp.jpg 图像，那么它的路径就是 E:\webs\images\ tp.jpg，像这种完整地描述文件位置的路径就是绝对路径。如果将图片文件 tp.jpg 插入到网页 index.html，绝对路径表示方式如下：

```
E:\webs\images\tp.jpg
```

如果使用了绝对路径 E:\webs\images\tp.jpg 进行图片链接，那么在本地电脑中将一切正常，因为在 E:\webs\images 下的确存在 tp.jpg 这个图片。如果将文档上传到网站服务器上后就不会正常了，因为服务器给你划分的存放空间可能在 E 盘其他目录中，也可能在 D 盘其他目录中。为了保证图片正常显示，必须从 webs 文件夹开始，放到服务器或其他电脑的 E 盘根目录下。

通过上述讲解读者会发现，当链接本站点内的资源时，使用绝对路径对位置要求非常严格。因此，链接本站内的资源不建议采用绝对路径。如果链接其他站点的资源，就必须使用绝对路径。

2. 相对路径

如何使用相对路径设置上述图片呢？所谓相对路径，顾名思义就是以当前位置为参考点，自己相对于目标的位置。例如，在 index.html 中连接 tp.jpg 就可以使用相对路径。index.html 和 tp.jpg 图片的路径根据上述目录结构图可以这样来定位。从 index.html 位置出发，它和 images 属于同级，路径是通的，因此可以定位到 images，images 的下级就是 tp.jpg。使用相对路径表示图片如下：

```
images/tp.jpg
```

使用相对路径，不论将这些文件放到哪里，只要 tp.jpg 和 index.html 文件的相对关系没有变，就不会出错。

在相对路径中，".."表示上一级目录，"../.."表示上级的上级目录，以此类推。例如，将 tp.jpg 图片插入 a.html 文件中，使用相对路径表示如下：

```
../images/tp.jpg
```

 细心的读者会发现，路径分隔符使用了 "\\" 和 "/" 两种，其中 "\\" 表示本地分隔符，"/" 表示网络分隔符。因为网站制作好肯定是在网络上运行的，所以要求使用 "/" 作为路径分隔符。

有的读者可能会有这样的疑惑：一个网站有许多链接，怎么能保证它们的连接都正确，如果调整了一下图片或网页的存储路径，那不是全乱了吗？如何提高工作效率呢？

 Dreamweaver 工具的站点管理功能，不但可以将绝对路径自动地转化为相对路径，并且当在站点中改动文件路径时，与这些文件关联的连接路径都会自动更改。

2.4.3 网页中插入图像标记<img>

图像可以美化网页，插入图像使用单标记<img>。<img>标记的属性及描述如表 2-2 所示。

表 2-2 <img>标记的属性及描述

属性	值	描述
alt	text	定义有关图像未加载完成时的提示
title	text	定义鼠标放置在图像上的文本提示
src	URL	要显示的图像的 URL
ismap	URL	把图像定义为服务器端的图像映射
usemap	URL	把图像定义为客户端的图像映射。请参阅<map>和<area>标记，了解其工作原理
vspace	pixels	定义图像顶部和底部的空白。不推荐使用，请使用 CSS 代替
width	pixels %	设置图像的宽度

1. 图像的源文件 src

src 属性用于指定图片源文件的路径，是<img>标记必不可少的属性。语法格式如下：

```
<img src="图片路径">
```

图片的路径可以是绝对路径，也可以是相对路径。下面的实例是在网页中插入图片。

【例 2.9】（实例文件：ch02\2.9.html）

```
<!DOCTYPE html>
<html>
```

```
<head>
<title>插入图片</title>
</head>
<body>
<img src="images/meishi.jpg">
</body>
</html>
```

在 IE 11.0 中的预览效果如图 2-13 所示。

图 2-13　插入图片

2. 设置图像的宽度 width 和高度 height

在 HTML 文档中，还可以设置插入图片的显示大小，一般是按原始尺寸显示，但也可以任意设置显示尺寸。设置图像尺寸分别用属性 width（宽度）和 height（高度）。

【例 2.10】（实例文件：ch02\2.10.html）

```
<!DOCTYPE html>
<html>
<head>
<title>插入图片</title>
</head>
<body>
<!--原始图像、设置宽度为200和设置宽度为200、高度为300-->
<img src="images/meishi.jpg">
<img src="images/meishi.jpg" width="200">
<img src="images/meishi.jpg" width="200" height="300">
</body>
</html>
```

在 IE 11.0 中预览效果，如图 2-14 所示。

图 2-14　设置图片的宽度和高度

从中可以看到，图片的显示尺寸是由 width（宽度）和 height（高度）控制的。当只为图片设置一个尺寸属性时，另外一个尺寸就以图片原始的长宽比例来显示。图片的尺寸单位可以选择百分比或数值。百分比为相对尺寸，数值是绝对尺寸。

因为网页中插入的图像都是位图，放大尺寸，图像会出现马赛克，变得模糊。

在 Windows 中查看图片的尺寸，只需要找到图像文件，把鼠标指针移动到图像上，停留几秒后，就会出现一个提示框，说明图像文件的尺寸。尺寸后显示的数字代表图像的宽度和高度，如 256×256。

3. 设置图像的提示文字 alt

在浏览网页时，图像提示文字的作用有两个：一是如果图像下载完成，将鼠标指针放在该图像上，鼠标指针旁边会出现提示文字；二是如果图像没有成功下载，在图像的位置上就会显示提示文字。

随着互联网技术的发展，网速已经不是制约因素，因此一般都能成功下载图像。现在，alt还有另外一个作用，在百度、google 等大搜索引擎中，搜索图片不如文字方便，如果给图片添加适当提示，可以方便搜索引擎的检索。

下面的实例将为图片添加提示文字效果。

【例 2.11】（实例文件：ch02\2.11.html）

```html
<!DOCTYPE html>
<html>
<head>
<title>图片文字提示</title>
</head>
<body>
<!-添加提示文字效果-->
```

```
<img src="images/meishi.jpg" alt="未加载完成时显示的替代文字" title="鼠标放上
去显示的文字">
</body>
</html>
```

在 IE 11.0 中的预览效果如图 2-15 所示。用户将鼠标放在图片上，即可看到提示文字。

图 2-15　图片文字提示

注意：在火狐浏览器中不支持该功能。

2.5　综合实例——图文并茂房屋装饰装修网页

本章讲述了网页组成元素中最常用的文本和图片。本综合实例的目的是创建一个由文本和图片构成的房屋装饰效果网页（如图 2-16 所示），具体操作步骤如下：

01 在 Dreamweaver CC 中新建 HTML 文档，并修改成 HTML5 标准，代码如下：

```
<!DOCTYPE html>
<html>
<head>
<title>房屋装饰装修效果图</title>
</head>
<body>
</body>
</html>
```

02 在 body 部分增加如下 HTML 代码，保存页面。

```
<p> <img src="images/xiyatu.jpg" width="300" height="200"/><br/>
西雅图原生态公寓室内设计</p>
<hr>    <!-此标签将显示为一条水平线。-->
<p> <img src="images/stadshem.jpg" width="300" height="200"/><br/>
```

```
Stadshem小户型公寓设计（带阁楼）</p>
<hr>
<p> <img src="images/qingxinhuoli.jpg" width="300" height="200"/><br/>
清新活力家居</p>
<hr>
<p> <img src="images/renwen.jpg" width="300" height="200"/><br/>
人文简约悠然家居</p>
<hr>
```

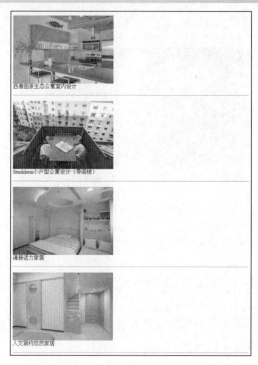

图 2-16　房屋装饰效果网页

 <hr>标记的作用是定义内容中的主题变化，并显示为一条水平线，在 HTML5 中它没有任何属性。

另外，快速插入图片及设置相关属性可以借助 Dreamweaver CC 的插入功能，或按下组合键 Ctrl+Alt+I。

2.6　专家解惑

问题 1：换行标记和段落标记的区别是什么？

答：换行标记是单标记，必须不能写结束标记。段落标记是双标记，可以省略结束标记也可以不省略。默认情况下，段落之间的距离和段落内部的行间距是不同的，段落间距比较大，行间距比较小。HTML 是无法调整段落间距和行间距的，如果需要调整它们，就必须使用 CSS。在 Dreamweaver CC 的设计视图下按下回车（Enter）键可以快速换段，按下 Shift+回车（Enter）键可以快速换行。

问题 2：无序列表<ul>标记的作用是什么？

答：无序列表标记主要用于条理化和结构化文本信息。在实际开发中，无序列表在制作导航菜单时使用广泛。导航菜单的结构一般都使用无序列表实现。

问题 3：在浏览器中，图片无法显示。

答：图片在网页中属于嵌入对象，并不是图片保存在网页中，网页只是保存了指向图片的路径。浏览器在解释 HTML 文件时，会按指定的路径去寻找图片，如果在指定的位置不存在图片，就无法正常显示。为了保证图片的正常显示，制作网页时需要注意以下几处。

（1）图片格式一定是网页支持的。

（2）图片的路径一定要正确，并且图片文件扩展名不能省略。

（3）HTML 文件位置发生改变时，图片一定要跟随着改变，即图片位置和 HTML 文件位置始终保持相对一致。

第3章 用HTML5建立超链接

HTML 文件中最重要的应用之一就是超链接。超链接是一个网站的灵魂。Web 上的网页是互相链接的，单击被称为超链接的文本或图形就可以链接到其他页面。

3.1 URL 的概念

URL 为"Uniform Resource Locator"的缩写，通常翻译为"统一资源定位器"，也就是人们通常说的"网址"。它用于指定 Internet 上的资源位置。

3.1.1 URL 的格式

网络中的计算机是通过 IP 地址区分的，如果需要访问网络中某台计算机中的资源，首先要定位到这台计算机。IP 地址由 32 位二进制代码（32 个 0/1）组成，数字之间没有意义，且不容易记忆。为了方便记忆，现在计算机一般采用域名的方式来寻址，即在网络上使用一组有意义字符组成的地址代替 IP 地址来访问网络资源。

URL 由 4 个部分组成，即"协议""主机名""文件夹名""文件名"，如图 3-1 所示。

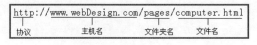

图 3-1　URL 组成

互联网中有各种各样的应用，如 Web 服务、FTP 服务等。每种服务应用都要对应有协议，通常通过浏览器浏览网页的协议都是 HTTP（超文本传输协议），因此通常网页的地址都以"http://"开头。

"www.baidu.com"为主机名，表示文件存在于哪台服务器 ，主机名可以通过 IP 地址或者域名来表示。

确定到主机后，还需要说明文件存在于这台服务器的哪个文件夹中，这里文件夹可以分为多个层级。

确定文件夹后，就要定位到文件，即要显示哪个文件，网页文件通常是以".html"或"htm"为扩展名。

3.1.2 URL 的类型

在第 3 章讲解网页中使用的图像时，已经介绍了"路径"的概念。对于超链接来说，路径的概念同样存在。

超链接的 URL 可以分为两种类型："绝对 URL"和"相对 URL"。

（1）绝对 URL 一般用于访问非同一台服务器上的资源。

（2）相对 URL 是指访问同一台服务器上相同文件夹或不同文件夹中的资源。如果访问相同文件夹中的文件，只需要写文件名；如果访问不同文件夹中的资源，URL 以服务器的根目录为起点，指明文件的相对关系，由文件夹名和文件名两部分构成。

下面的实例使用绝对 URL 和相对 URL 实现超链接。

【例 3.1】（实例文件：ch03\3.1.html）

```
<!DOCTYPE html>
<html>
<head>
<title>绝对URL和相对URL</title>
</head>
<body>
<!--使用绝对URL-->
单击<a href="http://www.webDesign.com/index.html">绝对URL</a>链接到
webDesign网站首页<br/>
<!--使用相对URL-->
单击<a href="02.html">相同文件夹的URL</a>链接到相同文件夹中的第2个页面<br/>
单击<a href="../pages/03.html">不同文件夹的URL</a>链接到不同文件夹中的第3个页面
</body>
</html>
```

在上述代码中，第 1 个链接使用的是绝对 URL；第 2 个用的是服务器相对 URL，也就是链接到文档所在的服务器的根目录下的 02.html；第 3 个使用的是文档相对 URL，即原文档所在文件夹的父文件夹下面的 pages 文件夹中的 03.html 文件。

在 IE 11.0 中的预览网页效果如图 3-2 所示。

图 3-2 绝对 URL 和相同 URL

3.2   超链接标记<a>

超链接是指当鼠标单击一些文字、图片或其他网页元素时，浏览器会根据其指示载入一个新的页面或跳转到页面的其他位置。超级链接除了可链接文本外，还可链接各种多媒体，如声音、图像、动画等，通过它们可享受丰富多彩的多媒体世界。

建立超链接所使用的 HTML 标记为<a></a>。超链接最重要的有两个要素：超链接指向的目标地址和设置为超链接的网页元素。基本的超链接结构如下：

```
<a href=URL>网页元素</a>
```

3.2.1   设置文本和图片的超链接

设置超链接的网页元素通常使用文本和图片。文本超链接和图片超链接通过<a></a>标记实现，将文本或图片放在<a>开始标记和</a>结束标记之间即可建立超链接。下面的实例将实现文本和图片的超链接。

【例 3.2】（实例文件：ch03\3.2.html）

```
<!DOCTYPE html>
<html>
<head>
<title>文本和图片超链接</title>
</head>
<body>
<a href="a.html"><img src="images/0371.gif"></a>
<a href="b.html">公司简介</a>
</body>
</html>
```

在 IE 11.0 中预览网页效果，如图 3-3 所示。用鼠标单击图片或文本即可实现链接跳转的效果。

图 3-3   文本和图片链接效果

默认情况下，为文本添加超链接，文本会自动增加下画线，并且文本颜色变为蓝色，单击过的超链接，文本会变成暗红色。图片增加超链接以后，浏览器会自动给图片加一个粗边框。图片和文本超链接的下画线需要借助 CSS 样式完成，这里不做介绍，详见 CSS 部分。

3.2.2　超链接指向的目标类型

通过上面的讲解，读者会发现超链接的目标对象都是.html 类型的文件。超链接不但可以链接到各种类型（如图片文件、声音文件、视频文件、word 等）的文件，还可以链接到其他网站、ftp 服务器、电子邮件等。

1. 链接到各种类型的文件

超链接<a>标记的 href 属性指向链接的目标（可以是各种类型的文件）。如果是浏览器能够识别的类型，会直接在浏览器中显示；如果是浏览器不能识别的类型，在 IE 浏览器中会弹出文件下载对话框，如图 3-4 所示。

图 3-4　IE 中的文件下载对话框

【例 3.3】（实例文件：ch03\3.3.html）

```
<!DOCTYPE html>
<html>
<head>
<title>链接各种类型文件</title>
</head>
<body>
<p><a href="a.html">链接html文件</a></p>
<p><a href="coffe.jpg">链接图片</a></p>
<p><a href="2.doc">链接word文档</a></p>
</body>
</html>
```

在 IE 11.0 中预览网页效果，如图 3-5 所示，实现链接到 HTML 文件、图片和 Word 文档。

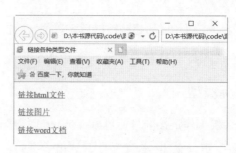

图 3-5　各种类型的链接

2. 链接到其他网站或 FTP 服务器

在网页中，友情链接也是推广网站的一种方式。下列代码实现了链接到其他网站或 FTP
服务器的功能。

```
<a href="http://www.baidu.com">链接百度</a>
<a href="ftp://172.16.1.254">链接到FTP服务器</a>
```

　这里 FTP 服务器用的是 IP 地址。为了保证代码的正确运行，请读者填写有效的 FTP 服务器
地址。

3. 设置电子邮件链接

在某些网页中，当访问者单击某个链接以后，会自动打开电子邮件客户端软件（如 Outlook
或 Foxmail 等）向某个特定的 E-mail 地址发送邮件，这个链接就是电子邮件链接。电子邮件链
接的格式如下：

```
<a href="mailto:电子邮件地址" >网页元素</a>
```

【例 3.4】（实例文件：ch03\3.4.html）

```
<!DOCTYPE html>
<html>
<head>
<title>电子邮件链接</title>
</head>
<body>
<img src="images/logo.gif" width="119" height="49">    [免费注册][登录]
<a href="mailto:kfdzsj@126.com">站长信箱</a>
</body>
</html>
```

在 IE 11.0 中预览网页效果，如图 3-6 所示，实现了电子邮件链接。

当读者单击【站长信箱】链接时，会自动弹出电子邮件客户端窗口以编写电子邮件，如图
3-7 所示。

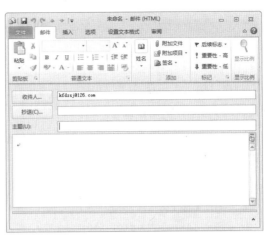

图 3-6　链接到电子邮件　　　　　　　　图 3-7　电子邮件客户端窗口

3.2.3　设置以新窗口显示超链接页面

默认情况下，当单击超链接时，目标页面会在当前窗口中显示并替换掉当前页面的内容。如果要实现在单击某个超链接后在新的浏览器窗口中显示目标页面，就需要使用<a>标记的 target 属性。target 属性取值有 4 个，即_blank、_self、_top、_parent。由于 HTML5 不再支持框，所以_top、_parent 这两个取值不常用。本小节仅为读者讲解_blank、_self 值。其中，_blank 表示在新窗口中显示超链接页面。_self 表示在当前窗口中显示超链接页面。当省略 target 属性时，默认取值为_self。

【例 3.5】（实例文件：ch03\3.5.html）

```
<!DOCTYPE html>
<html>
<head>
<title>以新窗口方式打开</title>
</head>
<body>
<a href="a.html target="_blank">新窗口</a>
</body>
</html>
```

在 IE 11.0 中预览网页效果，如图 3-8 所示。

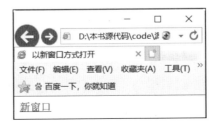

图 3-8　新窗口页面

3.3　创建热点区域

在浏览网页时读者会发现，当单击一张图片的不同区域时会显示不同的链接内容，这就是图片的热点区域。所谓图片的热点区域，就是将一个图片划分成若干个链接区域。访问者单击不同的区域会链接到不同的目标页面。

在 HTML 中，可以为图片创建 3 种类型的热点区域：矩形、圆形和多边形。创建热点区域使用标记<map>和<area>，语法格式如下：

```
<img src="图片地址" usemap="#名称">
<map id="#名称">
  <area shape="rect" coords="10,10,100,100" href="#">
  <area shape="circle" coords="120,120,50" href="#">
  <area shape="poly" coords="78,13,81,14,53,32,86,38" href="#">
</map>
```

在上面的语法格式中，需要读者注意以下几点：

（1）要想建立图片热点区域，必须先插入图片。注意，图片必须增加 usemap 属性，说明该图像是热区映射图像，属性值必须以"#"开头，如#pic。那么上面一行代码可以修改为：<img src="图片地址" usemap="#pic">。

（2）<map>标记只有一个属性 id，其作用是为区域命名，属性值必须与<img>标记的 usemap 属性值相同，修改上述代码为：<map id="#pic">。

（3）<area>标记主要是定义热点区域的形状及超链接，它有三个相应的属性。

● shape 属性，控件划分区域的形状，其取值有 3 个，分别是 rect（矩形）、circle（圆形）和 poly（多边形）。

● coords 属性，控制区域的划分坐标。

◆ 如果 shape 属性取值为 rect，那么 coords 的设置值分别为矩形的左上角 x、y 坐标点和右下角 x、y 坐标点，单位为像素。

◆ 如果 shape 属性取值为 circle，那么 coords 的设置值分别为圆形圆心 x、y 坐标点和半径值，单位为像素。

◆ 如果 shape 属性取值为 poly，那么 coords 的设置值分别为多边形在各个点的 x、y 坐标，单位为像素。

● href 属性是为区域设置超链接的目标，设置值为"#"时，表示为空链接。

3.4 *浮动框架* iframe

HTML5 中已经不支持 frameset 框架，但是它仍然支持 iframe 浮动框架的使用。浮动框架可以自由控制窗口大小，可以配合表格随意地在网页中的任何位置插入窗口。实际上就是在窗口中再创建一个窗口。

使用 iframe 创建浮动框架的格式如下：

```
<iframe src="链接对象" >
```

其中，src 表示浮动框架中显示对象的路径，可以是绝对路径，也可以是相对路径。例如，下面的代码是在浮动框架中显示到百度网站。

【例 3.6】（实例文件：ch03\3.6.html）

```
<!DOCTYPE html>
<html>
<head>
<title>浮动框架中显示百度网站</title>
</head>
<body>
<iframe src="http://www.baidu.com"></iframe>
</body>
</html>
```

在 IE 11.0 中预览网页效果，如图 3-9 所示。

图 3-9 浮动框架效果

从预览结果可见，浮动框架在页面中又创建了一个窗口，默认情况下浮动框架的宽度和高度为 220×120 像素。如果需要调整浮动框架尺寸，请使用 CSS 样式。修改上述浮动框架尺寸，需在<head></head>标记中间增加如下 CSS 代码。

```
<style>
iframe{
```

```
        width:1200px;    /*设置浮动框架的宽度*/
        height:800px;    /*设置浮动框架的高度*/
        border:none;     /*设置无边框效果*/
    }
</style>
```

在 IE 11.0 中预览网页效果，如图 3-10 所示。

图 3-10   修改宽度和高度的浮动框架

 在 HTML5 中，iframe 仅支持 src 属性，再无其他属性。

3.5   综合实例——用 Dreamweaver 精确定位热点区域

上面讲述了 HTML 创建热点区域的方法，其中最让读者头痛的地方就是坐标点的定位。对于简单的形状还可以，如果边数较多且形状复杂，那么确定坐标点的工程量就很大，因此不建议使用 HTML 代码去完成。这里将为读者介绍一个快速且能精确定位热点区域的方法，使用 Dreamweaver CC 可以很方便地实现这个功能。

Dreamweaver CC 创建图片热点区域的具体操作步骤如下：

01 创建一个 HTML 文档，插入一张图片文件，如图 3-11 所示。

图 3-11   插入图片

02 选择图片，在 Dreamweaver CC 中打开属性面板，面板左下角有 3 个蓝色图标按钮，依次代表矩形、圆形和多边形热点区域。单击左边的【矩形热点】工具图标，如图 3-12 所示。

图 3-12　Dreamweaver CC 中的属性面板

03 将鼠标指针移动到图片上，以【创意信息平台】栏中的矩形大小为准，按下鼠标左键，从左上方向右下方拖曳鼠标，得到矩形区域，如图 3-13 所示。

04 绘制出来的热区呈现出半透明状态，效果如图 3-14 所示。

图 3-13　绘制矩形热点区域　　　　　图 3-14　完成矩形热点区域的绘制

05 如果绘制出来的矩形热区有误差，可以通过属性面板中的【指针热点】工具进行编辑，如图 3-15 所示。

图 3-15　【指针热点】工具

06 完成上述操作之后，保持矩形热区被选中状态，然后在属性面板中的【链接】文本框中输入该热点区域链接对应的跳转目标页面。

07 在【目标】下拉列表框中有 4 个选项，它们决定着链接页面的弹出方式。这里如果选择了【_blank】，那么矩形热区的链接页面将在新的窗口中弹出。如果【目标】选项保持空白，就表示仍在原来的浏览器窗口中显示链接的目标页面。这样，矩形热点区域就设置好了。

08 接下来继续为其他菜单项创建矩形热点区域。操作方法请参阅上面的步骤，完成后的效果如图 3-16 所示。

图 3-16　为其他菜单项创建矩形热点区域

09 完成后保存并预览页面。可以发现，凡是绘制了热点的区域，鼠标指针移上去时就会变成手形，单击就会跳转到相应的页面。

10 至此，使用热点区域制作网站的导航就完成了。此时页面相应的 HTML 源代码如下：

```
<!DOCTYPE html>
<html>
<head>
<title>创建热点区域</title>
</head>
<body>
<img src="images/04.jpg" width="1001" height="87" border="0"
usemap="#Map">
<map name="Map">
  <area shape="rect" coords="298,5,414,85" href="#">
  <area shape="rect" coords="412,4,524,85" href="#">
  <area shape="rect" coords="525,4,636,88" href="#">
  <area shape="rect" coords="639,6,749,86" href="#">
  <area shape="rect" coords="749,5,864,88" href="#">
  <area shape="rect" coords="861,6,976,86" href="#">
</map>
</body>
</html>
```

可以看到，Dreamweaver CC 自动生成的 HTML 代码结构和前面介绍的是一样的，但是所有的坐标都自动计算出来了，这正是网页制作工具的快捷之处。使用这些工具本质上和手工编写 HTML 代码没有区别，只是使用这些工具可以提高工作效率。

本书所讲述的手工编写 HTML 代码的方法在 Dreamweaver CC 工具中几乎都有对应的操作，请读者自行研究，以提高编写 HTML 代码的效率。但是请读者注意，使用网页制作工具前，一定要明白这些 HTML 标记的作用。因为一个专业的网页设计师必须具备 HTML 方面的知识，不然再强大的工具也只能是无根之树、无源之泉。

3.6 专家解惑

1. 在创建超链接时，使用绝对 URL 还是相对 URL？

答：在创建超链接时，如果要链接的是另外一个网站中的资源，就需要使用完整的绝对 URL；如果在网页中创建内部链接，一般使用相对当前文档或站点根文件夹的相对 URL。

2. 链接增多后，网站如何设置目录结构以方便维护？

答：当一个网站的网页数量增加到一定程度以后，网站的管理与维护将变得非常烦琐，因此掌握一些网站管理与维护的技术是非常实用的，可以节省很多时间。建立适合的网站文件存储结构，可以方便网站的管理与维护。通常使用的 3 种网站文件组织结构方案及文件管理遵循的原则如下：

（1）按照文件的类型进行分类管理。将不同类型的文件放在不同的文件夹中，这种存储方法适合于中小型的网站，这种方法是通过文件的类型对文件进行管理。

（2）按照主题对文件进行分类。网站的页面按照不同的主题进行分类储存。同一主题的所有文件存放在一个文件夹中，然后进一步细分文件的类型。这种方案适用于页面与文件数量众多、信息量大的静态网站。

（3）对文件类型进行进一步细分存储管理。这种方案是第一种存储方案的深化，将页面进一步细分后进行分类存储管理。这种方案适用于文件类型复杂、包含各种文件的多媒体动态网站。

第4章　用HTML5创建表格

在 HTML 中,表格不但可以清晰地显示数据,而且可以用于页面布局。目前表格布局已经被抛弃,本章只为读者介绍表格如何显示数据。

4.1　表格基本结构及操作

HTML 中的表格类似于 Word 软件中的表格,尤其在使用网页制作工具时,基本操作也很相似。HTML 制作表格的原理是使用相关标记定义完成,如表格对象<table>、行对象<tr>、单元格对象<td>,其中单元格的合并在表格操作中应用广泛。

4.1.1　表格基本结构

使用表格显示数据,可以更直观和清晰。在 HTML 文档中表格主要用于显示数据,虽然可以使用表格布局,但是不建议使用,它有很多弊端。表格一般由行、列和单元格组成,如图 4-1 所示。

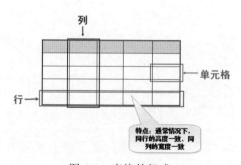

图 4-1　表格的组成

<table>标记用于标识一个表格对象的开始,</table>标记用于标识一个表格对象的结束。一个表格中,只允许出现一对<table>标记。在 HTML5 中不再支持它的任何属性。

<tr>标记用于标识表格一行的开始,</tr>标记用于标识表格一行的结束。表格内有多少对<tr></tr>标记,就表示表格中有多少行。在 HTML5 中不再支持它的任何属性。

<td>标记用于标识表格某行中的一个单元格开始,</td>标记用于标识表格某行中的一个单

元格结束。\<td>\</td>标记书写在\<tr>\</tr>标记内，一对\<tr>\</tr>标记内有多少对\<td>\</td>标记，就表示该行有多少个单元格。在 HTML5 中它仅有 colspan 和 rowspan 两个属性，详见 4.1.2 小节。

最基本的表格，必须包含一对\<table>\</table>标记、一对或几对\<tr>\</tr>标记以及一对或几对\<td>\</td>标记。一对\<table>\</table>标记定义一个表格，一对\<tr>\</tr>标记定义一行，一对\<td>\</td>标记定义一个单元格。

例如，定义一个 4 行 3 列的表格。

【例 4.1】（实例文件：ch04\4.1.html）

```
<!DOCTYPE html>
<html>
<head>
<title>表格基本结构</title>
</head>
<body>
<table>
  <tr>
  <td>A1</td>
  <td>B1</td>
  <td>C1</td>
  </tr>
  <tr>
  <td>A2</td>
  <td>B2</td>
  <td>C2</td>
  </tr>
  <tr>
  <td>A3</td>
  <td>B3</td>
  <td>C3</td>
  </tr>
  <tr>
  <td>A4</td>
  <td>B4</td>
  <td>C4</td>
  </tr>
</table>
</body>
</html>
```

在 IE 11.0 中预览网页效果，如图 4-2 所示。

从预览图中读者会发现，表格没有边框，行高及列宽也无法控制。上述知识讲述时，提到 HTML5 中除了\<td>标记提供两个单元格合并属性之外，\<table>和\<tr>标记已没有任何属性。那么如何修饰表格呢？表格的所有外观设置都需要通过 CSS 样式完成，详见 CSS 章节部分。

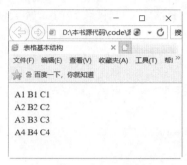

图 4-2　表格基本结构

4.1.2　合并单元格

在实际应用中，并非所有表格都是规范的几行几列，有时需要将某些单元格进行合并，以符合某种内容上的需要。在 HTML 中合并的方向有两种，一种是上下合并，一种是左右合并，这两种合并方式只需要使用<td>标记的两个属性即可。

1. 用 colspan 属性合并左右单元格

左右单元格的合并需要使用<td>标记的 colspan 属性完成，格式如下：

```
<td colspan="数值">单元格内容</td>
```

其中，colspan 属性的取值为数值型整数数据，代表几个单元格进行左右合并。

例如，在上面的表格的基础上，将 A1 和 B1 单元格合并成一个单元格。为第一行的第一个<td>标记增加 colspan="2"属性，并且将 B1 单元格的<td>标记删除。

【例 4.2】（实例文件：ch04\4.2.html）

```html
<!DOCTYPE html>
<html>
<head>
<title>单元格左右合并</title>
</head>
<body>
<table border="1">                        <!--设置表格边框的粗细-->
  <tr>
    <td colspan="2">A1 B1</td>           <!--合并第一个行的列1和列2单元格-->
    <td>C1</td>
  </tr>
  <tr>
    <td>A2</td>
    <td>B2</td>
```

```
<td>C2</td>
</tr>
<tr>
<td>A3</td>
<td>B3</td>
<td>C3</td>
</tr>
<tr>
<td>A4</td>
<td>B4</td>
<td>C4</td>
</tr>
</table>
</body>
</html>
```

在 IE 11.0 中预览网页效果，如图 4-3 所示。

图 4-3　单元格左右合并

从预览图中可以看到，A1 和 B1 单元格合并成一个单元格，C1 还在原来的位置上。

 合并单元格以后，相应的单元格标记就应该减少，例如，A1 和 B1 合并后，B1 单元格的<td></td>标记就应该丢掉，否则单元格就会多出一个，并且后面单元格依次向右位移。

2. 用 rowspan 属性合并上下单元格

上下单元格的合并需要为<td>标记增加 rowspan 属性，格式如下：

```
<td rowspan="数值">单元格内容</td>
```

其中，rowspan 属性的取值为数值型整数数据，代表几个单元格进行上下合并。

例如，在上面的表格的基础上，将 A1 和 A2 单元格合并成一个单元格。为第一行的第一个<td>标记增加 rowspan="2"属性，并且将 A2 单元格的<td>标记删除。

【例 4.3】（实例文件：ch04\4.3.html）

```
<!DOCTYPE html>
<html>
```

```
<head>
<meta charset="utf-8" />
<title>单元格左右合并</title>
</head>
<body>
<table border="1">                    <!--设置表格边框的粗细-->
  <tr>
  <td rowspan="2">A1A2</td>        <!--合并第1个行和第2行的列1和列2单元格-->
  <td>B1</td>
  <td>C1</td>
  </tr>
  <tr>
  <td>B2</td>
  <td>C2</td>
  </tr>
  <tr>
  <td>A3</td>
  <td>B3</td>
  <td>C3</td>
  </tr>
  <tr>
  <td>A4</td>
  <td>B4</td>
  <td>C4</td>
  </tr>
</table>
</body>
</html>
```

在 IE 11.0 中预览网页效果，如图 4-4 所示。

图 4-4　单元格上下合并

从预览图中可以看到，A1 和 A2 单元格合并成一个单元格。

通过上面对左右单元格合并和上下单元格合并的操作，读者会发现合并单元格的实质就是"丢掉"某些单元格。对于左右合并，就是以左侧为准，将右侧要合并的单元格"丢掉"；对于上下合并，就是以上方为准，将下方要合并的单元格"丢掉"。如果一个单元格既要向右合并，又要向下合并，该如实现呢？

【例 4.4】（实例文件：ch04\4.4.html）

```
<!DOCTYPE html>
<html>
<head>
<title>单元格左右合并</title>
</head>
<body>
<table border="1">                          <!--设置表格边框的粗细-->
  <tr>
    <td colspan="2" rowspan="2">A1B1<br>A2B2</td>    <!--既要向右合并，又要向下
合并-->
    <td>C1</td>
  </tr>
  <tr>
    <td>C2</td>
  </tr>
  <tr>
    <td>A3</td>
    <td>B3</td>
    <td>C3</td>
  </tr>
  <tr>
    <td>A4</td>
    <td>B4</td>
    <td>C4</td>
  </tr>
</table>
</body>
</html>
```

在 IE 11.0 中预览网页效果，如图 4-5 所示。

图 4-5　两个方向合并单元格

从上面的代码可以看到，A1 单元格向右合并 B1 单元格，向下合并 A2 单元格，并且 A2
单元格向右合并 B2 单元格。

3. 使用 Dreamweaver CC 合并单元格

使用 HTML 创建表格非常麻烦，Dreamweaver CC 工具提供了表格的快捷操作，类似于在 Word 工具中编辑表格的操作。在 Dreamweaver CC 中创建表格，只需要单击【插入】菜单下的【表格】命令，在出现的对话框中指定表格的行数、列数、宽度和边框，即可在光标处创建一个空白表格。选择表格之后，属性面板提供了表格的常用操作，如图 4-6 所示。

图 4-6　表格属性面板

　表格属性面板中的操作，请结合前面讲述的 HTML 语言。对于按钮命令，请读者将鼠标悬停于按钮之上，数秒之后会出现命令提示。

关于表格的操作不再赘述，请读者自行操作，这里重点讲解如何使用 Dreamweaver CC 合并单元格。在 Dreamweaver CC 可视化操作中，提供了合并与拆分单元格两种操作。拆分单元格的操作，其实还是逆行的合并操作。进行单元格合并和拆分时，请将光标置于单元格内，如果选择了一个单元格，拆分命令有效（如图 4-7 所示），如果选择了两个或两个以上单元格，合并命令有效。

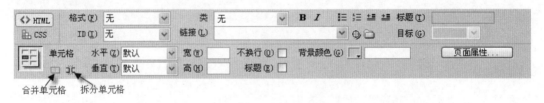

图 4-7　拆分单元格有效

4.2　完整的表格标记

上面讲述了表格中最常用也是最基本的三个标记<table>、<tr>和<td>，使用它们可以构建出最简单的表格。为了让表格结构更清楚，以及配合后面学习的 CSS 样式，更方便地制作各种样式的表格，表格中还会出现表头、主体、脚注等。

按照表格结构，可以把表格的行分组，称为"行组"。不同的行组具有不同的意义。行组分为 3 类——"表头""主体"和"脚注"，三者相应的 HTML 标记依次为<thead>、<tbody>和<tfoot>。

此外，在表格中还有两个标记。标记<caption>表示表格的标题，在一行中除了<td>标记表示一个单元格以外，还可以使用<th>定义表格内的表头单元格。

【例 4.5】（实例文件：ch04\4.5.html）

```
<!DOCTYPE html>
<html>
<head>
<title>完整表格标记</title>
<style>
tfoot{
    background-color:#FF3;
}
</style>
</head>
<body>
<table border="1">                          <!--设置表格边框的粗细-->
  <caption>学生成绩单</caption>
  <thead>
  <tr>
    <th>姓名</th><th>性别</th><th>成绩</th>
  </tr>
  </thead>
   <tfoot>
  <tr>
    <td>平均分</td><td colspan="2">540</td>
  </tr>
  </tfoot>
  <tbody>
  <tr>
    <td>张三</td><td>男</td><td>560</td>
  </tr>
  <tr>
    <td>李四</td><td>男</td><td>520</td>
  </tr>
  </tbody>
</table>
</body>
</html>
```

从上面的代码可以发现，使用<caption>标记定义了表格标题，<thead>、<tbody>和<tfoot>标记对表格进行了分组。在<thead>部分使用<th>标记代替<td>标记定义单元格，<th>标记定义的单元格默认加粗。网页预览效果如图 4-8 所示。

图 4-8   完整的表格结构

 <caption> 标记必须紧随<table> 标记之后。

4.3   综合实例——制作计算机报价单

利用所学的表格知识，制作如图 4-9 所示的计算机报价单。

计算机报价单

型号	类型	价格	图片
宏碁 (Acer) AS4552-P362G32MNCC	笔记本	￥2799	
戴尔 (Dell) 14VR-188	笔记本	￥3499	
联想 (Lenovo) G470AH2310W42G500P7CW3(DB)-CN	笔记本	￥4149	
戴尔家用 (DELL) I560SR-656	台式	￥3599	
宏图奇眩(Hiteker) HS-5508-TF	台式	￥3399	
联想 (Lenovo) G470	笔记本	￥4299	

图 4-9   计算机报价单

具体操作步骤如下：

01 新建 HTML 文档，并对其简化，代码如下所示。

```
<!DOCTYPE html>
<html>
<head>
<meta charset="utf-8"/>
<title>完整表格标记</title>
</head>
<body>
</body>
</html>
```

02 保存 HTML 文件，选择相应的保存位置，文件名为"综合实例—制作计算机报价单.html"。

03 在 HTML 文档的 body 部分增加表格及内容，代码如下所示。

```
<table>
  <caption>计算机报价单</caption>
 <tr>
   <th>型号</th>
   <th>类型</th>
   <th>价格</th>
   <th>图片</th>
 </tr>
 <tr>
   <td>宏碁（Acer）AS4552-P362G32MNCC</td>
   <td>笔记本</td>
   <td>￥2799</td>
   <td><img src="images/Acer.jpg" width="120" height="120"></td>
 </tr>
  <tr>
<td>戴尔（Dell）14VR-188</td>
<td>笔记本</td>
   <td>￥3499</td>
   <td><img src="images/Dell.jpg" width="120" height="120"></td>
 </tr>
  <tr>
   <td>联想（Lenovo）G470AH2310W42G500P7CW3(DB)-CN </td>
   <td>笔记本</td>
   <td>￥4149</td>
   <td><img src="images/Lenovo.jpg" width="120" height="120"></td>
 </tr>
  <tr>
   <td>戴尔家用（DELL）I560SR-656</td>
   <td>台式</td>
```

```
    <td>￥3599</td>
    <td><img src="images/DellT.jpg" width="120" height="120"></td>
  </tr>
  <tr>
    <td>宏图奇眩(Hiteker)  HS-5508-TF</td>
    <td>台式</td>
    <td>￥3399</td>
    <td><img src="images/Hiteker.jpg" width="120" height="120"></td>
  </tr>
  <tr>
    <td>联想 (Lenovo) G470</td>
    <td>笔记本</td>
    <td>￥4299</td>
    <td><img src="images/LenovoG.jpg" width="120" height="120"></td>
  </tr>
</table>
```

利用<caption>标记制作表格的标题，<th>代替<td>作为标题行单元格。可以将图片放在单元格内，即在<td>标记内使用<img>标记。

04 在 HTML 文档的 head 部分，增加 CSS 样式，为表格增加边框及相应的修饰，代码如下所示。

```
<style>
table{
    /*表格增加线宽为3的橙色实线边框*/
    border:3px solid #F60;
}
caption{
    /*表格标题字号36*/
    font-size:36px;
}
th,td{
    /*表格单元格（th、td）增加边线*/
    border:1px solid #F90;
}
</style>
```

05 保存网页后，即可查看最终效果。

4.4 专家解惑

1. 在 Dreamweaver CC 中如何选择多个单元格？

答：在 Dreamweaver CC 中选择单元格的操作类似于文字处理工具 Word，按下鼠标左键拖动鼠标，经过的单元格都会被选择。按下 Ctrl 键，依次单击某个单元格，这些单元格将会被选择，选择的单元格可以是不连续的。在需要选择区域的开头单元格中单击，按下 Shift 键，在区域的末尾单元格中单击，开头和结尾单元格组成的区域内的所有单击格将会被选择。

2. 表格除了显示数据，还可以进行布局，为何不使用表格进行布局？

答：在互联网刚刚开始普及时，网页非常简单，形式也非常单调，当时美国设计师 David Siegel 发明了使用表格布局，风靡全球。在表格布局的页面中，表格不但需要显示内容，还要控制页面的外观及显示位置，导致页面代码过多，结构与内容无法分离。这样就给网站的后期维护和很多其他方面带来了麻烦。

3. 使用<thead>、<tbody>和<tfoot>标记对行进行分组的意义何在？

答：在 HTML 文档中增加<thead>、<tbody>和<tfoot>标记，虽然从外观上不能看出任何变化，但是它们却使文档的结构更加清晰。除此之外，还有一个更重要的意义，即方便使用 CSS 样式对表格的各个部分进行修饰，从而制作出更炫的表格。

第5章　使用表单

在网页中表单的作用比较重要，主要是负责采集浏览者的相关数据，例如常见的注册表、调查表和留言表等。在 HTML5 中，表单拥有多个新的表单输入类型。这些新特性提供了更好的输入控制和验证。本章主要讲述表单的概述、表单的基本元素的使用方法和表单的高级元素的使用方法，最后通过一个综合案例，进一步讲述表单的综合实用技巧。

5.1　表单概述

表单主要用于收集网页上浏览者的相关信息。其标记为<form></form>。表单的基本语法格式如下：

```
<form action="url" method="get|post" enctype="mime"></form>
```

其中，action 指定处理提交表单的格式，它可以是一个 URL 地址或一个电子邮件地址；method 指明提交表单的 HTTP 方法。enctype 指明用来把表单提交给服务器时的互联网媒体形式。

表单是一个能够包含表单元素的区域，添加不同的表单元素将显示不同的效果。

【例 5.1】（实例文件：ch05\5.1.html）

```
<!DOCTYPE html>
<html>
<body>
<form>
下面输入用户登录信息<br />
用户名称
<input type="text" name="user"><br />
用户密码
<input type="password" name="password"><br />
<input type="submit" value="登录">
</form>
</body>
</html>
```

在 IE 11.0 中的浏览效果如图 5-1 所示，显示用户登录信息页面。

图 5-1　用户登录页面

5.2　表单基本元素的使用

表单元素是能够让用户在表单中输入信息的元素，常见的有文本框、密码框、下拉菜单、单选框、复选框等。本节主要讲述表单基本元素的使用方法和技巧。

5.2.1　单行文本输入框 text

文本框是一种让访问者自行输入内容的表单对象，通常被用来填写单个字或者简短的回答，如用户姓名和地址。代码格式如下：

```
<input type="text" name="..." size="..." maxlength="..." value="...">
```

其中，type="text"定义单行文本输入框；name 属性定义文本框的名称，要保证数据的准确采集，必须定义一个独一无二的名称；size 属性定义文本框的宽度，单位是单个字符宽度；maxlength 属性定义最多输入的字符数；value 属性定义文本框的初始值。

【例 5.2】（实例文件：ch05\5.2.html）

```
<!DOCTYPE html>
<html>
<head><title>输入用户的姓名</title></head>
<body>
<form>
请输入您的姓名：
<input type="text" name="yourname" size="20" maxlength="15"><br />
请输入您的地址：
<input type="text" name="youradr" size="20" maxlength="15">
</form>
</body>
</html>
```

在 IE 11.0 中的浏览效果如图 5-2 所示，显示两个单行文本输入框。

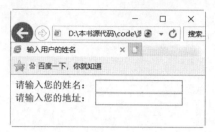

图 5-2　单行文本输入框

5.2.2　多行文本框标记<textarea>

多行文本框标记<textarea>主要用于输入较长的文本信息，代码格式如下：

```
<textarea name="..." cols="..." rows="..." wrap="..."></textarea >
```

其中，name 属性定义多行文本框的名称，要保证数据的准确采集，必须定义一个独一无二的名称；cols 属性定义多行文本框的宽度，单位是单个字符宽度；rows 属性定义多行文本框的高度，单位是单个字符高度；wrap 属性定义输入内容大于文本域时显示的方式。

【例 5.3】（实例文件：ch05\5.3.html）

```
<!DOCTYPE html>
<html>
<head><title>多行文本输入</title></head>
<body>
<form>
请输入您最新的工作情况<br />
<textarea name="yourworks" cols="50" rows="5"></textarea>
<br />
<input type="submit" value="提交">
</form>
</body>
</html>
```

在 IE 11.0 中的浏览效果如图 5-3 所示，显示多行文本框。

图 5-3　多行文本框

5.2.3　密码输入框 password

密码输入框是一种特殊的文本域，主要用于输入一些保密信息。当网页浏览者输入文本时，显示的是黑点或者其他符号，这样就增加了输入文本的安全性，代码格式如下：

```
<input type="password" name="..." size="..." maxlength="...">
```

其中，type="password"定义密码框；name 属性定义密码框的名称，要保证唯一性；size 属性定义密码框的宽度，单位是单个字符宽度；maxlength 属性定义最多输入的字符数。

【例 5.4】（实例文件：ch05\5.4.html）

```
<!DOCTYPE html>
<html>
<head><title>输入用户姓名和密码 </title></head>
<body>
<form >
用户姓名:
<input type="text" name="yourname">
<br />
登录密码:
<input type="password" name="yourpw"><br />
</form>
</body>
</html>
```

在 IE 11.0 中的浏览效果如图 5-4 所示，输入用户名和密码时可以看到密码以黑点的形式显示。

图 5-4　密码输入框

5.2.4　单选按钮 radio

单选按钮主要是让网页浏览者在一组选项里只能选一个，代码格式如下：

```
<input type="radio" name="..." value = "...">
```

其中，type="radio"定义单选按钮；name 属性定义单选按钮的名称，单选按钮都是以组为单位使用的，在同一组中的单选项都必须用同一个名称；value 属性定义单选按钮的值，在同一组中它们的值必须是不同的。

【例 5.5】（实例文件：ch05\5.5.html）

```
<!DOCTYPE html>
<html>
<head><title>选择感兴趣的图书</title></head>
<body>
<form >
请选择您感兴趣的图书类型：
<br />
<input type="radio" name="book" value="Book1">网站编程<br />
<input type="radio" name="book" value="Book2">办公软件<br />
<input type="radio" name="book" value="Book3">设计软件<br />
<input type="radio" name="book" value="Book4">网络管理<br />
<input type="radio" name="book" value="Book5">黑客攻防<br />
</form>
</body>
</html>
```

在 IE 11.0 中的浏览效果如图 5-5 所示，有 5 个单选按钮，用户只能同时选中其中一个单选按钮。

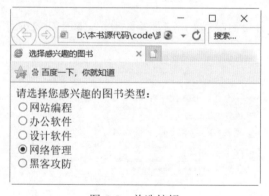

图 5-5　单选按钮

5.2.5　复选框 checkbox

复选框主要是让网页浏览者在一组选项里可以同时选择多个选项。每个复选框都是一个独立的元素，都必须有一个唯一的名称，代码格式如下：

```
<input type="checkbox" name="…" value ="…">
```

其中，type="checkbox"定义复选框；name 属性定义复选框的名称，在同一组中的复选框都必须用同一个名称；value 属性定义复选框的值。

【例 5.6】（实例文件：ch05\5.6.html）

```
<!DOCTYPE html>
<html>
<head><title>选择感兴趣的图书</title></head>
<body>
<form >
请选择您感兴趣的图书类型：<br />
<input type="checkbox" name="book" value="Book1">网站编程<br />
<input type="checkbox" name="book" value="Book2">办公软件<br />
<input type="checkbox" name="book" value="Book3">设计软件<br />
<input type="checkbox" name="book" value="Book4">网络管理<br />
<input type="checkbox" name="book" value="Book5" checked>黑客攻防<br />
</form>
</body>
</html>
```

技巧提示　checked 属性主要用来设置默认选中项。

在 IE 11.0 中的浏览效果如图 5-6 所示，其中有 5 个复选框，其中【黑客攻防】复选框被默认选中。

图 5-6　复选框的效果

5.2.6　选择列表标记<select>

选择列表主要用于在有限的空间里设置多个选项，既可以用作单选，也可以用作多选，代码格式如下：

```
<select name="..." size="..." multiple>
<option value="..." selected>
...
```

```
</option>
...
</select>
```

其中，name 属性定义选择列表的名称；size 属性定义选择列表的行数；multiple 属性表示可以多选，如果不设置该属性，就只能单选；value 属性定义选择项的值；selected 属性表示默认已经选择本选项。

【例 5.7】（实例文件：ch05\5.7.html）

```
<!DOCTYPE html>
<html>
<head><title>选择感兴趣的图书</title></head>
<body>
<form>
请选择您感兴趣的图书类型: <br />
<select name="fruit" size="3" multiple>
<option value="Book1">网站编程
<option value="Book2">办公软件
<option value="Book3">设计软件
<option value="Book4">网络管理
<option value="Book5">黑客攻防
</select>
</form>
</body>
</html>
```

在 IE 11.0 中的浏览效果如图 5-7 所示，在选择列表框内显示为 3 行选项，用户可以按住 Ctrl 键选择多个选项。

图 5-7　选择列表的效果

5.2.7　普通按钮 button

普通按钮用来控制其他定义了脚本的处理工作，代码格式如下：

```
<input type="button" name="..." value="..." onclick="...">
```

其中，type="button"定义普通按钮；name 属性定义普通按钮的名称；value 属性定义按钮的显示文字；onclick 属性表示单击行为，也可以通过指定脚本函数来定义按钮的行为。

【例 5.8】（实例文件：ch05\5.8.html）

```
<!DOCTYPE html>
<html>
<body>
<form>
单击下面的按钮，把文本框1的内容复制到文本框2中：
<br/>
文本框1: <input type="text" id="field1" value="学习HTML5的技巧">
<br/>
文本框2: <input type="text" id="field2">
<br/>
<input type="button" name="..." value="单击我"
onclick="document.getElementById('field2').value=document.getElementById('f
ield1').value">
</form>
</body>
</html>
```

在 IE 11.0 中的浏览效果如图 5-8 所示，单击【单击我】按钮，即可实现将文本框 1 中的内容复制到文本框 2 中。

图 5-8　单击按钮后的复制效果

5.2.8　提交按钮 submit

提交按钮用来将输入的信息提交到服务器，代码格式如下：

```
<input type="submit" name="..." value="...">
```

其中，type="submit"定义提交按钮；name 属性定义提交按钮的名称；value 属性定义按钮的显示文字。通过提交按钮可以将表单里的信息提交给表单里 action 所指向的文件。

【例 5.9】（实例文件：ch05\5.9.html）

```
<!DOCTYPE html>
<html>
<head><title>输入用户名信息</title></head>
<body>
<form  action="http://www.yinhangit.com/yonghu.asp" method="get">
请输入您的姓名：
<input type="text" name="yourname">
<br />
请输入您的住址：
<input type="text" name="youradr">
<br />
请输入您的单位：
<input type="text" name="yourcom">
<br />
请输入您的联系方式：
<input type="text" name="yourcom">
<br />
<input type="submit" value="提交">
</form>
</body>
</html>
```

在 IE 11.0 中的浏览效果如图 5-9 所示，输入内容后单击【提交】按钮，即可将表单中的数据提交到指定的服务器中。

图 5-9　提交按钮

5.2.9　重置按钮 reset

重置按钮用来清空表单中输入的信息，代码格式如下：

```
<input type="reset" name="..." value="...">
```

其中，type="reset"定义重置按钮；name 属性定义重置按钮的名称；value 属性定义按钮的显示文字。

【例 5.10】（实例文件：ch05\5.10.html）

```
<!DOCTYPE html>
<html>
<body>
<form>
请输入用户名称：
<input type="text">
<br/>
请输入用户密码：
<input type="password">
<br />
<input type="submit" value="登录">
<input type="reset" value="重置">
</form>
</body>
</html>
```

在 IE 11.0 中的浏览效果如图 5-10 所示，输入内容后单击【重置】按钮，即可实现将表单中的数据清空的目的。

图 5-10　重置按钮

5.3　表单高级元素的使用

除了上述基本属性外，HTML5 中还有一些高级属性，包括 url、email、time、range、search 等。对于部分高级属性，IE 11.0 浏览器暂时还不支持，下面将用 Opera 11.60 浏览器查看效果。

5.3.1　url 属性

url 属性用于说明网站网址，显示为在一个文本框中输入 URL 地址。在提交表单时会自动验证 url 的值，代码格式如下：

```
<input type="url" name="userurl"/>
```

另外，用户可以使用普通属性设置 url 输入框，例如可以使用 max 属性设置其最大值、min 属性设置其最小值、step 属性设置合法的数字间隔、利用 value 属性规定其默认值。对于另外的高级属性中同样的设置不再重复讲述。

【例 5.11】（实例文件：ch05\5.11.html）

```
<!DOCTYPE html>
<html>
<body>
<form>
<br/>
请输入网址:
<input type="url" name="userurl"/>
</form>
</body>
</html>
```

在 IE 11.0 中的浏览效果如图 5-11 所示。用户可在文本框中输入相应的网址。如果输入的 URL 格式不准确，按【Enter】键，就会弹出提示信息。

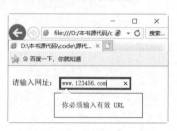

图 5-11　url 属性的效果

5.3.2　email 属性

与 url 属性类似，email 属性用于让浏览者输入 E-mail 地址。在提交表单时会自动验证 email 域的值，代码格式如下：

```
<input type="email" name="user_email"/>
```

【例 5.12】（实例文件：ch05\5.12.html）

```
<!DOCTYPE html>
<html>
<body>
<form>
<br/>
请输入您的邮箱地址:
<input type="email" name="user_email"/>
<br />
<input type="submit" value="提交">
</form>
```

```
</body>
</html>
```

在 IE 11.0 中的浏览效果如图 5-12 所示。用户可在文本框中输入相应的邮箱地址。如果用户输入的邮箱地址不合法，单击【提交】按钮后会弹出提示信息。

图 5-12　email 属性的效果

5.3.3　date 和 times 属性

HTML5 新增了一些日期和时间输入类型，其中包括 date、datetime、datetime-local、month、week 和 time，具体含义如表 5-1 所示。

表 5-1　日期和时间输入类型

属性	含义
date	选取日、月、年
month	选取月、年
week	选取周和年
time	选取时间
datetime	选取时间、日、月、年
datetime-local	选取时间、日、月、年（本地时间）

上述属性的代码格式类似，例如以 date 属性为例，代码格式如下：

```
<input type="date" name="user_date" />
```

【例 5.13】（实例文件：ch05\5.13.html）

```
<!DOCTYPE html>
<html>
<body>
<form>
<br/>
请选择购买商品的日期:
<br />
<input type="date" name="user_date"/>
</form>
```

```
</body>
</html>
```

在 Opera 55.2 中的浏览效果如图 5-13 所示。用户单击输入框中的下三角按钮，即可在弹出的窗口中选择需要的日期。

图 5-13　date 属性的效果

5.3.4　number 属性

number 属性提供了一个输入数字的输入类型。用户可以直接输入数字或者通过单击微调框中的按钮选择数字，代码格式如下：

```
<input type="number" name="shuzi" />
```

【例 5.14】（实例文件：ch05\5.14.html）

```
<!DOCTYPE html>
<html>
<body>
<form>
<br/>
此网站我曾经来
<input type="number" name="shuzi"/>次了哦！
</form>
</body>
</html>
```

在 Opera 11.0 中的浏览效果如图 5-14 所示。用户可以直接输入数字，也可以单击微调按钮选择合适的数字。

图 5-14　number 属性的效果

强烈建议用户使用 min 和 max 属性规定输入的最小值和最大值。

5.3.5　range 属性

range 属性可以显示一个滚动的控件。和 number 属性一样，用户可以使用 max、min 和 step 属性设置控件的范围，代码格式如下：

```
<input type="range" name="" min="" max="" />
```

其中，min 和 max 属性分别控制滚动控件的最小值和最大值。

【例 5.15】（实例文件：ch05\5.15.html）

```
<!DOCTYPE html>
<html>
<body>
<form>
<br/>
英语成绩公布了！我的成绩名次为：
<input type="range" name="ran" min="1" max="10"/>
</form>
</body>
</html>
```

在 IE 11.0 中的浏览效果如图 5-15 所示。用户可以拖曳滑块选择合适的数字。

图 5-15　range 属性的效果

默认情况下，滑块位于滚珠的中间位置。如果用户指定的最大值小于最小值，就允许使用反向滚动轴，目前浏览器对这一属性还不能很好地支持。

5.3.6　required 属性

required 属性规定必须在提交之前填写输入域（不能为空）。required 属性适用于以下类型的输入属性：text，search，url，email，password，date，pickers，number，checkbox 和 radio 等。

【例 5.16】（实例文件：ch05\5.16.html）

```html
<!DOCTYPE html>
<html>
<body>
<form>
下面输入用户登录信息
<br />
用户名称
<input type="text" name="user" required="required">
<br />
用户密码
<input type="password" name="password" required="required">
<br />
<input type="submit" value="登录">
</form>
</body>
</html>
```

在 Opera 11.0 中的浏览效果如图 5-16 所示。如果用户只输入密码就单击【登录】按钮，就会弹出提示信息。

图 5-16　required 属性的效果

5.4　综合实例——创建用户反馈表单

本实例将结合使用一个表单内的各种元素来开发一个简单网站的用户意见反馈页面，具体操作步骤如下：

01 分析需求。反馈表单非常简单，通常包含三个部分：在页面上方给出标题，标题下方是正文部分（表单元素），最下方是表单元素提交按钮。在设计页面时，需要把"用户注册"
标题设置成 h1 大小，正文使用<p>标记来限制表单元素。

02 构建 HTML 页面，实现表单内容。

```
<!DOCTYPE html>
<html>
<head>
<title>用户反馈页面</title>
</head>
<body>
<h1 align=center>用户反馈表单</h1>
<form method="post">
<p>姓    名:
<input type="text" class=txt size="12" maxlength="20" name="username"/>
</p><p>性    别:
<input type="radio" value="male"/>男
<input type="radio" value="female"/>女
</p><p>年    龄:
<input type="text" class=txt name="age"/>
</p>
<p>联系电话:
<input type="text" class=txt name="tel"/>
</p><p>电子邮件:
<input type="text" class=txt name="email"/>
</p><p>联系地址:
<input type="text" class=txt name="address"/>
</p>
<p>
请输入您对网站的建议<br />
<textarea name="yourworks" cols="50" rows="5"></textarea>
<br />
<input type="submit" name="submit" value="提交"/>
<input type="reset" name="reset" value="清除"/>
</p>
</form>
</body>
</html>
```

在 IE 11.0 中的浏览效果如图 5-17 所示。此时即可完成用户反馈表单的创建。

图 5-17　用户反馈页面

5.5　专家解惑

1. 如何在表单中实现文件上传框？

在 HTML5 语言中，使用 file 属性实现文件上传框。语法格式为：<input type="file" name="..." size="..." maxlength="...">。其中，type="file"定义为文件上传框；name 属性为文件上传框的名称；size 属性定义文件上传框的宽度，单位是单个字符宽度；maxlength 属性定义最多输入的字符数。文件上传框的显示效果如图 5-18 所示。

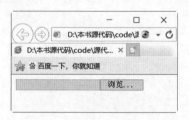

图 5-18　文件上传框

2. 制作的单选按钮为什么可以同时选中多个？

此时用户需要检查单选按钮的名称，保证同一组中的单选按钮名称必须相同，这样才能保证单选按钮只能同时选中其中一个。

第6章 CSS3快速入门

一个美观大方简约的页面以及高访问量的网站是网页设计者的追求，然而仅通过 HTML5 实现是非常困难的。HTML 语言仅仅定义了网页结构，对于文本样式没有过多涉及。这就需要一种技术对页面布局、字体、颜色、背景和其他图文效果的实现提供更加精确的控制，这种技术就是 CSS。

6.1 CSS3 介绍

使用 CSS3 最大的优势是，在后期维护中如果需要修改一些外观样式，只需要修改相应的代码即可。

6.1.1 CSS3 功能

随着 Internet 不断发展，对页面效果诉求越来越强烈，只依赖 HTML 这种结构化标记来实现样式已经不能满足网页设计者的需要，其表现有以下几个方面：

（1）维护困难。为了修改某个特殊标记格式，需要花费很多时间，尤其对整个网站而言，后期修改和维护成本较高。

（2）标记不足。HTML 本身标记并不是很多，而且很多标记都是为网页内容服务，关于内容样式的标记（如文字间距、段落缩进）很难在 HTML 中找到。

（3）网页过于臃肿。由于没有统一对各种风格样式进行控制，HTML 页面往往体积过大，占掉很多宝贵的宽度。

（4）定位困难。在整体布局页面时，HTML 对于各个模块的位置调整显得捉襟见肘，过多的<table>标记将会导致页面的复杂和后期维护的困难。

在这种情况下，就需要寻找一种可以将结构化标记与丰富的页面表现相结合的技术。CSS 样式技术恰恰迎合了这种需要。

CSS（Cascading Style Sheet）称为层叠样式表，也可以称为 CSS 样式表或样式表，其文件扩展名为.css。CSS 是用于增强或控制网页样式并允许将样式信息与网页内容分离的一种标记性语言。

引用样式表的目的是将"网页结构代码"和"网页样式风格代码"分离开，从而使网页设计者可以对网页布局进行更多的控制。利用样式表可以将整个站点上所有网页都指向某个 CSS 文件，设计者只需要修改 CSS 文件中的某一行，整个网页上对应的样式会随之发生改变。

6.1.2 CSS3 发展历史

万维网联盟（W3C）在 1996 年制定并发布了一个网页排版样式标准（层叠样式表），用来对 HTML 有限的表现功能进行补充。

随着 CSS 的广泛应用，CSS 技术越来越成熟。CSS 现在有三个不同层次的标准：CSS1、CSS2 和 CSS3。

CSS1（CSS Level 1）是 CSS 的第一层次标准，正式发布于 1996 年 12 月 17 日，后来于 1999 年 1 月 11 日进行了修改。该标准提供简单的样式表机制，使网页的设计者可以通过附属样式对 HTML 文档的表现进行描述。

CSS2（CSS Level 2）于 1998 年 5 月 12 日被正式作为标准发布。CSS2 标准是基于 CSS1 设计的，其包含了 CSS1 所有的功能，并扩充和改进了很多更加强大的属性。CSS2 支持多媒体样式表，使得设计者可以根据不同的输出设备给文档制定不同的表现形式。

在 2001 年 5 月 23 日，W3C 完成了 CSS3 的工作草案。该草案制订了 CSS3 的发展路线图，详细列出了所有模块，并计划在未来进行逐步规范。

CSS1 主要定义了网页的基本属性，如字体、颜色、空白边等。CSS2 在此基础上添加了一些高级功能（如浮动和定位），以及一些高级的选择器（如子选择器、相邻选择器和通用选择器等）。CSS3 开始遵循模块化开发，标准被分为若干个相互独立的模块，这将有助于理清模块化规范之间的关系，减小完整文件的体积。

6.1.3 浏览器与 CSS3

CSS3 制定完成之后具有了很多新功能（新样式），但这些新样式在浏览器中不能获得完全支持，主要在于各个浏览器对 CSS3 很多细节处理上存在差异。例如，某个标记属性在一种浏览器中支持而在另一种浏览器中不支持，或者两者浏览器都支持但其显示效果不一样。

主流浏览器为了自己产品的利益和推广，定义了很多私有属性，用于加强页面显示样式和效果，导致现在每个浏览器都存在大量的私有属性。虽然使用私有属性可以快速构建效果，但是对网页设计者是一个大麻烦。设计一个页面，就需要考虑在不同浏览器上的显示效果，一个不注意就会导致同一个页面在不同浏览器上显示效果不一致，甚至有的浏览器不同版本之间也具有不同的属性。

如果所有浏览器都支持 CSS3 样式，那么网页设计者只需使用一种统一标记即可在不同浏览器上实现一致的显示效果。

当 CSS3 被所有浏览器接受和支持以后，整个网页设计将会变得非常容易。CSS3 标准使得布局更加合理，样式更加美观，整个 Web 页面显示将会焕然一新。虽然现在 CSS3 还没有完全普及、各个浏览器对 CSS3 的支持还处于发展阶段，但是 CSS3 具有很高的发展潜力，在样式修饰方面是其他技术无法替代的。此时学习 CSS3 技术，才能保证技术不落伍。

6.2 编辑和浏览 CSS

CSS 文件是文本格式文件，因此在编辑 CSS 时就有了多种选择，可以使用一些简单的文本编辑工具（如记事本、Word），也可以选择专业的 CSS 编辑工具（如 Dreamweaver）。记事本编辑工具适合于初学者，不适合大项目编辑，但专业工具软件通常占有空间较大，打开不太方便。

6.2.1 CSS 基础语法

在前面介绍过，CSS 样式表由若干条样式规则组成，这些样式规则可以应用到不同的元素或文档中来定义它们的显示效果。每一条样式规则由三部分构成：选择符（selector）、属性（property）和属性值（value），基本格式如下：

```
selector{property: value}
```

（1）selector 可以采用多种形式，可以为文档中的 HTML 标记（例如<body>、<table>、<p>等），也可以是 XML 文档中的标记。

（2）property 是选择符指定的标记所包含的属性。

（3）value 指定了属性的值。如果定义选择符的多个属性，则属性和属性值为一组，组与组之间用 ";" 隔开，基本格式如下：

```
selector{property1: value1; property2: value2;…… }
```

下面就给出一条样式规则，代码如下所示。

```
p{color:red}
```

其中，p 为段落提供样式，color 指定文字颜色属性，red 为属性值。此样式规则表示标记<p>指定的段落文字为红色。

如果要为段落设置多种样式，则可以使用下列语句。

```
p{font-family:"隶书"; color:red; font-size:40px; font-weight:bold}
```

6.2.2　使用记事本手工编写 CSS 文件

由于 CSS 是文本格式，因此使用传统的文本编辑器就可以编辑 CSS。当然这些编辑软件不支持语法提示，不支持验证，会严重影响开发效率，但使用记事本手工编写 CSS 文件可以使初学者更快地掌握 CSS3 技术。

使用记事本编写 CSS 和使用记事本编写 HTML 的方法基本一样。首先需要打开一个记事本，然后在里面输入相应的 CSS 代码即可。

【例 6.1】使用记事本手工编写 CSS 文件。

01 打开记事本，编写 HTML 文档

打开一个记事本，输入 HTML 代码，如图 6-1 所示。

02 添加 CSS 代码，修饰 HTML 元素

在 head 部分添加 CSS 样式代码，如图 6-2 所示。

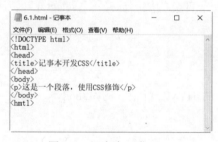

图 6-1　记事本开发 HTML

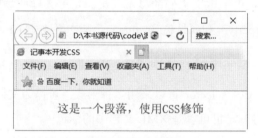

图 6-2　添加样式

从窗口中可以看出，在 head 部分添加了一个<style>标记（CSS 样式标记）。在<style>标记中间对 p 样式进行了设定，设置段落居中显示并且颜色为红色。

03 运行网页文件

编辑完成后，使用 IE 11.0 打开（如图 6-3 所示），可以看到段落在页面中间以红色字体显示。

图 6-3   CSS 样式显示窗口

6.2.3   使用 Dreamweaver CC 创建 CSS 文件

随着 Web 技术的发展，越来越多的开发人员开始使用功能更多、界面更友好的专业 CSS 编辑器（如 Dreamweaver CC 的 CSS 编辑器和 Visual Studio 的 CSS 编辑器），这些编辑器有语法着色，带输入提示，甚至有自动创建 CSS 的功能。

【例 6.2】使用 Dreamweaver CC 创建 CSS 文件

01 创建 HTML 文档

使用 Dreamweaver CC 创建 HTML 文档的方法前面已经介绍过，这里就不再赘述了。此处创建一个名称为"6.2.html"的文档，如图 6-4 所示。

02 添加 CSS 样式

❶ 在设计模式中，选中"使用 CSS 标记修饰"段落后，右击并在弹出的快捷菜单中选择【CSS 样式】➤【新建】菜单命令，弹出如图 6-5 所示的对话框。

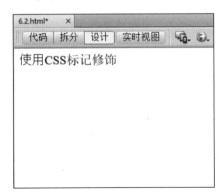

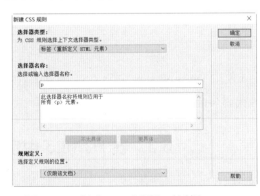

图 6-4   网页显示窗口   图 6-5   "新建 CSS 规则"对话框

❷在【为 CSS 规则选择上下文选择器类型】下拉列表中，选择【标签（重新定义 HTML 元素）】选项（学习后面章节内容后，读者可以根据需要选择不同的选择器类型）。选择完成后单击【确定】按钮，即可显示如图 6-6 所示的对话框。

❸在对话框中可以设置 p 的样式，设置完成后单击【确定】按钮，此时 HTML 文档内容

发生了变化，如图 6-7 所示。

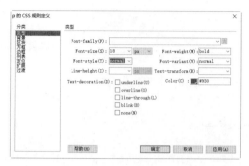

图 6-6　"p 的 CSS 规则定义"对话框

图 6-7　设置完成显示

从代码模式可以看到，在 head 部分中增加了一个<style>标记放置 CSS 样式，该样式用来修饰段落 p。

03 运行 HTML 文档

在 IE 11.0 中预览该网页，其显示结果如图 6-8 所示，可以看到字体颜色设置为浅红色，大小为 18px，字形加粗。

图 6-8　CSS 样式显示

上述使用 Dreamweaver 创建 CSS 的方法只是其中一种，读者还可以直接在代码模式中编写 CSS 代码，此时会有很好的语法提示。

6.3　在 HTML5 中使用 CSS3 的方法

CSS 样式表能很好地控制页面显示、分离网页内容和样式代码。它控制 HTML5 页面效果的方式通常包括行内样式、内嵌样式、链接样式和导入样式。

6.3.1　行内样式

行内样式是所有样式中比较简单、直观的方法，它直接把 CSS 代码添加到 HTML 文件中，是作为 HTML 的标记属性存在的。通过这种方法，可以很简单地对某个元素单独定义样式。

使用行内样式方法直接在 HTML 标记中使用 style 属性，该属性的内容就是 CSS 的属性和值，例如：

```
<p style="color:red">段落样式</p>
```

【例 6.3】（实例文件：ch06\6.3.html）

```
<!DOCTYPE html>
<html>
<head>
<title>行内样式</title>
</head>
<body>
<p
style="color:red;font-size:20px;text-decoration:underline;text-align:center
">此段落使用行内样式修饰</p>
<p style="color:blue;font-style:italic">正文内容</p>
</body>
</html>
```

在 IE 11.0 中的浏览效果如图 6-9 所示，可以看到 2 个 p 标记中都使用了 style 属性，并且设置了 CSS 样式，各个样式之间互不影响，分别显示自己的样式效果。第一个段落为红色字体，居中显示且带有下画线。第二个段落为蓝色字体，并以斜体显示。

图 6-9　行内样式显示

尽管行内样式简单，但这种方法并不常用，因为这样添加无法完全发挥样式表"内容结构和样式控制代码分离"的优势，而且这种方式也不利于样式的重用。如果为每一个标记都设置 style 属性，那么后期维护成本会过高，网页也容易过胖，故不推荐使用。

6.3.2　内嵌样式

内嵌样式就是将 CSS 样式代码添加到<head>与</head>之间，并且用<style>和</style>标记进行声明。这种写法虽然没有完全实现页面内容和样式控制代码完全分离，但是可以用于设置一些比较简单且需要样式统一的页面，其格式如下所示。

```
<head>
```

```
<style type="text/css">
p{color:red;font-size:12px;}
</style>
</head>
```

有些较低版本的浏览器不识别<style>标记，不能将样式正确地应用到页面显示上，而是直接将标记中的内容以文本的形式显示。为了解决此类问题，可以使用 HMTL 注释将标记中的内容隐藏。如果浏览器能够识别<style>标记，则标记内被注释的 CSS 样式定义代码依旧能够发挥作用。

```
<head>
<style type="text/css">
<!--
  p{color:red;font-size:12px;}
  -->
</style>
</head>
```

【例 6.4】（实例文件：ch06\6.4.html）

```
<!DOCTYPE html>
<html>
<head>
<title>内嵌样式</title>
<style type="text/css">
p{
    color:orange;           /*设置字体颜色为橙色*/
    text-align:center;      /*设置段落居中显示*/
    font-weight:bolder;     /*设置字体加粗效果*/
    font-size:25px;         /*设置字体大小*/
}
</style>
</head><body>
<p>此段落使用内嵌样式修饰</p>
<p>正文内容</p>
</body>
</html>
```

在 IE 11.0 中的浏览效果如图 6-10 所示，可以看到 2 个段落都被 CSS 样式修饰且样式保持一致，均为段落居中、加粗并以橙色字体显示。

图 6-10　内嵌样式显示

在上面的例子中，所有 CSS 编码都在 style 标记中，方便了后期维护，页面与行内样式相比较也大大瘦身了。如果一个网站拥有很多页面，且对于不同页面段落都希望采用同样的风格时，内嵌方式就显示有点麻烦。此种方法只适用于特殊页面设置单独的样式风格。

6.3.3　链接样式

链接样式是 CSS 中使用频率最高，也是最实用的方法。它可以很好地将"页面内容"和"样式风格代码"分离成两个文件或多个文件，实现了页面框架 HTML 代码和 CSS 代码的完全分离。使前期制作和后期维护都十分方便。同一个 CSS 文件，根据需要可以链接到网站中所有的 HTML 页面上，使得网站整体风格统一并且后期维护的工作量也大大减少。

链接样式是指在外部定义 CSS 样式表并形成以.css 为扩展名的文件，然后在页面中通过 <link> 标记链接到页面中。该链接语句必须放在页面的 <head> 标记区，代码如下所示。

```
<link rel="stylesheet" type="text/css" href="1.css" />
```

（1）rel 表示链接到样式表，其值为 stylesheet。

（2）type 表示样式表类型为 CSS 样式表。

（3）href 指定了 CSS 样式表文件的路径，此处表示当前路径下名称为 1.css 文件。

这里使用的是相对路径。如果 HTML 文档与 CSS 样式表没有在同一路径下，就需要指定样式表的绝对路径或引用位置。

【例 6.5】（实例文件：ch06\6.5.html）

```
<!DOCTYPE html>
<html>
<head>
<title>链接样式</title>
<link rel="stylesheet" type="text/css" href="6.5.css"/>
</head>
<body>
<h1>CSS学习</h1>
```

```
<p>此段落使用链接样式修饰</p>
</body>
</html>
```

（实例文件：ch06\6.5.css）

```
h1{
text-align:center; /*设置标题居中显示*/
}
p{
font-weight:29px; /*设置字体的粗细*/
text-align:center; /*设置段落居中显示*/
font-style:italic; /*设置字体样式为斜体*/
}
```

在 IE 11.0 中的浏览效果如图 6-11 所示，其中标题和段落以不同样式显示，标题居中显示，段落以斜体居中显示。

图 6-11　链接样式显示

链接样式的最大优势就是将 CSS 代码和 HTML 代码完全分离，并且同一个 CSS 文件能被不同的 HTML 文件链接使用。

 在设计整个网站时，为了实现相同的样式风格，可以将同一个 CSS 文件链接到所有的页面中去。如果整个网站需要修改样式，只修改 CSS 文件即可。

6.3.4　导入样式

导入样式和链接样式基本相同，都需要创建一个单独的 CSS 文件，然后将其引入到 HTML 文件中，只不过语法和运作方式有所差别。采用导入样式是在 HTML 文件初始化时，会被导入到 HTML 文件内，作为文件的一部分，类似于内嵌效果。链接样式则是在 HTML 标记需要样式风格时才以链接方式引入。

导入外部样式表是指在内嵌样式表的<style>标记中，使用@import 导入一个外部的 CSS文件，例如：

```
<head>
```

```
<style type="text/css">
<!--
  @import "1.css"
-->
</style>
</head>
```

导入外部样式表相当于将样式表导入到内嵌样式表中，其中@import 必须在样式表的开始部分（位于其他样式表代码的上面）。

【例 6.6】（实例文件：ch06\6.6.html）

```
<!DOCTYPE html>
<html>
<head>
<title>导入样式</title>
<style>
@import "6.6.css"
</style>
</head>
<body>
<h1>CSS学习</h1>
<p>此段落使用导入样式修饰</p>
</body>
</html>
```

（实例文件：ch06\6.6.css）

```
h1{text-align:center;              /*设置标题居中显示*/
color:#0000ff;                     /*设置标题的颜色为蓝色*/
}
p{font-weight:bolder;              /*设置字体的粗细*/
text-decoration:underline;         /*设置下画线效果*/
font-size:20px;                    /*设置字体的大小*/
}
```

在 IE 11.0 中的浏览效果如图 6-12 所示，其中标题和段落以不同样式显示，标题居中显示、颜色为蓝色，段落的字体设置为加粗、下画线，大小为 20px。

图 6-12　导入样式显示

导入样式与链接样式比较，最大的优势就是可以一次导入多个 CSS 文件，其格式如下所示。

```
<style>
@import "6.6.css"
@import "test.css"
</style>
```

6.3.5 优先级问题

如果同一个页面采用了多种 CSS 样式表方式（例如同时使用行内样式、链接样式和内嵌样式），且这几种方式共同作用于同一属性，就会出现优先级问题。例如，使用内嵌样式设置字体为宋体，使用链接样式设置字体为红色，那么二者会同时生效，但如果都设置字体颜色且颜色不同，那么哪种样式的设置才有效呢？

1. 行内样式和内嵌样式比较

例如，有这样一种情况：

```
<style>
p{color:red}
</style>
<p style="color:blue">段落应用样式</p>
```

在样式定义中，段落标记<p>匹配了两种样式规则，一种使用内嵌样式定义颜色为红色，一种使用 p 行内样式定义颜色为蓝色，而在页面代码中，该标记使用了类选择符。这时，标记内容最终会以哪一种样式显示呢？

【例 6.7】（实例文件：ch06\6.7.html）

```
<!DOCTYPE html>
<html>
<head>
<title>优先级比较</title>
<style>
p{color:red}
</style>
</head>
<body>
<p style="color:blue">优先级测试</p>
</body>
</html>
```

在 IE 11.0 中的浏览效果如图 6-13 所示，段落以蓝色字体显示，可以看出行内样式优先级大于内嵌样式。

图 6-13　优先级显示

2. 内嵌样式和链接样式比较

以相同例子测试内嵌样式和链接样式优先级。将相应的颜色样式代码单独放在一个 CSS 文件中，以供链接样式引用。

【例 6.8】（实例文件：ch06\6.8.html）

```
<!DOCTYPE html>
<html>
<head>
<title>优先级比较</title>
<link href="6.8.css" type="text/css" rel="stylesheet">
<style>p{color:red}
</style></head>
<body>
<p>优先级测试</p>
</body>
</html>
```

（实例文件：ch06\6.8.css）

```
p{color:yellow}
```

在 IE 11.0 中的浏览效果如图 6-14 所示，段落以红色字体显示，可以看出内嵌样式优先级大于链接样式。

图 6-14　优先级测试

3. 链接样式和导入样式

现在进行链接样式和导入样式的优先级比较。分别创建两个 CSS 文件，一个作为链接，一个作为导入。

【例 6.9】（实例文件：ch06\6.9.html）

```
<!DOCTYPE html>
<html>
<head>
<title>优先级比较</title>
<style>
@import "6.9_2.css"
</style>
<link href="6.9_1.css" type="text/css" rel="stylesheet">
</head>
<body>
<p>优先级测试</p>
</body>
</html>
```

（实例文件：ch06\6.9_1.css）

```
p{color:green}
```

（实例文件：ch06\6.9_2.css）

```
p{color:purple}
```

在 IE 11.0 中的浏览效果如图 6-15 所示，段落以绿色显示。可以看出链接样式优先级大于导入样式。

图 6-15　优先级比较

通过比较，CSS 样式表方式的优先级顺序由大到小依次为行内样式、内嵌样式、链接样式、导入样式。

6.4　CSS3 选择器

选择器（selector）也被称为选择符。所有 HTML 语言中的标记都是通过不同的 CSS 选择器进行控制的。选择器不只是 HMTL 文档中的元素标记，还可以是类（Class，这不同于面向对象程序设计语言中的类）、ID（元素的唯一特殊名称，便于在脚本中使用）或是元素的某种状态（如 a:link）。根据 CSS 选择器用途可以把选择器分为标记选择器、类选择器、全局选择器、ID 选择器和伪类选择器等。

6.4.1 标记选择器

HTML 文档是由多个不同标记组成的，而 CSS 选择器就是声明那些标记样式风格的。例如，p 选择器，就是用于声明页面中所有<p>标记的样式风格；同样，也可以通过 h1 选择器来声明页面中所有<h1>标记的样式风格。

标记选择器最基本的形式如下所示。

```
tagName{property:value}
```

 其中，tagName 表示标记名称，例如 p、h1 等 HTML 标记；property 表示 CSS3 属性；value 表示 CSS3 属性值。

通过声明一个具体标记，可以对文档里这个标记出现的每一个地方应用样式定义。这种做法通常用在设置那些在整个网站都会出现的基本样式。例如，下面的定义就用于为一个网站设置默认字体。

```
body, p, td, th, div, blockquote, dl, ul, ol {
  font-family: Tahoma, Verdana, Arial, Helvetica, sans-serif;
  font-size: 1em;
  color: #000000;
}
```

这个选择器声明了一系列的标记，所有这些标记出现的地方都将以定义的样式（字体、字号和颜色）显示。理论上仅声明〈body〉标记就已经足够（因为所有其他标记会出现在〈body〉标记内部，并且将因此继承它的属性），但是许多浏览器不能恰当地将这些样式属性带入表格和其他标记里。因此，为了避免这种情况，这里声明了其他标记。

【例 6.10】（实例文件：ch06\6.10.html）

```
<!DOCTYPE html>
<html>
<head>
<title>标记选择器</title>
<style>
p{color:blue;        /*设置字体的颜色为蓝色*/
font-size:20px;  /*设置字体的大小*/
}
</style>
</head>
<body>
```

```
<p>此处使用标记选择器控制段落样式</p>
</body>
</html>
```

在 IE 11.0 中的浏览效果如图 6-16 所示，其中段落字体以蓝色显示，大小为 20px。

图 6-16　标记选择器显示

如果在后期维护中需要调整段落颜色，只需要修改 color 属性值即可。

 CSS3 标准对于所有属性和值都有相对严格的要求，如果声明的属性在 CSS3 规范中没有或者某个属性值不符合属性要求，都不能使 CSS 语句生效。

6.4.2　类选择器

使用标记选择器可以控制该页面中所有相关标记的显示样式，如果需要对其中一系列标记重新设定，此时仅使用标记选择器是远远不够的，还需要使用类选择器。

类选择器用来为一系列标记定义相同的呈现方式，常用语法格式如下所示。

```
.classValue{property:value}
```

classValue 是选择器的名称，具体名称由 CSS 制定者自己命名。如果一个标记具有 class 属性且 class 属性值为 classValue，那么该标记的呈现样式由该选择器指定。在定义类选择符时，需要在 classValue 前面加一个句点"."，示例如下所示。

```
.rd{color:red}          /*设置字体的颜色为红色*/
.se{font-size:3px}      /*设置字体的大小*/
```

上面定义了两个类选择器，分别为 rd 和 se。类的名称可以是任意英文字符串或以英文开头与数字的组合，一般情况下采用其功能或效果的缩写。

在<p>标记的 class 属性中使用类选择符，示例如下所示。

```
<p class="rd">class属性是被用来引用类选择器的属性</p>
```

类选择器只能被应用于指定的标记中（例如<p>标记），可以在不同标记中使用相同的呈现方式，例如：

```
<p class="rd">段落样式</p>
<h3 class="rd">标题样式</h3>
```

【例 6.11】（实例文件：ch06\6.11.html）

```
<!DOCTYPE html>
<html>
<head><title>类选择器</title>
<style>
.aa{
    color:blue;        /*设置字体的颜色为蓝色*/
    font-size:20px; /*设置字体的大小为20px*/
}
.bb{
    color:red;          /*设置字体的颜色为红色*/
    font-size:22px; /*设置字体的大小为22px*/
}
</style></head><body>
<h3 class="bb">学习类选择器</h3>
<p class="aa">此处使用类选择器aa控制段落样式</p>
<p class="bb">此处使用类选择器bb控制段落样式</p>
</body>
</html>
```

在 IE 11.0 中的浏览效果如图 6-17 所示。其中，第一个段落字体以蓝色显示，大小为 20px；第二个段落字体以红色显示，大小为 22px；标题字体同样以红色显示，大小为 22px。

图 6-17　类选择器显示

6.4.3　ID 选择器

ID 选择器和类选择器类似，都是针对特定属性的属性值进行匹配。ID 选择器定义的是某一个特定的 HTML 标记，一个网页文件中只能有一个标记使用某一 ID 的属性值。

定义 ID 选择器的基本语法格式，如下所示。

```
#idValue{property:value}
```

在上述基本语法格式中，idValue 是选择器名称，可以由 CSS 定义者自己命名。如果某标记具有 id 属性，并且该属性值为 idValue，那么该标记的呈现样式由该 ID 选择器指定。在正常情况下 id 属性值在文档中具有唯一性。在定义 ID 选择器时，需要在 idValue 前面加一个 "#" 符号，示例如下所示。

```
#fontstyle
{
  color:red;              /*设置字体的颜色为红色*/
  font-weight:bold;       /*设置字体的粗细*/
  font-size:large         /*设置字体的大小*/
}
```

与类选择器相比，使用 ID 选择器定义样式是有一定局限性的，类选择器与 ID 选择器主要有以下两种区别：

（1）类选择器可以给任意数量的标记定义样式，但 ID 选择器在页面的标记中只能使用一次。

（2）ID 选择器比类选择器具有更高的优先级，即当 ID 选择器与类选择器发生冲突时，优先使用 ID 选择器定义的样式。

【例 6.12】（实例文件：ch06\6.12.html）

```
<!DOCTYPE html>
<html>
<head>
<title>ID选择器</title>
<style>
#fontstyle{
  color:blue;              /*设置字体的颜色为蓝色*/
  font-weight:bold;        /*设置字体的粗细*/
}
#textstyle{
  color:red;               /*设置字体的颜色为红色*/
  font-size:22px;          /*设置字体的大小*/
}
</style>
</head>
<body>
<h3 id="textstyle">学习ID选择器</h3>
<p id="textstyle">此处使用ID选择器texstyle控制段落样式</p>
<p id="fontstyle">此处使用ID选择器fontstyle控制段落样式</p>
</body>
</html>
```

在 IE 11.0 中的浏览效果如图 6-18 所示。其中，第一个段落字体以红色显示，大小为 22px；

第二个段落字体以蓝色显示，字形加粗；标题字体同样以红色显示，大小为 22px。

图 6-18　ID 选择器显示

从上面的代码可以看出，标题 h3 和第一个段落都使用了名称 textstyle 的 ID 选择器并都显示了 CSS 方案。这里需要指出的是，将 ID 选择器用于多个标记是错误的，因为每个标记定义的 ID 不只是 CSS 可以调用，JavaScript 等脚本语言同样也可以调用。如果一个 HTML 中有两个相同 id 的标记，那么将会导致 JavaScript 在查找 id 时出错。

　JavaScript 等脚本语言也能调用 HTML 中设置的 id，因此 ID 选择器一直被广泛使用。网页设计者在编写 HTML 代码时应该养成一个习惯，一个 id 只赋予一个 HTML 标记。

6.4.4　全局选择器

如果想要一个页面中的所有 HTML 标记使用同一种样式，可以使用全局选择器。全局选择器，顾名思义就是对所有 HTML 标记起作用，其语法格式为：

```
*{property:value}
```

其中，"*"表示对所有标记起作用，property 表示 CSS3 属性名称，value 表示属性值，示例如下所示。

```
*{margin:0; padding:0;}          /*设置所有标记的外边距和内边距都为0*/
```

【例 6.13】（实例文件：ch06\6.13.html）

```
<!DOCTYPE html>
<html>
<head><title>全局选择器</title>
<style>
*{
  color:red;          /*设置字体的颜色为红色*/
  font-size:30px     /*设置字体的大小为30px*/
}
```

```
</style>
</head>
<body>
<p>使用全局选择器修饰</p>
<p>第一段</p>
<h1>第一段标题</h1>
</body>
</html>
```

在 IE 11.0 中的浏览效果如图 6-19 所示，两个段落和标题都是以红色字体显示，字体大小为 30px。

图 6-19　全局选择器

6.4.5　组合选择器

将多种选择器进行搭配，可以构成一种复合选择器，也称为组合选择器，即将标记选择器、类选择器和 ID 选择器组合起来使用。一般的组合方式是标记选择器和类选择器组合或标记选择器和 ID 选择器组合。由于这两种组合方式的原理和效果一样，所以本小节只介绍标记选择器和类选择器的组合。

组合选择器只是一种组合形式，并不算是一种真正的选择器，但在实际应用中会经常使用，其语法格式为：

```
tagName. class Value{property:value}
```

在使用的时候一般用在重复出现并且样式相同的一些标记里，例如 li 列表、td 单元格和 dd 自定义列表等，示例如下所示。

```
h1.red{color: red}
<h1 class="red"></h1>
```

【例 6.14】（实例文件：ch06\6.14.html）

```
<!DOCTYPE html>
<html>
<head>
```

```
<title>组合选择器</title>
<style>
p{ /*标记选择器*/
  color:red
}
p.firstPar{/*组合选择器*/
  color:blue
}
.firstPar{/*类选择器*/
  color:green
}
</style>
</head>
<body>
<p>这是普通段落</p>
<p class="firstPar">此处使用组合选择器</p>
<h1 class="firstPar">我是一个标题</h1>
</body>
</html>
```

在 IE 11.0 中的浏览效果如图 6-20 所示。其中，第一个段落颜色为红色，采用的是标记选择器；第二个段落显示的是蓝色，采用的是标记选择器和类选择器组合的选择器；标题以绿色字体显示，采用的是类选择器。

图 6-20　组合选择器显示

6.4.6　继承选择器

继承选择器的规则是：子标记在没有定义的情况下所有的样式是继承父标记的；当子标记重新定义父标记已经定义过的声明时，子标记会执行后面的声明，其中与父标记不冲突的地方仍然沿用父标记的声明。

使用继承选择器就必须先了解 HTML 文档树和 CSS 继承，这样才能够很好地运用继承选择器。每个 HTML 都可以被看作一个文档树，文档树的根部就是<html>标记，而<head>和<body>标记就是其标记。在<head>和<body>里的其他标记就是<html>标记的孙子标记。整个 HTML 就呈现一种祖先和子孙的树状关系。CSS 的继承是指子孙标记继承祖先标记的某些属性，示例如下所示。

```
<div class="test">
<span><img src="xxx" alt="示例图片"/></span>
</div>
```

对于上面的代码而言，如果其修饰样式为：

```
.test span img {border:1px blue solid;}
```

则表示该选择器先找到 class 为 test 的标记，然后从它的子标记里查找<span>标记，再从<span>的子标记中找到<img>标记。也可以采用下面的形式：

```
div span img {border:1px blue solid;}
```

可以看出其规律是从左往右依次细化，最后锁定要控制的标记。

【例 6.15】（实例文件：ch06\6.15.html）

```
<!DOCTYPE html>
<html>
<head>
<title>继承选择器</title>
<style type="text/css">
h1{color:red; text-decoration:underline;}
h1 strong{color:#004400; font-size:40px;}
h1 font{font-size:20px;}
</style>
</head>
<body>
<h1>测试CSS的<strong>继承</strong>效果</h1>
<h1>此处使用继承<font>选择器</font>了么？</h1>
</body>
</html>
```

在 IE 11.0 中的浏览效果如图 6-21 所示。其中，第一个标题颜色为红色，但是"继承"两个字使用绿色显示并且大小为 40px，除了这两个设置外的其他 CSS 样式都是继承父标记<h1>的样式（例如下画线设置），第二个标题虽然使用了 font 标记修饰选择器，但其样式都是继承于父类标记<h1>。

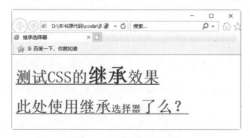

图 6-21　继承选择器

6.4.7 伪类

伪类也是选择器的一种，但是用伪类定义的 CSS 样式并不是作用在标记上的，而是作用在标记的状态上。由于很多浏览器支持不同类型的伪类，并且没有一个统一的标准，因此很多伪类都不常被用到。伪类包括:first-child、:link、:vistited、:hover、:active、:focus 和:lang 等。其中有一组伪类是主流浏览器都支持的，就是超链接的伪类，包括:link、:vistited、:hover和:active。

伪类选择器定义的样式最常应用在标记<a>上，表示超链接 4 种不同的状态：未访问超链接（link）、已访问超链接（visited）、鼠标停留在超链接上（hover）和激活超链接（active）。需要注意的是，<a>标记可以只具有一种状态（:link），也可以同时具有两种或者三种状态。比如说，任何一个有 href 属性的<a>标记，在未有任何操作时都已经具备了:link 状态，也就是满足了有链接属性这个条件；如果是访问过的<a>标记，就会同时具备 :link、visited 两种状态；把鼠标指针移到访问过的<a>标记上时，<a>标记就同时具备了 :link、visited、hover 三种状态。示例如下所示。

```
a:link{color:#FF0000; text-decoration:none}
a:visited{color:#00FF00; text-decoration:none}
a:hover{color:#0000FF; text-decoration:underline}
a:active{color:#FF00FF; text-decoration:underline}
```

 上面的样式表示该超链接未访问时颜色为红色且无下画线，访问后是绿色且无下画线，鼠标指针放在超链接上为蓝色且有下画线，激活超链接时为紫色且有下画线。

【例 6.16】（实例文件：ch06\6.16.html）

```
<!DOCTYPE html>
<html>
<head>
<title>伪类</title>
<style>
a:link {color: red}        /* 未访问的链接 */
a:visited {color: green}      /* 已访问的链接 */
a:hover {color:blue}        /* 鼠标移动到链接上 */
a:active {color: orange}      /* 选定的链接 */
</style>
</head>
<body>
<a href="">链接到本页</a>
<a href="http://www.sohu.com">搜狐</a>
</body>
</html>
```

在 IE 11.0 中的浏览效果如图 6-22 所示。将鼠标指针停留在第一个超链接上方时，显示颜色为蓝色；另一个是访问过后的超链接，显示颜色为绿色。

图 6-22　伪类显示

6.4.8　属性选择器

前面在使用 CSS3 样式对 HTML 标记进行修饰时，都是通过 HTML 标记名称或自定义名称指向具体的 HTML 元素，进而控制 HTML 标记样式。那么能不能直接通过标记属性来进行修饰，而不通过标记名称或自定义名称。直接使用属性控制 HTML 标记样式的选择器称为属性选择器。

属性选择器根据某个属性是否存在或属性值来寻找元素，因此能够实现某些非常有意思和强大的效果。CSS2 标准就已经出现了 4 个属性选择器，在 CSS3 标准中又新加了 3 个属性选择器，也就是说现在的 CSS3 标准共有 7 个属性选择器，它们共同构成了 CSS 功能强大的标记属性过滤体系。

在 CSS3 标准中，常见属性选择器如表 6-1 所示。

表 6-1　常见属性选择器

属性选择器格式	说明
E[foo]	选择匹配 E 的元素，且该元素定义了 foo 属性。注意，E 选择器可以省略，表示选定定义了 foo 属性的任意类型元素
E[foo= "bar "]	选择匹配 E 的元素，且该元素将 foo 属性值定义为了"bar"。注意，E 选择器可以省略，用法与上一个选择器类似
E[foo~= "bar "]	选择匹配 E 的元素，且该元素定义了 foo 属性，foo 属性值是一个以空格符分隔的列表，其中一个列表的值为"bar"。注意，E 选择符可以省略，表示可以匹配任意类型的元素 例如，a[title~="b1"]匹配\<a title="b1 b2 b3"\>\</a\>，而不匹配\<a title="b2 b3 b5"\>\</a\>
E[foo|="en"]	选择匹配 E 的元素，且该元素定义了 foo 属性，foo 属性值是一个用连字符（-）分隔的列表，值开头的字符为"en"。 注意，E 选择符可以省略，表示可以匹配任意类型的元素。例如，[lang|="en"]匹配\<body lang="en-us"\>\</body\>，而不是匹配\<body lang="f-ag"\>\</body\>

（续表）

属性选择器格式	说明
E[foo^="bar"]	选择匹配 E 的元素，且该元素定义了 foo 属性，foo 属性值包含了前缀为"bar"的子字符串。注意，E 选择符可以省略，表示可以匹配任意类型的元素。例如，body[lang^="en"]匹配\<body lang="en-us">\</body>，而不匹配\<body lang="f-ag">\</body>
E[foo$="bar"]	选择匹配 E 的元素，且该元素定义了 foo 属性，foo 属性值包含后缀为"bar"的子字符串。注意 E 选择符可以省略，表示可以匹配任意类型的元素。例如，img[src$="jpg"]匹配\<img src="p.jpg"/>，而不匹配\<img src="p.gif"/>
E[foo*="bar"]	选择匹配 E 的元素，且该元素定义了 foo 属性，foo 属性值包含"bar"的子字符串。注意，E 选择器可以省略，表示可以匹配任意类型的元素。例如，img[src$="jpg"]匹配\<img src="p.jpg"/>，而不匹配\<img src="p.gif"/>

【例 6.17】（实例文件：ch06\6.17.html）

```
<!DOCTYPE html>
<html>
<head>
<title>属性选择器</title>
<style>
[align]{color:red}
[align="left"]{font-size:20px;font-weight:bolder;}
[lang^="en"]{color:blue;text-decoration:underline;}
[src$="gif"]{border-width:5px;boder-color:#ff9900}
</style>
</head>
<body>
<p align=center>这是使用属性定义样式</p>
<p align=left>这是使用属性值定义样式</p>
<p lang="en-us">此处使用属性值前缀定义样式</p>
<p>下面使用了属性值后缀定义样式
<img src="2.gif" border="1"/>
</body>
</html>
```

在 IE 11.0 中的浏览效果如图 6-23 所示。其中，第一个段落使用属性 align 定义样式，其字体颜色为红色；第二个段落使用属性值 left 修饰样式，其字体颜色为红色，大小为 20px 并且加粗显示，是因为该段落使用了 align 这个属性；第三个段落字体显示为蓝色，且带有下画线，是因为属性 lang 的值前缀为 en。最后一个图片以边框样式显示，是因为属性值后缀为 gif。

图 6-23　属性选择器显示

6.4.9　结构伪类选择器

结构伪类选择器（Structural pseudo-classes）是 CSS3 新增的类型选择器。顾名思义，结构伪类就是利用文档结构树（DOM）实现元素过滤，也就是说，通过文档结构的相互关系来匹配特定的元素，从而减少文档内对 class 属性和 id 属性的定义，使得文档更加简洁。

在 CSS3 版本中，新增结构伪类选择器，如表 6-2 所示。

表 6-2　新增结构伪类选择器

选择器	含义
E:root	匹配文档的根元素，对于 HTML 文档，就是 HTML 元素
E:nth-child(n)	匹配其父元素的第 n 个子元素，第一个编号为 1
E:nth-last-child(n)	匹配其父元素的倒数第 n 个子元素，第一个编号为 1
E:nth-of-type(n)	与:nth-child()作用类似，但是仅匹配使用同种标签的元素
E:nth-last-of-type(n)	与:nth-last-child() 作用类似，但是仅匹配使用同种标签的元素
E:last-child	匹配父元素的最后一个子元素，等同于:nth-last-child(1)
E:first-of-type	匹配父元素下使用同种标签的第一个子元素，等同于:nth-of-type(1)
E:last-of-type	匹配父元素下使用同种标签的最后一个子元素，等同于:nth-last-of-type(1)
E:only-child	匹配父元素下仅有的一个子元素，等同于:first-child:last-child 或:nth-child(1):nth-last-child(1)
E:only-of-type	匹配父元素下使用同种标签的唯一一个子元素，等同于:first-of-type:last-of-type 或 nth-of-type(1):nth-last-of-type(1)
E:empty	匹配一个不包含任何子元素的元素，注意，文本节点也被看作子元素

【例 6.18】（实例文件：ch06\6.18.html）

```
<!DOCTYPE html>
```

```
<html>
<head><title>结构伪类</title>
<style>
tr:nth-child(even){
background-color:#96FED1
}
tr:last-child{font-size:20px;}
</style>
</head>
<body>
<table border=1 width=80%>
<th>姓名</th><th>编号</th><th>性别</th>
<tr><td>刘海松</td><td>006</td><td>男</td></tr>
<tr><td>王峰</td><td>001</td><td>女</td></tr>
<tr><td>李张力</td><td>002</td><td>男</td></tr>
<tr><td>于辉</td><td>008</td><td>男</td></tr>
<tr><td>张浩</td><td>004</td><td>女</td></tr>
<tr><td>刘永权</td><td>003</td><td>男</td></tr>
</table>
</body>
</html>
```

在 IE 11.0 中的浏览效果如图 6-24 所示。其中，表格中奇数行显示指定颜色，并且最后一行字体的大小以 20px 显示，其原因就是采用了结构伪类选择器。

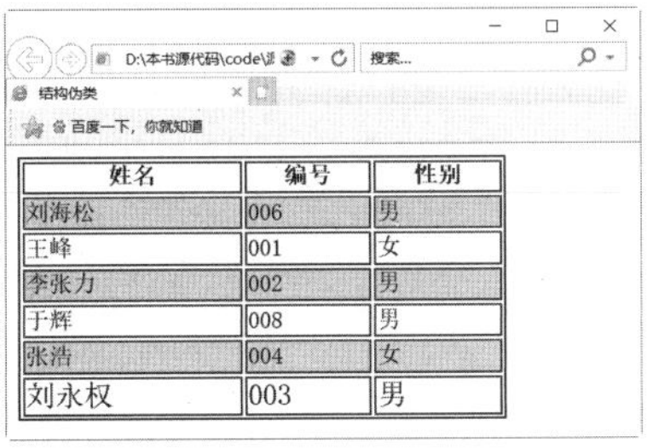

图 6-24　结构伪类选择器

6.4.10　UI 元素状态伪类选择器

UI 元素状态伪类（The UI element states pseudo-classes）也是 CSS3 新增选择器。其中，UI 即 User Interface（用户界面）的简称。UI 设计是指对软件的人机交互、操作逻辑、界面美观的整体设计。好的 UI 设计不仅是让软件变得有个性，有品味，还要让软件的操作变得舒适、简单、自由、充分体现软件的定位和特点。

UI 元素的状态一般包括可用、不可用、选中、未选中、获取焦点、失去焦点、锁定、待机等。CSS3 定义了 3 种常用的状态伪类选择器，详细说明如表 6-3 所示。

表 6-3　常用的状态伪类选择器

选择器	说明
E:enabled	选择匹配 E 的所有可用 UI 元素。注意，在网页中，UI 元素一般是指包含在 form 元素内的表单元素。例如，input:enabled 匹配<form><input type=text/><input type=button disabled=disabled/></form>代码中的文本框，而不匹配代码中的按钮
E:disabled	选择匹配 E 的所有不可用元素。注意，在网页中，UI 元素一般是指包含在 form 元素内的表单元素。例如，input:disabled 匹配<form><input type=text/><input type=button disabled=disabled/></form>代码中的按钮，而不匹配代码中的文本框
E:checked	选择匹配 E 的所有可用 UI 元素。注意，在网页中，UI 元素一般是指包含在 form 元素内的表单元素。例如，input:checked 匹配<form><input type=checkbox/><input type=radio checked=checked/></form>代码中的单选按钮，但不匹配该代码中的复选框

【例 6.19】（实例文件：ch06\6.19.html）

```
<!DOCTYPE html>
<html>
<head>
<title>UI元素状态伪类选择器</title>
<style>
input:enabled {border:1px dotted #666;background:#ff9900;}
input:disabled {border:1px dotted #999;background:#F2F2F2;}
</style>
</head>
<body>
<center>
<h3 align=center>用户登录</h3>
<form method="post" action="">
用户名：<input type=text name=name><br>
密  码：<input type=password name=pass disabled="disabled"><br>
<input type=submit value=提交>
<input type=reset value=重置>
</form>
<center>
</body>
</html>
```

在 IE 11.0 中的浏览效果如图 6-25 所示。其中，表格中可用的表单元素都显示为浅黄色，而不可用的元素显示为灰色。

图 6-25　UI 元素状态伪类选择器应用

6.5　选择器声明

使用 CSS 选择器可用控制 HTML 标记样式，其中每个选择器属性可以一次声明多个，即创建多个 CSS 属性修饰 HTML 标记。实际上也可以将选择器声明多个，并且任何形式的选择器（如标记选择器、class 类别选择器、ID 选择器等）都是合法的。

6.5.1　集体声明

在一个页面中，有时需要不同种类标记样式保持一致，例如需要<p>标记和<h1>标记的字体保持一致，此时可以将<p>标记和<h1>标记共同使用类选择器。除此之外，还可以使用集体声明方法。集体声明就是在声明各种 CSS 选择器时，如果某些选择器的风格是完全相同的或者部分相同，可以将风格相同的 CSS 选择器同时声明。

【例 6.20】（实例文件：ch06\6.20.html）

```
<!DOCTYPE html>
<html>
<head>
<title>集体声明</title>
<style type="text/css">
h1,h2,p{
    color:red;                /*设置字体的颜色为红色*/
font-size:20px;           /*设置字体的大小*/
font-weight:bolder;       /*设置字体的粗细*/
}
</style>
</head>
<body>
<h1>此处使用集体声明</h1>
<h2>此处使用集体声明</h2>
<p>此处使用集体声明</p>
</body>
</html>
```

在 IE 11.0 中的浏览效果如图 6-26 所示。其中，网页上标题 1、标题 2 和段落都以红色字体加粗显示，并且大小为 20px。

图 6-26　集体声明显示

6.5.2　多重嵌套声明

在 CSS 控制 HTML 标记样式时，还可以使用层层递进的方式（嵌套方式）对指定位置的 HTML 标记进行修饰。例如，当<p>与</p>之间包含<a></a>标记时，就可以使用这种方式对 HMTL 标记进行修饰。

【例 6.21】（实例文件：ch06\6.21.html）

```
<!DOCTYPE html>
<html>
<head>
<title>多重嵌套声明</title>
<style>
p{font-size:20px;}
p a{color:red;font-size:30px;font-weight:bolder;}
</style>
</head>
<body>
<p>这是一个多重嵌套<a href="">测试</a></p>
</body>
</html>
```

在 IE 11.0 中的浏览效果如图 6-27 所示。其中，在段落中的超链接为红色字体，大小为 30px，其原因是使用了嵌套声明。

图 6-27　多重嵌套声明

6.6 综合实例 1——制作五彩标题

使用 CSS 可以给网页标题设置不同的字体样式，即建立一个 CSS 规则，将样式应用到页面中出现的所有<h1>标记或者是整个站点（当使用一个外部样式表的时候）。如果我们想改变整个站点上所有出现<h1>标记的颜色、尺寸、字体，只需要修改一些 CSS 规则即可。

具体步骤如下所示：

01 分析需求

本实例要求简单，使用标记<h1>创建一个标题，然后使用 CSS 样式对标题进行修饰，可以从颜色、尺寸、字体、背景、边框等方面入手。

02 构建 HTML 页面

创建 HTML 页面，完成基本框架并创建标题。其代码如下：

```
<!DOCTYPE html>
<html>
<head>
<title>五彩标题</title>
</head>
<body>
<body>
<h1>
<span class=c1>美</span>
<span class=c2>食</span>
<span class=c3>介</span>
<span class=c4>绍</span></h1>
</body>
</html>
```

在 IE 11.0 中的浏览效果如图 6-28 所示。标题在网页中的显示没有任何修饰。

03 使用内嵌样式

如果要对标题进行修饰，需要添加 CSS（此处使用内嵌样式），在<head>标记中添加 CSS，其代码如下：

```
<style>
h1{}
</style>
```

此时没有任何变化，只是在代码中引入了<style>标记。

04 改变颜色、字体和尺寸

添加 CSS 代码，改变标题样式，在颜色、字体和尺寸上面对其样式进行设置，代码如下：

```
h1{
font-family:Arial,sans-serif;        /*设置文本的字体样式*/
font-size:24px;                      /*设置字体的大小为24px*/
color:#369;                          /*设置字体颜色为浅蓝色*/
}
```

在 IE 11.0 中的浏览效果如图 6-29 所示。其中，字体大小为 24px，颜色为浅蓝色，字形为 Arial。

图 6-28　标题显示

图 6-29　添加文本修饰标记

05 加入灰色边框

为标题添加边框，其代码如下：

```
padding-bottom:4px;               /*设置边框与文字的距离为4px*/
border-bottom:2px solid #ccc;     /*设置边框的颜色*/
```

在 IE 11.0 中的浏览效果如图 6-30 所示，在"美食介绍"文字下面添加了一个边框，边框和文字距离是 4px。

06 增加背景图

使用 CSS 样式为标记<h1>添加背景图片，其代码如下：

```
background:url(01.jpg) repeat-x bottom;    /*设置背景图片和水平平铺模式*/
```

在 IE 11.0 中的浏览效果如图 6-31 所示，在"美食介绍"文字下面添加了一个背景图片，图片在水平（X）轴方向进行平铺。

图 6-30　添加边框样式　　　　　　　　　图 6-31　添加背景

07 定义标题宽度

使用 CSS 属性将背景图变小，使其正好符合四个字体的宽度，其代码如下：

```
width:120px;
```

在 IE 11.0 中的浏览效果如图 6-32 所示，"美食介绍"文字下面的背景图缩短，正好和字体宽度相同。

08 定义字体颜色

在 CSS 样式中，为每个字定义颜色，其代码如下。

```
.c1{
    color:#B3EE3A;      /*设置第1个字的颜色*/
}
.c2{
    color:#71C671;      /*设置第2个字的颜色*/
}
.c3{
    color:#00F5FF;      /*设置第3个字的颜色*/
}
.c4{
    color:#00EE00;      /*设置第4个字的颜色*/
}
```

在 IE 11.0 中的浏览效果如图 6-33 所示，每个字都显示出不同的颜色，加上背景色共有 5 种颜色。

图 6-32　定义宽度　　　　　　　　　　图 6-33　定义字体颜色

6.7　综合实例 2——制作新闻菜单

在网上浏览新闻可能是每个上网者都喜欢做的事情。一个布局合理、样式美观大方的新闻菜单是吸引人的主要途径之一。本实例使用 CSS 控制 HTML 标记创建新闻菜单，具体步骤如下：

01 分析需求

创建一个新闻菜单需要包含两个部分：一个是父菜单，用来表明新闻类别；一个是子菜单，介绍具体的新闻消息。菜单方式很多，可以用<table>创建，也可以用列表创建，同样也可以使用段落<p>创建。本实例采用<p>标记结合<div>创建。

02 分析局部和整体，构建 HTML 网页

一个新闻菜单可以分为三个层次，即新闻父菜单、新闻焦点和新闻子菜单，下面分别使用 div 创建，其 HTML 代码如下所示。

```html
<!DOCTYPE html>
<html >
<head><title>导航菜单</title>
</head>
<body>
<div class="big">
<h2>时事热点 </h2>
<div class="up">
<a href="#">7月周周爬房团报名</a>
</div> <div class="down">
<p>·50万买下两居会员优惠 全世界大学排名 工薪阶层留学美国</p>
<p>·家电 | 买房上焦点打电话送礼 楼市松动百余项目打折</p>
<p>·财经 | 油价大跌 CPI新高 </p>
</div>
</div>
</body>
</html>
```

在 IE 11.0 中的显示效果如图 6-34 所示，一个标题一个超链接和三个段落以普通样式显示，其布局只存在上下层次。

03 添加 CSS 代码，修饰整体样式

对于 HTML 页面，需要有一个整体样式，其代码如下所示。

```css
<style>
*{/*全局选择器*/
```

```
padding:0px;
margin:0px;
}
body{
font-family:"宋体";              /*设置文本的字体样式*/
font-size:12px;                  /*设置字体的大小*/
}
.big{
width:400px;                     /*设置边框的宽度*/
border:#33CCCC 1px solid;        /*设置边框的颜色为浅绿色*/
}
</style>
```

在 IE 11.0 中的显示效果如图 6-35 所示，可以看到全局层会以边框显示，宽度为 400px，其颜色为浅绿色；文档内容中的字采用宋体、大小为 12px，并且定义内容和层之间的空隙为 0、层和层之间的空隙为 0。

图 6-34　无 CSS 标记显示　　　　　　　　　图 6-35　整体样式添加

04 添加 CSS 代码，修饰新闻父菜单

对新闻父类菜单进行 CSS 控制，其代码如下所示。

```
h2{background-color:olive;           /*设置背景颜色*/
    display:block;                   /*设置方框的显示方式*/
    width:400px;                     /*设置方框的宽度*/
    height:18px;                     /*设置方框的高度*/
    line-height:18px;                /*设置字体的行高*/
    font-size:14px;}                 /*设置字体的大小*/
```

在 IE 11.0 中的显示效果如图 6-36 所示。标题"时事热点"以矩形方框显示，背景色为橄榄色，字体大小为 14px，行高为 18px。

05 添加 CSS 菜单，修饰子菜单

```
.up{padding-bottom:5px;   /*设置下边距的大小*/
```

```
    text-align:center;    /*设置文本居中显示*/
}
p{line-height:20px;}    /*设置文本的行高*/
```

在 IE 11.0 中的显示效果如图 6-37 所示，超链接"7 月周周爬房团报名"居中显示，所有
段落之间间隙增大。

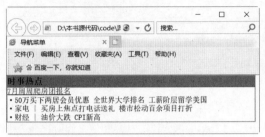

图 6-36　修饰超级链接图　　　　　　　　　图 6-37　子菜单样式显示

06 添加 CSS 菜单，修饰超级链接

```
a{ /*设置超级链接文字的样式*/
font-size:16px;
    font-weight:800;
    text-decoration:none;
    margin-top:5px;
    display:block;}
a:hover{/*设置鼠标放置超级链接文字上的样式*/
color:#FF0000;
    text-decoration:underline;}
```

在 IE 11.0 中的显示效果如图 6-38 所示。超链接"7 月周周爬房团报名"字体变大，加粗，
并且无下画线显示；将鼠标指针放在此超级链接上时会以红色字体显示，并且下面带有下画线。

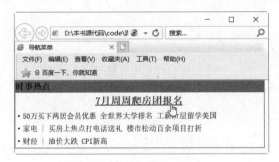

图 6-38　超级链接修饰显示

6.8　专家解惑

1. 用 CSS 定义的字体在不同浏览器中的大小不一样，该如何解决？

例如，使用 font-size:14px 定义的宋体文字，在 IE 下实际高是 16px、下空白是 3px，在 Firefox 浏览器下实际高是 17px、上空 1px、下空 3px。其解决办法是在文字定义时设定 line-height，并确保所有文字都有默认的 line-height 值。

2. CSS 在网页制作中一般有四种方式，那么具体在使用时该采用哪种用法呢？

有多个网页要用到的 CSS，采用外链 CSS 文件的方式，这样网页的代码将大大减少，修改起来非常方便；只在单个网页中使用的 CSS，采用文档头部方式；只有在网页一两个地方才用到的 CSS，采用行内插入方式。

3. CSS 的行内样式、内嵌样式和链接样式可以在一个网页中混用吗？

三种用法可以混用且不会造成混乱，这也是为什么称之为"层叠样式表"的原因。浏览器在显示网页时是这样处理的：先检查有没有行内插入式 CSS，有就执行，针对本句的其他 CSS 就不去管了；再检查内嵌方式的 CSS，有就执行；在前两者都没有的情况下再检查外链文件方式的 CSS。这是因为三种 CSS 的执行优先级依次是行内样式、内嵌样式、链接样式。

第7章　CSS3字体与段落属性

常见的网站、博客通常使用文字或图片来阐述自己的观点，其中文字是传递信息的主要手段。美观大方的网站或者博客需要使用 CSS 样式修饰。设置文本样式是 CSS 技术的基本使命，通过 CSS 文本标记语言可以设置文本的样式和粗细等。

7.1　字体属性

一个杂乱无序、堆砌而成的网页会使人产生枯燥无味、望而止步的感觉，而一个美观大方的网页会让人有美轮美奂、流连忘返的感觉。这美观大方的效果，都是使用 CSS 字体样式来设置的。通过对本节内容的学习，相信读者可以设计出令人流连忘返的网页。

7.1.1　字体 font-family

font-family 属性用于指定文字字体类型，例如宋体、黑体、隶书、Times New Roman 等，即在网页中展示字体不同的形状，具体的语法格式如下所示。

```
{font-family:name}
{font-family:cursive|fantasy|monospace|serif|sans-serif}
```

从语法格式上可以看出，font-family 有两种声明方式。第一种方式，使用 name 字体名称，按优先顺序排列，以逗号隔开，如果字体名称包含空格，就应使用引号括起；第二种声明方式使用所列出的字体序列名称，如果使用 fantasy 序列，将提供默认字体序列。在 CSS3 中，比较常用的是第一种声明方式。

【例 7.1】（实例文件：ch07\7.1.html）

```
<!DOCTYPE html>
<html>
<head>
<style type=text/css>
p{font-family:黑体}
</style>
</head>
```

```
<body>
<p align=center>天行健，君子以自强不息。</p>
</body>
</html>
```

在 IE 11.0 中的浏览效果如图 7-1 所示，文字居中并以黑体显示。

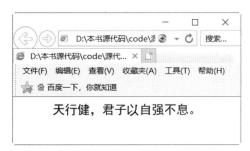

图 7-1　字型显示

在字体显示时，如果指定一种特殊字体类型，而在浏览器或者操作系统中该类型不能正确获取，可以通过 font-family 预设多种字体类型。font-family 属性可以预置多个供页面使用的字体类型，即字体类型序列，其中每种字型之间使用逗号隔开。如果前面的字体类型不能够正确显示，则系统将自动选择后一种字体类型，以此类推。

所以，在设计页面时，一定要考虑字体的显示问题，为了保证页面达到预计的效果，最好提供多种字体类型，而且最好以最基本的字体类型作为最后一个，其样式设置如下所示。

```
P{
font-family:华文彩云,黑体,宋体
}
```

当 font-family 属性值中的字体类型由多个字符串和空格组成时（例如 Times New Roman），该值就需要使用双引号引起来。

```
p{
    font-family:"Times New Roman"
}
```

7.1.2　字号 font-size

一个网页中，标题通常使用较大字体显示，用于吸引人注意，小字体用来显示正常内容。大小字体结合形成的网页既能吸引人的眼球，又可提高阅读效率。

在 CSS3 新规定中，通常使用 font-size 设置文字大小，其语法格式如下所示。

```
{font-size:数值
|inherit|xx-small|x-small|small|medium|large|x-large|xx-large|larger|
```

```
smaller|length}
```

其中，通过数值来定义字体大小，例如用 font-size:10px 的方式定义字体大小为 10px。此外，还可以通过其他属性值定义字体的大小，各属性值含义如表 7-1 所示。

表 7-1　字号属性值

属性值	说明
xx-small	绝对字体尺寸，根据对象字体进行调整，最小
x-small	绝对字体尺寸，根据对象字体进行调整，较小
small	绝对字体尺寸，根据对象字体进行调整，小
medium	默认值，绝对字体尺寸，根据对象字体进行调整，正常
large	绝对字体尺寸，根据对象字体进行调整，大
x-large	绝对字体尺寸，根据对象字体进行调整，较大
xx-large	绝对字体尺寸，根据对象字体进行调整，最大
larger	相对字体尺寸，相对于父对象中字体尺寸进行相对增大，使用成比例的 em 单位计算
smaller	相对字体尺寸，相对于父对象中字体尺寸进行相对减小，使用成比例的 em 单位计算
length	百分数或由浮点数字和单位标识符组成的长度值，不可为负值。其百分比取值基于父对象中字体的尺寸

【例 7.2】（实例文件：ch07\7.2.html）

```
<!DOCTYPE html>
<html>
<body>
<div style="font-size:10pt">上级标记大小
<p style="font-size:small">小</p>
<p style="font-size:larger">大</p>
<p style="font-size:x-small">小</p>
<p style="font-size:x-larger">大</p>
<p style="font-size:50%">子标记</p>
<p style="font-size:25pt">子标记</p>
</div>
</body>
</html>
```

在 IE 11.0 中的浏览效果如图 7-2 所示。网页中的文字被设置成了不同的大小，其设置方式采用了绝对数值、关键字和百分比等形式。

图 7-2　字体大小显示

在上面的例子中，font-size 字体大小为 50%时，其比较对象是上一级标签中的 10pt。同样还可以使用 inherit 值，直接继承上级标记的字体大小，代码如下：

```
<div style="font-size:50pt">上级标记
<p style="font-size: inherit ">继承</p>
</div>
```

7.1.3　字体风格 font-style

font-style 通常用来定义字体风格，即字体的显示样式。在 CSS3 新规定中，语法格式如下所示。

```
font-style:normal|italic|oblique|inherit
```

其属性值有 4 个，具体含义如表 7-2 所示。

表 7-2　字体风格属性值

属性值	含义
normal	默认值，浏览器显示一个标准的字体样式
italic	浏览器会显示一个斜体的字体样式
oblique	浏览器会显示一个倾斜的字体样式
inherit	规定应该从父元素继承字体样式

【例 7.3】（实例文件：ch07\7.3.html）

```
<!DOCTYPE html>
<html>
<body>
<p style="font-style:italic">梅花香自苦寒来</p>
<p style="font-style:normal">梅花香自苦寒来</p>
<p style="font-style:oblique">梅花香自苦寒来</p>
```

```
</body>
</html>
```

在 IE 11.0 中的浏览效果如图 7-3 所示，分别显示了不同的文字样式。

图 7-3　字体风格显示

7.1.4　加粗字体 font-weight

通过设置字体粗细，可以让文字显示不同的外观。通过 CSS3 中的 font-weight 属性可以定义字体的粗细程度，其语法格式如下所示。

```
{font-weight:100-900|bold|bolder|lighter|normal;}
```

font-weight 的属性值分别是 bold、bolder、lighter、normal、100~900。如果没有设置该属性，则使用其默认值 normal。属性值设置为 100~900，值越大，加粗的程度就越高。其具体含义如表 7-3 所示。

表 7-3　加粗字体属性值

属性	描述
bold	定义粗体字体
bolder	定义更粗的字体，相对值
lighter	定义更细的字体，相对值
normal	默认，标准字体

浏览器默认的字体粗细是 400，另外也可以通过参数 lighter 和 bolder 使得字体在原有基础上显得更细或更粗。

【例 7.4】（实例文件：ch07\7.4.html）

```
<!DOCTYPE html>
<html>
<body>
<p style="font-weight:bold">学习雷锋好榜样(bold)</p>
```

```
<p style="font-weight:bolder">学习雷锋好榜样(bolder)</p>
<p style="font-weight:lighter">学习雷锋好榜样(lighter)</p>
<p style="font-weight:normal">学习雷锋好榜样(normal)</p>
<p style="font-weight:100">学习雷锋好榜样(100)</p>
<p style="font-weight:400">学习雷锋好榜样(400)</p>
<p style="font-weight:900">学习雷锋好榜样(900)</p>
</body>
</html>
```

在 IE 11.0 中的浏览效果如图 7-4 所示。文字以不同方式加粗，其中使用了关键字加粗和数值加粗。

图 7-4　字体粗细显示

7.1.5　小写字母转为大写字母 font-variant

font-variant 属性设置大写字母的字体显示文本，这意味着所有的小写字母均会被转换为大写。在 CSS3 中，其语法格式如下所示。

```
{font-variant:normal|small-caps|inherit}
```

font-variant 有 3 个属性值，分别是 normal、small-caps 和 inherit。其具体含义如表 7-4 所示。

表 7-4　各属性值含义

属性值	说明
normal	默认值，浏览器会显示一个标准的字体
small-caps	浏览器会显示小型大写字母的字体
inherit	规定应该从父元素继承 font-variant 属性的值

【例 7.5】（实例文件：ch07\7.5.html）

```
<!DOCTYPE html>
<html>
<body>
<p style="font-variant:normal">Happy BirthDay to You</p>
<p style="font-variant:small-caps">Happy BirthDay to You</p>
</body>
</html>
```

在 IE 11.0 中的浏览效果如图 7-5 所示，可以看到字母以大写形式显示。

通过对两个属性值产生的效果进行比较可以看到，设置为 normal 属性值的文本以正常文本显示，而设置为 small-caps 属性值的文本中既有稍大的大写字母也有小的大写字母，也就是说，使用了 small-caps 属性值的段落文本全部变成了大写，只是大写字母的尺寸不同。

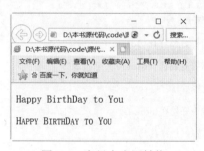

图 7-5　字母大小写转换

7.1.6　字体复合属性 font

在设计网页时，为了使网页布局合理且文本规范，对字体设计需要使用多种属性，例如定义字体粗细、定义字体大小等。但是多个属性分别书写相对比较麻烦，CSS3 样式表提供的 font 属性就解决了这一问题。

font 属性可以一次性使用多个属性的属性值定义文本字体，其语法格式如下所示。

```
{font:font-style font-variant font-weight font-size font-family}
```

font 属性中的属性排列顺序是 font-style、font-variant、font-weight、font-size 和 font-family，各属性的属性值之间使用空格隔开，但是如果 font-family 属性要定义多个属性值，就需使用逗号"，"隔开。

在属性排列中，font-style、font-variant 和 font-weight 这三个属性值是可以自由调换的；而 font-size 和 font-family 则必须按照固定的顺序出现，如果这两个属性的顺序不对或缺少一个，那么整条样式规则可能会被忽略。

【例 7.6】（实例文件：ch07\7.6.html）

```
<!DOCTYPE html>
<html>
<head>
<style type=text/css>
p{
    font:normal small-caps bolder 20pt "Cambria","Times New Roman",宋体
}
</style>
</head>
<body>
<p>读书和学习是在别人思想和知识的帮助下，建立起自己的思想和知识。</p>
</body>
</html>
```

在 IE 11.0 中的浏览效果如图 7-6 所示，文字被设置成宋体并加粗。

图 7-6   复合属性 font 显示

7.1.7   字体颜色 color

没有色彩的网页是枯燥而没有生机的，这就意味着一个优秀的网页设计者不仅要能够合理安排页面布局，还要具有一定的色彩视觉和色彩搭配能力，这样才能够使网页更加精美、具有表现力，给浏览者以亲切感。

在 CSS3 样式中，通常使用 color 属性来定义颜色。其属性值通常使用的设定方式如表 7-5所示。

表 7-5   属性值设定域

属性值	说明
color_name	规定属性值为颜色名称的颜色（例如 red）
hex_number	规定属性值为十六进制值的颜色（例如#ff0000）
rgb_number	规定属性值为 rgb 代码的颜色（例如 rgb(255,0,0)）
inherit	规定应该从父元素继承颜色
hsl_number	规定属性值为 HSL 代码的颜色（例如 hsl(0,75%,50%)），此为 CSS3 新增加的颜色表现方式

（续表）

属性值	说明
hsla_number	规定属性值为 HSLA 代码的颜色（例如 hsla(120,50%,50%,1)），此为 CSS3 新增加的颜色表现方式
rgba_number	规定属性值为 RGBA 代码的颜色（例如 rgba(125,10,45,0.5)），此为 CSS3 新增加的颜色表现方式

【例 7.7】（实例文件：ch07\7.7.html）

```
<!DOCTYPE html>
<html>
<head>
<style type="text/css">
body{color:red}                        /*设置body标记的颜色*/
h1{color:#00ff00}                      /*设置h1标记的颜色*/
p.ex{color:rgb(0,0,255)}               /*设置组合选择器p.ex的颜色*/
p.hs{color:hsl(0,75%,50%)}             /*设置组合选择器p.hs的颜色*/
p.ha{color:hsla(120,50%,50%,1)}  /*设置组合选择器p.ha的颜色*/
p.ra{color:rgba(125,10,45,0.5)}  /*设置组合选择器p.ra的颜色*/
</style>
</head>
<body>
<h1>这是标题1</h1>
<p>这是一段普通的段落。请注意，该段落的文本是红色的。在 body 选择器中定义了本页面中的
默认文本颜色。</p>
<p class="ex">该段落定义了 class="ex"。该段落中的文本是蓝色的。</p>
<p class="hs">此处使用了CSS3中的新增加的HSL函数，构建颜色。</p>
<p class="ha">此处使用了CSS3中的新增加的HSLA函数，构建颜色。</p>
<p class="ra">此处使用了CSS3中的新增加的RGBA函数，构建颜色。</p>
</body>
</html>
```

在 IE 11.0 中的浏览效果如图 7-7 所示，其中文字以不同颜色显示，并采用了不同的颜色取值方式。

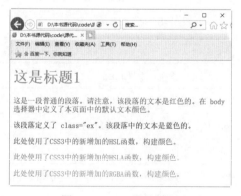

图 7-7　color 属性显示

在本实例中，使用了 3 个 CSS3 中新增加的表现形式，分别是 HSL（ ）、HSLA（ ）和 RGBA（ ）。这 3 个函数在 Firefox 中支持，但 IE 浏览器尚不支持。

7.2　文本高级样式

对于一些有特殊要求的文本（例如文字存在阴影），字体种类会发生变化。如果再使用上面所介绍的 CSS 样式进行定义，其结果就不会得到正确显示，这时就需要一些特定的 CSS 标记来完成这些要求。

7.2.1　阴影文本 text-shadow

在显示字体时，有时根据要求需要给文字添加阴影效果并为文字阴影添加颜色，以增强网页整体表现力，这时就需要用到 CSS3 样式中的 text-shadow 属性。实际上在 CSS 2 中，W3C 就已经定义了 text-shadow 属性，只是 CSS3 又重新定义了它，为它增加了不透明度效果。

text-shadow 属性有四个属性值，最后两个是可选的，第一个属性值表示阴影的水平位移，可取正负值；第二个值表示阴影垂直位移，可取正负值；第三个值表示阴影模糊半径，不可为负值，该值可选；第四个值表示阴影颜色值，该值可选，语法格式如下：

```
text-shadow: length length opacity color
```

【例 7.8】（实例文件：ch07\7.8.html）

```
<!DOCTYPE html>
<html>
<body>
<p align=center style="text-shadow:0.1em 2px 6px blue;font-size:80px;">
这是TextShadow的阴影效果</p>
</body>
</html>
```

在 IE 11.0 中的浏览效果如图 7-8 所示，文字居中并带有阴影显示。

图 7-8　阴影显示结果图

通过上面的实例，可以看出阴影偏移由两个 length 值调整文本阴影的位移。第一个 length 值指定到文本右边的水平距离，负值会把阴影放置在文本左边；第二个 length 值指定到文本下边的垂直距离，负值会把阴影放置在文本上方。在阴影偏移之后，可以指定一个模糊半径。

 模糊半径是一个长度值，它支持了模糊效果的范围，但如何计算效果的具体算法并没有指定。在阴影效果的长度值之前或之后，还可以指定一个颜色值。颜色值会被用作阴影效果的基础，如果没有指定颜色，那么将使用文本颜色来替代。

7.2.2　溢出文本 text-overflow

在网页显示信息时，如果指定显示区域宽度，而显示信息过长，其结果就是信息会撑破指定的信息区域，进而破坏整个网页布局。如果设定的信息显示区域过长，就会影响整体网页显示。以前，我们遇到这样的情况时，通常使用 JavaScript 将超出的信息进行省略。现在，只需要使用 CSS3 新增的 text-overflow 属性就可以解决这个问题。

text-overflow 属性用来定义当文本溢出时是否显示省略标记，即定义省略文本的显示方式，并不具备其他的样式属性定义。要实现溢出时产生省略号的效果还需定义强制文本在一行内显示（white-space:nowrap）及溢出内容为隐藏（overflow:hidden），只有这样才能实现溢出文本显示省略号的效果。

text-overflow 语法如下所示。

```
text-overflow: clip|ellipsis
```

其属性值含义如表 7-6 所示。

表 7-6　溢出文本属性值

属性值	说明
clip	不显示省略标记（...），而是简单的裁切
ellipsis	当对象内文本溢出时显示省略标记（...）

 这里需要特别说明的是，text-overflow 属性非常特殊，当设置的属性值不同时，其浏览器对 text-overflow 属性支持也不相同。当 text-overflow 属性值是 clip 时，现在主流的浏览器都支持，如果 text-overflow 属性是 ellipsis 时，除了 Firefox 5.0 浏览器暂不支持，其他主流浏览器都支持。

【例 7.9】（实例文件：ch07\7.9.html）

```
<!DOCTYPE html>
<html>
```

```
<body>
<style type="text/css">
.test_demo_clip{text-overflow:clip; overflow:hidden; white-space:nowrap;
width:200px; background:#ccc;}
.test_demo_ellipsis{text-overflow:ellipsis;overflow:hidden;white-space:
nowrap;width:200px;background:#ccc;}
</style>
<h2>text-overflow:clip</h2>
<div class="test_demo_clip">
  不显示省略标记，而是简单的裁切条
</div>
<h2>text-overflow:ellipsis</h2>
<div class="test_demo_ellipsis">
  显示省略标记，不是简单的裁切条
</div>
</body>
</html>
```

在 IE 11.0 中的浏览效果如图 7-9 所示，文字在指定位置被裁切，ellipsis 属性以省略号形式出现。

图 7-9　文本省略处理

7.2.3　控制换行 word-wrap

当在一个指定区域显示一整行文字时，如果文字在一行显示不完时就需要进行换行，如果不进行换行就会超出指定区域范围。此时我们可以采用 CSS3 中新增加的 word-wrap 文本样式来控制文本换行。

word-wrap 语法格式如下所示。

```
word-wrap: normal|break-word
```

其属性值含义比较简单，如表 7-7 所示。

表 7-7　控制换行属性值

属性值	说明
normal	允许内容顶开指定的边界
break-word	内容将在边界内换行。如果需要，词内换行（word-break）也会发生

【例 7.10】（实例文件：ch07\7.10.html）

```
<!DOCTYPE html>
<html>
<head>
<style type="text/css">
div{width:300px;word-wrap:break-word;border:1px solid #999999;}
</style>
</head>
<body>
<div>wordwrapbreakwordwordwrapbreakwordwordwrapbreakwordwordwrapbreakwo
rd</div>
<br />
<div>全中文的情况，全中文的情况，全中文的情况全中文的情况全中文的情况</div><br />
<div>This is all English,This is all English,This is all English,This is
all English</div>
</body>
</html>
```

在 IE 11.0 中的浏览效果如图 7-10 所示，文字在指定位置被控制换行。

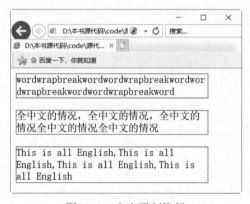

图 7-10　文本强制换行

word-wrap 属性可以控制换行，当属性取值 break-word 时将强制换行。中文文本没有任何问题，英文语句也没有任何问题，但是对于长的英文字符串不起作用，也就是说 break-word 属性只控制是否断词，而不是断字符。

7.2.4 保持字体尺寸不变 font-size-adjust

有时候在同一行的文字由于所采用字体种类不一样或者修饰样式不一样，会导致其字体尺寸不一样，整行文字显得比较杂乱。此时需要 CSS3 属性 font-size-adjust 来处理。

font-size-adjust 用来定义整个字体序列中所有字体的大小是否保持同一个尺寸，其语法格式如下所示。

```
font-size-adjust:none|number
```

其属性值含义如表 7-8 所示。

表 7-8 保持字体尺寸不变属性值

属性值	说明
none	默认值，允许字体序列中每一个字体遵守它自己的尺寸
number	为字体序列中所有字体强迫指定同一尺寸

【例 7.11】（实例文件：ch07\7.11 html）

```
<!DOCTYPE html>
<html>
<head>
<style>
.big{font-family:sans-serif;font-size:40pt;}
.a{font-family:sans-serif;font-size:15pt;font-size-adjust:1;}
.b{font-family:sans-serif;font-size:30pt;font-size-adjust:0.5;}
</style>
</head>
<body>
<p class="big"><span class="b">闻鸡起舞</span></p>
<p class="big"><span class="a">闻鸡起舞</span></p>
</body>
</html>
```

在 IE 11.0 中的浏览效果如图 7-11 所示，同一行的字体大小相同。

图 7-11 尺寸一致显示

7.3　段落属性

网页由文字组成，而用来表达同一个意思的多个文字组合可以称为段落。段落是文章的基本单位，同样也是网页的基本单位。段落的放置与效果的显示会直接影响页面的布局及风格。CSS 样式表提供了文本属性来实现对页面中段落文本的控制。

7.3.1　单词间隔 word-spacing

单词之间的间隔如果设置合理，就会给整个网页布局节省空间，二者可以给人赏心悦目的感觉，提高阅读效率。在 CSS3 中，可以使用 word-spacing 直接定义指定区域或者段落中字符之间的间隔。

word-spacing 属性用于设定词与词之间的间距，其语法格式如下所示。

```
word-spacing:normal|length
```

其中，属性值 normal 和 length 的含义如表 7-9 所示。

表 7-9　单词间隔属性值

属性值	说明
normal	默认，定义单词之间的标准间隔
length	定义单词之间的固定间隔，可以接受正值或负值

【例 7.12】（实例文件：ch07\7.12.html）

```html
<!DOCTYPE html>
<html>
<body>
<p style="word-spacing:normal">Welcome to my home</p>
<p style="word-spacing:15px">Welcome to my home</p>
<p style="word-spacing:15px">欢迎来中国旅游</p>
</body>
</html>
```

在 IE 11.0 中的浏览效果如图 7-12 所示，段落中单词以不同间隔显示。

图 7-12　设定词间隔显示

从上面的显示结果可以看出，word-spacing 属性不能用于设定文字之间的间隔。

7.3.2 字符间隔 letter-spacing

在一个网页中还可能涉及多个字符文本，将字符文本之间的间距设置和词间隔保持一致，进而保持页面的整体性，这是网页设计者必须完成的。词与词之间可以通过 word-spacing 进行设置，那么字符之间使用什么设置呢？

在 CSS3 中，可以通过 letter-spacing 来设置字符文本之间的距离，这里允许使用负值，可让字符之间更加紧凑。其语法格式如下所示。

```
letter-spacing:normal|length
```

其属性值含义如表 7-10 所示。

表 7-10　字符间隔属性值

属性值	说明
normal	默认间隔，即以字符之间的标准间隔显示
length	由浮点数字和单位标识符组成的长度值，允许为负值

【例 7.13】（实例文件：ch07\7.13.html）

```html
<!DOCTYPE html>
<html>
<body>
<p style="letter-spacing:normal">Welcome to my home</p>
<p style="letter-spacing:5px">Welcome to my home</p>
<p style="letter-spacing:1ex">这里的字间距是1ex</p>
<p style="letter-spacing:-1ex">这里的字间距是-1ex</p>
<p style="letter-spacing:1em">这里的字间距是1em</p>
</body>
</html>
```

在 IE 11.0 中的浏览效果如图 7-13 所示，文字间距以不同大小显示。

图 7-13　字间距效果

从上述代码中可以看出，通过 letter-spacing 定义了多个字间距的效果。特别注意，当设置的字间距为负值时，所有文字就会粘到一块。

7.3.3 文字修饰 text-decoration

在网页文本编辑中，有的文字需要突出重点，告诉读者这段文本很重要，往往会给文字增加下画线、上画线或者增加删除线效果，从而吸引读者的眼球。在 CSS3 中，text-decoration 属性是文本修饰属性，可以为页面提供多种文本的修饰效果，例如下画线、删除线、闪烁等。

text-decoration 属性语法格式如下所示。

```
text-decoration:none|underline|blink|overline|line-through
```

其属性值含义如表 7-11 所示。

表 7-11　文字修饰属性值

属性值	描述
none	默认值，对文本不进行任何修饰
underline	下画线
overline	上画线
line-through	删除线
blink	闪烁

【例 7.14】（实例文件：ch07\7.14.html）

```
<!DOCTYPE html>
<html>
<body>
  <p style="text-decoration:none">人总是在接近幸福时倍感幸福！</p>
  <p style="text-decoration:underline">人总是在接近幸福时倍感幸福！</p>
  <p style="text-decoration:overline">人总是在接近幸福时倍感幸福！</p>
  <p style="text-decoration:line-through">人总是在接近幸福时倍感幸福！</p>
  <p style="text-decoration:blink">人总是在接近幸福时倍感幸福！</p>
</body>
</html>
```

在 IE 11.0 中的显示效果如图 7-14 所示，段落中出现了下画线、上画线和删除线等。

图 7-14 文本修饰显示

 这里需要注意的是：blink 闪烁效果只有少数浏览器支持，而 IE 等其他大多数浏览器（如 Opera）都暂不支持。

7.3.4 垂直对齐方式 vertical-align

在网页文本编辑中，对齐有很多方式，文字排在一行的中央位置叫居中对齐，文章的标题和表格中的数据一般都居中排列。有时还要求文字垂直对齐，即文字顶部对齐或者底部对齐。

在 CSS 中，可以直接使用 vertical-align 属性来定义，用来设定垂直对齐方式。该属性定义行内元素的基线相对于该元素所在行的基线的垂直对齐，允许指定负长度值和百分比值。这会使元素降低而不是升高。在表格中，这个属性可以用来设置单元格内容的对齐方式。

vertical-align 属性语法格式如下所示。

```
{vertical-align:属性值}
```

vertical-align 属性值如表 7-12 所示。

表 7-12 垂直对齐方式属性值

属性值	说明
baseline	默认，元素放置在父元素的基线上
sub	垂直对齐文本的下标
super	垂直对齐文本的上标
top	把元素的顶端与行中最高元素的顶端对齐

（续表）

属性值	说明
text-top	把元素的顶端与父元素字体的顶端对齐
middle	把此元素放置在父元素的中部
bottom	把元素的顶端与行中最低的元素的顶端对齐
text-bottom	把元素的底端与父元素字体的底端对齐
length	设置元素的堆叠顺序
%	使用 "line-height" 属性的百分比值来排列此元素，允许使用负值

【例 7.15】（实例文件：ch07\7.15.html）

```
<!DOCTYPE html>
<html>
<body>
<p>世界杯<b style="font-size:8pt;vertical-align:super">2018</b>！
  中国队<b style="font-size:8pt;vertical-align:sub">[注]</b>！
  加油！<img src="1.gif" style="vertical-align:baseline"></p>
<p><img src="2.gif" style="vertical-align:middle"/>
  世界杯！中国队！加油！<img src="1.gif" style="vertical-align:top">
</p><hr>
<p><img src="2.gif" style="vertical-align:middle"/>
世界杯！中国队！加油！<img src="1.gif" style="vertical-align:text-top">
</p>
<p><img src="2.gif" style="vertical-align:middle"/>
世界杯！中国队！加油！<img src="1.gif" style="vertical-align:bottom">
</p>
<hr>
<p><img src="2.gif" style="vertical-align:middle"/>
世界杯！中国队！加油！<img src="1.gif" style="vertical-align:text-bottom">
</p>
<p>
世界杯<b style="font-size:8pt;vertical-align:100%">2018</b>！
中国队<b style="font-size: 8pt;vertical-align:-100%">[注]</b>！
加油！<img src="1.gif" style="vertical-align:baseline">
</p>
</body>
</html>
```

在 IE 11.0 中的浏览效果如图 7-15 所示，图文在垂直方向以不同的对齐方式显示。

图 7-15 垂直对齐显示

从上面的实例中可以看出，上下标在页面中的数学运算或注释标号使用的比较多。顶端对齐有两种参照方式，一种是参照整个文本块，一种是参照文本。底部对齐与顶端对齐方式相同，分别参照文本块和文本块中包含的文本。

 vertical-align 属性值还能使用百分比来设定垂直高度。该高度具有相对性，是基于行高的值来计算的。百分比还能使用正负号，正百分比使文本上升，负百分比使文本下降。

7.3.5 文本转换 text-transform

根据需要将小写字母转换为大写字母或者将大写字母转换为小写字母，在文本编辑中都是很常见的。在 CSS 样式中，其中 text-transform 属性可用于设定文本字体的大小写转换。text-transform 属性语法格式如下所示。

```
text-transform:none|capitalize|uppercase|lowercase
```

其属性值含义如表 7-13 所示。

表 7-13 文本转换属性值

属性值	说明
none	无转换发生
capitalize	将每个单词的第一个字母转换成大写，其余无转换发生
uppercase	转换成大写
lowercase	转换成小写

文本转换属性仅作用于字母型文本，相对来说比较简单。

【例 7.16】（实例文件：ch07\7.16.html）

```
<!DOCTYPE html>
<html>
<body style="font-size:15pt;font-weight:bold">
<p style="text-transform:none">welcome to beijing</p>
<p style="text-transform:capitalize">welcome to beijing</p>
<p style="text-transform:lowercase">WELCOME TO BEIJING</p>
<p style="text-transform:uppercase">welcome to beijing</p>
</body>
</html>
```

在 IE 11.0 中的浏览效果如图 7-16 所示，大小写字母转换显示。

图 7-16　大小写字母转换显示

7.3.6　水平对齐方式 text-align

一般情况下，居中对齐适用于标题类文本，其他对齐方式可以根据页面布局来选择使用。可以根据需要设置多种对齐，例如水平方向上的居中、左对齐、右对齐或者两端对齐等，在 CSS 中可以通过 text-align 属性进行设置。

text-align 属性用于定义对象文本的对齐方式。与 CSS2 相比，CSS3 增加了 start、end 和 string 属性值。text-align 语法格式如下所示。

```
{text-align:属性值}
```

其属性值含义如表 7-14 所示。

表 7-14　水平对齐方式属性值

属性值	说明
start	文本向行的开始边缘对齐
end	文本向行的结束边缘对齐

（续表）

属性值	说明
left	文本向行的左边缘对齐。在垂直方向的文本中，文本在 left-to-right 模式下向开始边缘对齐
right	文本向行的右边缘对齐。在垂直方向的文本中，文本在 left-to-right 模式下向结束边缘对齐
center	文本在行内居中对齐
justify	文本根据 text-justify 的属性设置方法分散对齐，即两端对齐，均匀分布
match-parent	继承父元素的对齐方式，但有一个例外：继承的start 或者 end 值是根据父元素的direction 值进行计算的，因此计算的结果可能是 left 或者 right
<string>	string 是一个单个的字符，否则就忽略此设置。按指定的字符进行对齐。此属性可以跟其他关键字同时使用，如果没有设置字符，那么默认值是 end 方式
inherit	继承父元素的对齐方式

在新增加的属性值中，start 和 end 属性值主要是针对行内元素的（在包含元素的头部或尾部显示），而<string>属性值主要用于表格单元格中，将根据某个指定的字符对齐。

【例 7.17】（实例文件：ch07\7.17.html）

```
<!DOCTYPE html>
<html>
<body>
<h1 style="text-align:center">登幽州台歌</h1>
<h3 style="text-align:left">选自：</h3>
<h3 style="text-align:right">
<img src="1.gif"/>唐诗三百首</h3>
<p style="text-align:justify">
前不见古人 后不见来者 （这是一个测试，这是一个测试，这是一个测试）
</p>
<p style="text-align:strat">念天地之悠悠</p>
<p style="text-align:end">独怆然而涕下</p>
</body>
</html>
```

在 IE 11.0 中的浏览效果如图 7-17 所示，文字在水平方向上以不同的对齐方式显示。

text-align 属性只能用于文本块，而不能直接应用到图像标记<img>。如果要使图像同文本一样应用对齐方式，就必须将图像包含在文本块中。如例 7.17，由于向右对齐方式作用于<h3>标记定义的文本块，图像包含在文本块中，因此图像能够同文本一样向右对齐。

CSS 只能定义两端对齐方式，但对于具体的两端对齐文本如何分配字体空间以实现文本左右两边均对齐，CSS 并不规定，这就需要设计者自行定义了。

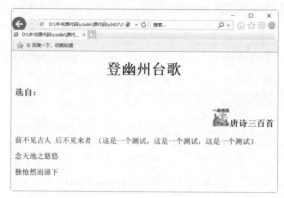

图 7-17　对齐效果图

7.3.7　文本缩进 text-indent

在普通段落中，通常首行缩进两个字符，用来表示这是一个段落的开始。同样在网页的文本编辑中可以通过指定属性来控制文本缩进。CSS 的 text-indent 属性可用来设定文本块中首行的缩进。

text-indent 属性语法格式如下所示。

```
text-indent:length
```

其中，length 属性值表示有百分比数字或有由浮点数字和单位标识符组成的长度值，允许为负值。可以这样认为，text-indent 属性可以定义两种缩进方式，一种是直接定义缩进的长度，另一种是定义缩进百分比。使用该属性，HTML 任何标记都可以让首行以给定的长度或百分比缩进。

【例 7.18】（实例文件：ch07\7.18.html）

```
<!DOCTYPE html>
<html>
<body>
<p style="text-indent:30mm">
此处直接定义长度，直接缩进。
</p>
<p style="text-indent:10%">
此处使用百分比，进行缩进。
</p>
</body>
</html>
```

在 IE 11.0 中的浏览效果如图 7-18 所示，文字以首行缩进方式显示。

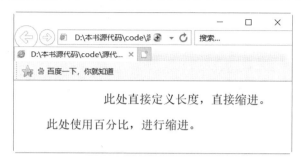

图 7-18　缩进显示窗口

如果上级标记定义了 text-indent 属性，那么子标记可以继承其上级标记的缩进长度。

7.3.8　文本行高 line-height

在 CSS 中，line-height 属性用来设置行间距，即行高。其语法格式如下所示。

```
line-height:normal|length
```

其属性值的具体含义如表 7-15 所示。

表 7-15　文本行高属性值

属性值	说明
normal	默认行高，即网页文本的标准行高
length	百分比数字或由浮点数字和单位标识符组成的长度值，允许为负值。其百分比取值基于字体的高度尺寸

【例 7.19】（实例文件：ch07\7.19.html）

```
<!DOCTYPE html>
<html>
<body>
<div style="text-indent:10mm;">
  <p style="line-height:50px">
     世界杯（World Cup,FIFA World Cup），国际足联世界杯，世界足球锦标赛)是世界上最
高水平的足球比赛，与奥运会、F1并称为全球三大顶级赛事。
  </p> <p style="line-height:50%">
     世界杯（World Cup,FIFA World Cup），国际足联世界杯，世界足球锦标赛)是世界上最
高水平的足球比赛，与奥运会、F1并称为全球三大顶级赛事。
  </p>
</div>
</body>
</html>
```

在 IE 11.0 中的浏览效果如图 7-19 所示，有段文字重叠在一起，是因为行高设置过小。

图 7-19　设定文本行高显示图

7.3.9　处理空白 white-space

在文本编辑中，网页中有时需要包含一些不必要的制表符、换行符或者额外的空白符（多于单词之间的一个标准空格），这些符号统称为空白字符。通常情况下浏览器可以自动忽略这些额外的空白字符并按照一种适合窗口的方式布置文本。它会丢弃段落开头和结尾处任何额外的空白，并将单词之间的所有制表符、换行和额外的空白压缩（合并）成单一的空白字符。此外，当用户调整窗口大小时浏览器会根据需要重新格式化文本以便匹配新的窗口尺寸。对于某些元素，可能会以某种方式特意格式化文本，以便包含额外的空白字符，而不抛弃或压缩这些字符。

在 CSS 中，white-space 属性用于设置对象内空格字符的处理方式，该属性对文本的显示有着重要的影响。在标记上应用 white-space 属性可以影响浏览器对字符串或文本间空白的处理方式。

white-space 属性语法格式如下所示。

```
white-space:normal|pre|nowrap|pre-wrap|pre-line
```

其属性值含义如表 7-16 所示。

表 7-16　处理空白属性值

属性值	说明
normal	默认，空白会被浏览器忽略
pre	空白会被浏览器保留，其行为方式类似 HTML 中的 <pre> 标记
nowrap	文本不会换行，文本会在同一行上继续，直到遇到 标记为止
pre-wrap	保留空白符序列，但是正常地进行换行
pre-line	合并空白符序列，但是保留换行符
inherit	规定应该从父元素继承 white-space 属性的值

【例 7.20】 （实例文件：ch07\7.20.html）

```html
<!DOCTYPE html>
<html>
<body>
<h1 style="color:red; text-align:center;white-space:pre">科    学    发    展
观！</h1>
<div>
  <p style="white-space:nowrap;text-indent:10mm">
    重视农业、农村、农民问题是中国共产党一贯的战略思想。<br/>
  "三农"问题始终是关系党和人民事业发展的全局性、根本性问题，农业丰则基础强，农民富则国
家盛，农村稳则社会安。"
  </p>
  <p style="white-space:pre-wrap;text-indent:10mm">
    重视农业、农村、农民问题是中国共产党一贯的战略思想。"三农"问题始终是关系党和人民
事业发展的全局性、
    根本性问题，农业丰则基础强，<br/>
    农民富则国家盛，农村稳则社会安。
  </p>
  <p style="white-space:pre-line;text-indent:10mm">
       重视农业、农村、农民问题是中国共产党一贯的战略思想。"三农"问题始终是关系党和
人民事业发展的全局性、
    根本性问题，农业丰则基础强，<br/>
    农民富则国家盛，农村稳则社会安。
  </p>
</div>
</body>
</html>
```

在 Firefox 中的浏览效果如图 7-20 所示，从中可以看到文字处理空白的不同方式。

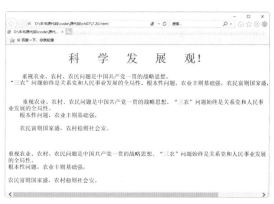

图 7-20   处理空白显示

7.3.10   文本反排 unicode-bidi 和 direction

在网页文本编辑中，通常英语文档的基本方向是从左至右。如果文档中某一段的多个部分

包含从右至左阅读的语言，此时可以通过 CSS 提供的两个属性 unicode-bidi 和 direction 解决这个文本反排的问题。

unicode-bidi 属性语法格式如下所示。

```
unicode-bidi:normal|bidi-override|embed
```

其属性值含义如表 7-17 所示。

表 7-17　unicode-bidi 属性值

属性值	说明
Normal	默认值。元素不会打开一个额外的嵌入级别。对于内联元素，隐式地重新排序将跨元素边界起作用
bidi-override	与 embed 值相同，但除此之外，在元素内，direction 属性将严格按顺序进行排序。此值替代隐式双向算法
embed	元素将打开一个额外的嵌入级别。direction 属性的值指定嵌入级别。重新排序在元素内是隐式进行的

direction 属性用于设定文本流的方向，其语法格式如下所示。

```
direction:ltr|rtl|inherit
```

其属性值含义如表 7-18 所示。

表 7-18　direction 属性值

属性值	说明
ltr	文本流从左到右
rtl	文本流从右到左
inherit	文本流的值不可继承

【例 7.21】（实例文件：ch07\7.21.html）

```
<!DOCTYPE html>
<html>
<head>
<style type="text/css">
.a{direction:rtl;unicode-bidi:bidi-override;text-align:left}
</style>
</head>
<body>
<h3>纯CSS反转字符串 使用了direction和unicode-bidi</h3>
```

```
<div class=a>秋风吹不尽，总是玉关情。
</div>
</body>
</html>
```

在 IE 11.0 中的浏览效果如图 7-21 所示，文字以反转形式显示。

图 7-21　文本反转显示

7.4　综合实例 1——制作旅游宣传网页

在前面小节中主要介绍了关于文字和段落方面的 CSS 属性设置，在本节中将利用上面的知识创建一个旅游宣传网页，充分利用 CSS 对图片和文字的修饰方法，实现页面效果。具体操作步骤如下：

01 分析需求

本综合实例要求在网页的最上方显示出标题，标题下方是正文，其中正文部分是图片和文字段落部分。上述要求使用 CSS 样式属性实现，其实例效果图如图 7-22 所示。

图 7-22　旅游宣传网页

02 编写 index.html 文件

该页面中每个景点的介绍都包括景点图片、景点图片说明及景点介绍，用 HTML5 的 article 表示一个景点、figure 表示景点图片和说明，景点介绍使用段落 p，index.html 文件结构如下：

```
<!DOCTYPE html>
<head>
<meta charset="utf-8" />
<title>河南焦作景点介绍</title>
<link  type="text/css" rel="stylesheet" href="css.css" />
</head>
<body>
<section>
   <h5>景点介绍</h5>
    <article>
      <figure>
        <img src="images/焦作青龙峡3.jpg" width="220" height="140" />
         <figcaption>
          云台山
         </figcaption>
      </figure>
        <p>云台山游览历史悠久，人文景观丰富。据考，云台山早在东汉时期就有帝王及其皇室
到此采风、避暑；魏晋时不少名士来此避难、隐居；唐宋时受佛教青睐，多处建寺建塔。尤其是唐宋以
后，云台山成了文人墨客游山玩水、谈诗论道的主要去处之一。唐代诗人王维曾在此留下了"独在异乡
为异客，每逢佳节倍思亲。遥知兄弟登高处，遍插茱萸少一人"的千古绝唱。目前，保留或正在修复的
遗迹及其他人文景观有东汉黄帝刘协墓 -- 汉献帝陵、"竹林七贤"隐居处 -- 百家岩 稠禅师在此建
寺、孙  思邈炼药处 -- 药王洞、王维做诗处 -- 元贞观，以及 万善寺、影寺等。云台山风景游览区于
20 世纪 80 年代初开始经营开发并对外接待游客。 1994 年1月10日被国务院列为国家重点风景名胜
区。一年四季游客不断，日接待游客最高达 3.9 万人。经过近二十年的开发和修复 ，游览区内现有老
潭沟……</p>
       </article>

    <article>
      <figure>
        <img src="images/焦作影视城.jpg" width="220" height="140" />
         <figcaption>
          神农山
         </figcaption>
      </figure>
        <p>神农山风景名胜区，是世界地质公园、世界自然基金组织A级优先保护区、国家AAAA
级风景旅游区、国家级猕猴自然保护区、省级科普基地，它位于沁阳市城区西北23公里的太行山麓，共
有八大景区136个景点，占地总面积为96平方公里。主峰紫金顶海拔1028米，矗立中天，气势雄浑；
三大天门比泰山早154年。这里曾是炎帝神农辨百谷，尝百草，登坛祭天的圣地 ；也是道教创始人老子
筑炉炼丹、成道仙升之所 ，古往今来，优美的自然风光吸引不少帝王将相、文人墨客到此游览，唐明皇
李隆基、韩愈、李商隐等历代名家曾在此留下许多传世佳作。这里有雄奇险峻的紫金坛，更有天下一绝
的白松岭。15600余株白鹤松姿态万千 、风情万种、婀娜多姿地生长于悬崖绝岭之巅，居世界五大美人
松之首。 神农山一年四季景色不同，春赏桃花烂漫、夏看流泉飞瀑、秋观满山红叶、冬览冰霜玉龙，游
```

走其间，移步换景，恍若人间仙境，令人魄悸魂动，陡然升华……</p>
    </article>

    <article>
     <figure>
      <img src="images/焦作青龙峡.jpg" width="220" height="140" />
       <figcaption>
       群英湖
       </figcaption>
     </figure>
     <p>群英湖风景名胜区地处太行山前沿，面积约25平方公里，跨越焦作市区、修武县、博爱县与山西省晋城市地界。 群英湖风景区内景点集中，分布均匀。河流、湖泊深秀，高山、峡谷险峻，悬崖、溶洞遍布，奇峰、怪石林立。有寺庙、古树，有台地、草坪，有丛林、花卉及多种野生动植物；还有众多古迹和神话传说，更有世界最高的砌石拱坝这一雄伟的景观，真可谓'群英荟萃'。景区内各类风景自然交织，环境幽静，山清水秀，确是一处难得的旅游胜地。 大坝风光 群英湖坝高 100.5米，是我国最高的砌石坝。大坝耸立于高山峡谷之中，气势雄伟挺拔，造型美观，曾先后以图片的形式在国际大坝会议和广交会上介绍展出。我国正式出版的《中国大坝》、《中国拱坝》图集，以及有关坝工建设的文献资料，都 将群英湖大坝作为典型予以刊登。群英湖大坝确实为我国坝工建设上的一枚奇范。 三潭映月 三潭映月景观集线瀑、帘瀑、绿潭于一体，呈'7'字形梯状分布，天高云淡，四面环山，丛林茂密，溪流不断，是人们假日休闲的好去处……</p>
    </article>

    <article>
     <figure>
      <img src="images/焦作沁阳神农坛风景图4.jpg" width="220" height="140" />
       <figcaption>
       青龙峡
       </figcaption>
     </figure>
     <p>焦作青龙峡位于河南省焦作市修武县，是河南云台山世界地质公园主要游览区之一，也是目前全省唯一的峡谷型省级风景名胜区，被誉为"中原第一峡"。 焦作青龙峡气候独特、山清水秀、环境优美，是一处天然"氧吧"，是原始生态旅游的绝佳去处。青龙峡是集峰、崖、岭、巅、台、沟、涧、川、瀑、洞等地貌于一体的自然山水型景区。2000年被确定为河南省风景名胜区，总面积108平方公里，由青龙峡、净影峡、影寺盆地、双庙、猕猴谷、马头山和大山脑七大游览区组成，主要景点100多处。 主峰青龙峰海拔高达1323米，站在岭巅，大有"举目四观天下小"之感慨；波澜壮阔的望龙瀑'神奇独特的倒流泉、妙不可言的七彩潭、堪称一绝的"石上春秋"、独具特色的溶洞景观、再加上天然原始的植物群落、构成了一幅幅极富创意的山水画卷……</p>
    </article>

  </section>
 </body>
</html>

03 编写 css.css 文件

设置网页中默认文字大小为 13px，代码如下：

```
*{font-size:13px;}
```

设置网页的背景颜色为浅绿色，代码如下：

```
/*页面背景颜色*/
body{ background-color:"#ddfcca";}
```

设置 section 区块的属性，代码如下：

```
section{
  width:760px;
  margin:0px auto;   /*实现区块水平居中*/
  padding:0px 20px;
  border: 1px #50ad44 solid;
  }
```

为景点介绍标题设置边距、高度及边框颜色，代码如下：

```
h5{
  margin: 10px 20px;              /*设置外边距的大小*/
  height:23px;                    /*设置标题的高度*/
  border-bottom:3px #50ad44 solid; /*设置下边框的样式*/
  text-indent:2em;                /*设置文本缩进*/
}
```

为景点照片和说明的父对象 figure 设置相关属性，代码如下：

```
figure{
  padding-right:22px;      /*设置右内边距的大小*/
  display:block;           /*使段落生出行内框*/
  float:left;              /*设置元素向左浮动*/
  width:220px;             /*设置元素的高度*/
}
```

为 article 设置相关属性，代码如下：

```
article{
  border-bottom:1px solid #50ad44; /*设置底部边框样式*/
  line-height:20px;               /*设置行高的大小*/
  margin-bottom:10px;             /*设置元素的下外边距*/
}
```

为景点介绍段落 p 设置相关属性，代码如下：

```
p{
  margin:10px 13px;     /*设置外边距的大小*/
```

```
    text-indent:2em;        /*设置文本缩进*/
}
```

为景点图片说明 figcaption 设置相关属性，代码如下：

```
figcaption{
    text-align:center;              /*设置段落居中显示*/
    color:#003300;                  /*设置段落的颜色*/
    text-decoration:underline;   /*设置段落下画线效果*/
}
```

为景点图片 img 设置相关属性，代码如下：

```
img{margin-left:10px;}            /*设置外边距的大小*/
```

7.5 综合实例 2——网页简单图文混排

在一个新闻网页中，出现最多的就是文字和图片，图文并茂的文章能够生动地表达新闻主题。本实例将利用前面介绍的文本和段落属性创建一个图片的简单混排，复杂的图片混排会在后面介绍，具体步骤如下：

01 分析需求

本综合实例的要求如下，要求在网页的最上方显示出标题，标题下方是正文，在正文部分显示图片。上述要求使用 CSS 样式实现，实例效果图如图 7-23 所示。

图 7-23 图文混排显示

02 分析布局并构建 HTML

首先需要创建一个 HTML 页面，并用 DIV 将页面划分为两层，一层是网页标题，一层是正文部分。

03 导入 CSS 文件

将 CSS 文件以 link 方式导入 HTML 页面中。此 CSS 文件定义了这个页面的所有样式，其导入代码如下所示：

```
<link href="7-23.css" rel="stylesheet" type="text/css" />
```

04 完成标题部分

首先设置网页标题部分，创建一个 div，用来放置标题。其 HTML 代码如下所示。

```
<div>
<h1>女足世界杯前瞻：巴西女足誓擒澳洲女足</h1>
</div>
```

在 CSS 样式文件中，修饰 HTML 元素，其 CSS 代码如下所示。

```
h1{text-align:center;                /*设置段落居中显示*/
text-shadow:0.1em 2px 6px blue;   /*设置文字阴影效果*/
font-size:18px;                   /*设置文本大小*/
}
```

05 完成正文和图片部分

下面设置网页正文部分，正文中包含了一个图片。其 HTML 代码如下所示。

```
<div>
<p>周四凌晨，女子世界杯分组赛D组首轮的赛事全面展开，其中南美劲旅巴西女足将在德国门兴格
拉德巴赫与澳洲女足进行较量。
</p><p> 巴西足球一向被外界认可，巴西女足上届女子世界杯决赛中遗憾地0比2不敌德国女足，
球员满腹怨气，今届欲卷土重来。</p>
<div class="im">
<img src="8.jpg">
</div>
<p>在近6场国际赛中，巴西女足取得4胜2和的不败战绩，在备战今届赛事中的两场热身赛中，相
继3比0完胜智利女足和4比1大胜阿根廷女足，显得游刃有余。此番中立场面对实力较弱的澳洲女足，巴
西女足有望取得开门红。澳洲女足上届女子世界杯在半准决赛中不敌巴西女足，止步八强，虽然在上场
国际赛中主场2比1力克纽西兰女足，但在之前2场国际赛分别以1比2相同的比分不敌德国女足和南韩女
足，近3场失球多达5个，澳洲女足的后防线漏洞恐怕难以抵挡巴西女足的强大攻势，加上往绩上澳洲女
足3战皆负，本场对阵实力强大的巴西女足，澳洲女足只能寄望输少当赢。
</p>
</div>
```

CSS 样式代码如下所示。

```
p{text-indent:8mm;    /*设置文本缩进*/
line-height:7mm;    /*设置行高的大小*/
}
.im{width:300px;                   /*设置图片的宽度*/
float:left;                  /*设置图片向左浮动*/
border:#000000 solid 1px;  /*设置图片的边框样式*/
}
```

7.6 专家解惑

1. 字体为什么在别的电脑上不显示？

楷体很漂亮，草书也不逊色于宋体，但并不是所有人的电脑都安装有这些字体。所以在设计网页时，不要为了追求漂亮美观而采用一些比较新奇的字体。有时这样往往达不到效果。用最基本的字体是最好的选择。

2. 处理网页中的空白吗？

争取不留空白，即使有足够的空间，也不要用图像、文本或不必要的动画 GIF 来填充网页，在设计时应该避免这种情况发生。

3. 文字和图片导航速度谁快？

使用文字做导航栏。文字导航不但速度快，而且更稳定。例如，有些用户上网时会关闭图片。在处理文本时，不要在普通文本上添加下画线或者颜色。除非特别需要，否则不要为普通文字添加下画线，避免使读者误认为文字能够点击。

第8章 CSS3美化表格和表单样式

HTML 数据表格和表单都是网页中常见的元素，表格通常用来显示二维关系数据和排版，从而达到页面整齐和美观的效果。表单是作为客户端和服务器交流的窗口，可以获取客户端信息，并反馈服务器端信息。本章将介绍使用 CSS3 样式表美化表格和表单样式的方法。

8.1 表格基本样式

在传统网页设计中，表格一直占有比较重要的地位，用来对网页排版布局。基本上每个网页中都有一个表格来布局，它可以帮助设计者控制网页布局、控制内容的显示等。使用表格排版网页可以使网页更美观、条理更清晰，更易于维护和更新。本节将主要介绍如何使用 CSS3 设置表格边框和表格背景色。

8.1.1 表格边框样式

在显示一个表格数据时，通常都带有表格边框，用来界定不同单元格的数据。当 table 表格的描述属性 border 值大于 0 时显示边框，如果 border 值为 0，就不显示边框。边框显示之后，可以使用 CSS3 的 border 属性及衍生属性和 border-collapse 属性对边框进行修饰，其中 border 属性表示对边框进行样式、颜色和宽度设置，从而达到提高样式效果的目的，这个属性前面已经介绍过了，其使用方法和前面一模一样，只不过修饰的对象变换了。

border-collapse 属性主要用来设置表格的边框是否被合并为一个单一的边框，还是像在标准的 HTML 中那样分开显示。其语法格式为：

```
border-collapse:separate|collapse
```

其中 separate 是默认值，表示边框会被分开，不会忽略 border-spacing 和 empty-cells 属性；而 collapse 属性表示边框会合并为一个单一的边框，会忽略 border-spacing 和 empty-cells 属性。

【例 8.1】（实例文件：ch08\8.1.html）

```
<!DOCTYPE html>
<html>
```

```
<head>
<title>年度收入</title>
<style>
<!--
.tabelist{
    border:1px solid #429fff;    /* 表格边框 */
    font-family:"楷体";
    border-collapse:collapse;    /* 边框重叠 */
}
.tabelist caption{
    padding-top:3px;             /*设置上内边距的大小*/
    padding-bottom:2px;          /*设置下内边距的大小*/
    font-weight:bolder;          /*设置字体的粗细*/
    font-size:15px;              /*设置字体的大小*/
    font-family:"幼圆";           /* 设置文本的字体 */
    border:2px solid #429fff;    /* 表格标题边框 */
}
.tabelist th{
    font-weight:bold;            /*设置字体的粗细*/
    text-align:center;           /*设置段落居中显示*/
}
.tabelist td{
    border:1px solid #429fff;    /* 单元格边框 */
    text-align:right;            /*设置段落靠右显示*/
    padding:4px;                 /*设置内边距的宽度*/
}
-->
</style>
    </head>
<body>
<table class="tabelist">
    <caption class="tabelist">
    2018季度 07-09
    </caption>
    <tr>
      <th>选项</th>
        <th>07月</th>
        <th>08月</th>
        <th>09月</th>
    </tr>
    <tr>
        <td>收入</td>
        <td>8000</td>
        <td>9000</td>
        <td>7500</td>
    </tr>
    <tr>
        <td>吃饭</td>
```

```
            <td>600</td>
            <td>570</td>
            <td>650</td>
        </tr>
        <tr>
            <td>购物</td>
            <td>1000</td>
            <td>800</td>
            <td>900</td>
        </tr>
        <tr>
            <td>买衣服</td>
            <td>300</td>
            <td>500</td>
            <td>200</td>
        </tr>
        <tr>
            <td>看电影</td>
            <td>85</td>
            <td>100</td>
            <td>120</td>
        </tr>
        <tr>
            <td>买书</td>
            <td>120</td>
            <td>67</td>
            <td>90</td>
        </tr>
    </table>
    </body>
    </html>
```

在 IE 11.0 中的浏览效果如图 8-1 所示。其中，表格带有边框显示，其边框宽度为 1px，直线显示并且边框进行合并；表格标题"2018 季度 07-09"也带有边框显示，字体大小为 150px，字形是幼圆并加粗显示；表格中每个单元格都以 1px、直线的方式显示边框并将显示对象右对齐。

图 8-1 表格样式修饰

对于上面的例子，我们会发现没有使用 HMTL 标记中的 border 设置边框，而是使用 CSS3 的属性 border 来设置 table 边框，这样做可以在不同浏览器上显示相同样式。

8.1.2　表格边框宽度

虽然使用 HTML 标记的描述 border 也能提高表格的宽度，但我们还是推荐使用 CSS 属性设置边框宽度，如使用 border-width 对边框宽度进行设置。如果需要单独设置某一个边框宽度，可以使用 border-width 的衍生属性设置，例如 border-top-width 和 border-left-width 等。

【例 8.2】（实例文件：ch08\8.2.html）

```html
<!DOCTYPE html>
<html>
<head>
<title>表格边框宽度</title>
<style>
table{text-align:center;        /*设置居中显示*/
width:500px;              /*设置表格的宽度*/
border-width:6px;         /*设置边框的宽度*/
border-style:double;    /*设置边框的样式为双线*/
color:blue;             /*设置文本的颜色*/
}
td{border-width:3px;            /*设置边框的宽度*/
border-style:dashed;  /*设置边框的样式为虚线*/
}
</style>
</head>
<body>
<table border=1 cellspacing="3" cellpadding="0">
  <tr>
  <td>姓名</td>
  <td class=tds>性别</td>
  <td>年龄</td>
  </tr>
  <tr>
  <td>张三</td>
  <td>男</td>
  <td>31</td>
  </tr>
  <tr>
  <td>李四 </td>
  <td>男</td>
  <td>18</td>
  </tr>
</table>
</body>
</html>
```

在 IE 11.0 中的浏览效果如图 8-2 所示。其中，表格带有边框，宽度为 6px，双线式，表格中字体颜色为蓝色；单元格边框宽度为 3px，显示样式是破折线式。

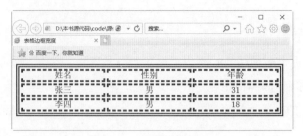

图 8-2　设置表格宽度

8.1.3　表格边框颜色

表格颜色设置非常简单，通常使用 CSS3 属性 color 设置表格中的文本颜色，使用 background-color 设置表格背景色。如果为了突出表格中的某一个单元格，还可以使用 background-color 设置某一个单元格颜色。

【例 8.3】（实例文件：ch08\8.3.html）

```html
<!DOCTYPE html>
<html>
<head>
<title>表格边框色和背景色</title>
<style>
*{
    padding:0px;           /*设置内边距的大小*/
    margin:0px;            /*设置外边距的大小*/
}
body{
    font-family:"宋体";   /*设置文本字体样式*/
    font-size:12px;        /*设置字体大小*/
}
table{
    background-color:yellow; /*设置背景颜色为黄色*/
    text-align:center;       /*设置居中显示*/
    width:500px;             /*设置表格宽度*/
    border:1px solid green;  /*设置表格边框的粗细和颜色*/
}
td{
    border:1px solid green;  /*设置单元格边框的粗细和颜色*/
    height:30px;             /*设置单元格的高度*/
    line-height:30px;        /*设置单元格行高的大小*/
}
.tds{
```

```
        background-color:#FFE1FF; /*设置单元格的背景颜色*/
}
</style>
</head>
<body>
<table  cellspacing="3" cellpadding="0">
  <tr>
  <td>姓名</td>
  <td class=tds>性别</td>
  <td>年龄</td>
  </tr>
  <tr>
  <td>刘天翼</td>
  <td>男</td>
  <td>32</td>
  </tr>
  <tr>
  <td>刘天佑</td>
  <td>女</td>
  <td>28</td>
  </tr>
</table>
</body>
</html>
```

在 IE 11.0 中的浏览效果如图 8-3 所示。表格带有边框，边框样式显示为绿色，表格背景色为黄色，其中一个单元格背景色为浅紫色。

图 8-3   设置边框背景色

8.2   CSS3 与表单

表单可以用来向 Web 服务器发送数据，特别是经常被用在主页页面——用户输入信息然后发送到服务器中。实际用在 HTML 中的标记有<form>、<input>、<textarea>、<select>和<option>。本节将使用 CSS3 相关属性对表单进行美化。

8.2.1 美化表单元素

表单中的元素非常多而且杂乱，例如 input 输入框、按钮、下拉菜单、单选按钮和复选框等。当使用 form 表单将这些元素排列组合在一起的时候，其单纯的表单效果非常简陋，这时设计者可以通过 CSS3 相关样式控制表单元素输入框、文本框等元素外观。

在网页中，表单元素的背景色默认都是白色的，这样的背景色不能美化网页，所以可以使用颜色属性定义表单元素的背景色。定义表单元素背景色可以使用 background-color 属性定义，这样可以使表单元素不那么单调。使用示例如下所示。

```
input{
    background-color:#ADD8E6;
}
```

上面代码设置了 input 表单元素背景色，都是统一的颜色。

【例 8.4】（实例文件：ch08\8.4.tml）

```
<!DOCTYPE html>
<html>
<head>
<style>
input{                          /* 所有input标记 */
    color:#cad9ea;
}
input.txt{                      /* 文本框单独设置 */
    border:1px inset #cad9ea;
    background-color:#ADD8E6;
}
input.btn{                      /* 按钮单独设置 */
    color:#00008B;
    background-color:#ADD8E6;
    border:1px outset #cad9ea;
    padding:1px 2px 1px 2px;
}
select{
    width:80px;
    color:#00008B;
    background-color:#ADD8E6;
    border:1px solid #cad9ea;
}
textarea{
    width:200px;
    height:40px;
    color:#00008B;
    background-color:#ADD8E6;
    border:1px inset #cad9ea;
```

```
    }
    </style>
    </head>
    <body>
    <h3>聊天室注册页面</h3>
    <table border="1" width="45%">
    <form method="post">
    <tr><td width="30%">昵称:</td><td><input  class=txt>1－20个字符<div
id="qq"></div></td></tr>
    <tr><td>密码:</td><td><input type="password" >长度为6~16位</td></tr>
    <tr><td>确认密码:</td><td><input type="password" ></td></tr>
    <tr><td>真实姓名: </td><td><input name="username1"></td></tr>
    <tr><td>性别:</td><td><select><option>男</option><option>女
</option></select></td></tr>
    <tr><td>E-mail地址:</td><td><input value="sohu@sohu.com"></td></tr>
    <tr><td>备注:</td><td><textarea cols=35 rows=10></textarea></td></tr>
    <tr><td><input type="button" value="提交" class=btn /></td><td><input
type="reset" value="重填"/></td></tr>
    </form>
    </table>
    </body>
    </html>
```

在 IE 11.0 中的浏览效果如图 8-4 所示,表单中【昵称】输入框、【性别】下拉列表框和【备注】文本框中都显示了指定的背景颜色。

图 8-4　美化表单元素

在上面的代码中,首先使用 input 标记选择符定义了 input 表单元素的字体输入颜色,下面分别定义了两个类 txt 和 btn，txt 用来修饰输入框样式，btn 用来修饰按钮样式。最好分别定义 select 和 textarea 的样式，其样式定义主要涉及边框和背景色。

8.2.2　美化提交按钮

在网页设计中，还可以使用 CSS 属性来定义表单元素的边框样式，从而改变表单元素的显示效果。例如，可以将一个输入框的上、左和右边框去掉，形成一个和签名效果一样的输入框；将按钮的四个边框去掉，只剩下文字超级链接一样的按钮。

对表单元素边框定义，可以采用 border-style、border-width 和 border-color 及其衍生属性。如果要对表单元素背景色设置，可以使用 background-color 设置，其中将值设置为 transparent（透明色）是最常见的一种方式，示例如下所示。

```
background-color:transparent;    /* 背景色透明 */
```

【例 8.5】（实例文件：ch08\8.5.html）

```
<!DOCTYPE html>
<html>
<head>
<title>表单元素边框设置</title>
<style>
form{
    margin:0px;
padding:0px;
font-size:14px;
}
input{
  font-size:14px;
 font-family:"幼圆";
}
.t{
    border-bottom:1px solid #005aa7;    /* 下画线效果 */
    color:#005aa7;
    border-top:0px; border-left:0px;
    border-right:0px;
    background-color:transparent;        /* 背景色透明 */
}
.n{
    background-color:transparent;        /* 背景色透明 */
    border:0px;                          /* 边框取消 */
}
</style>
</head>
<body>
<center>
```

```
<h1>签名页</h1>
<form method="post">
值班主任: <input id="name" class="t">
<input type="submit" value="提交上一级签名>>" class="n">
</form>
</center>
</body>
</html>
```

在 IE 11.0 中的浏览效果如图 8-5 所示,输入框只剩下一个下边框显示,其他边框被去掉了,提交按钮也只剩下了显示文字,常见的矩形形式被去掉了。

图 8-5 表单元素边框设置

在上面的代码中,样式表中定义了两个类标识符 t 和 n,t 用来设置输入框显示样式,此处设置输入框的左、上、下三个方面边框宽度为 0,并设置了输入框输入字体颜色为浅蓝色,下边框宽度为 1px、直线样式显示、颜色为浅蓝色。在类标识符 n 中,设置背景色为透明色和边框宽度为 0,这样就去掉了按钮常见的矩形样式。

8.2.3 美化下拉菜单

在网页设计中,有时为了突出效果会对文字进行加粗、更换颜色等操作,这样用户就会注意到这些重要文字。同样,也可以对表单元素中的文字进行这样的修饰,下拉菜单是表单元素中常用的元素之一,其样式设置也非常重要。

CSS3 属性不仅可以控制下拉菜单的整体字体和边框,还可以对下拉菜单中的每一个选项设置背景色和字体颜色。对于字体设置可以使用 font 相关属性,例如 font-size、font-weight 等;对于颜色设置,可以采用 color 和 background-color 属性设置。

【例 8.6】(实例文件:ch08\8.6.html)

```
<!DOCTYPE html>
<html>
<head>
<title>美化下来菜单</title>
```

```
<style>
.blue{
    background-color:#7598FB;
    color: #000000;
    font-size:15px;
    font-weight:bolder;
    font-family:"幼圆";
}
.red{
    background-color:#E20A0A;
    color: #ffffff;
    font-size:15px;
    font-weight:bolder;
    font-family:"幼圆";
}
.yellow{
    background-color:#FFFF6F;
    color: #000000;
    font-size:15px;
    font-weight:bolder;
    font-family:"幼圆";
}
.orange{
    background-color:orange;
    color:#000000;
    font-size:15px;
    font-weight:bolder;
    font-family:"幼圆";
}
</style>
</head>
<body>
<form method="post">
    <p><label for="color">选择暴雨预警信号级别:</label>
    <select name="color" id="color">
        <option value="">请选择</option>
        <option value="blue" class="blue">暴雨蓝色预警信号</option>
        <option value="yellow" class="yellow">暴雨黄色预警信号</option>
        <option value="orange" class="orange">暴雨橙色预警信号</option>
            <option value="red" class="red">暴雨红色预警信号</option>
    </select></p>
    <p><input type="submit" value="提交"></p>
</form>
</body>
</html>
```

  在 IE 11.0 中的浏览效果如图 8-6 所示，下拉菜单中每个菜单项显示不同的背景色。采用这种方式显示选项会提高人的注意力，减少犯错的机会。

在上面的代码中，设置了四个类标识符，用来对应不同的菜单选项。其中每个类中都设置了选项的背景色、字体颜色、大小和字形。

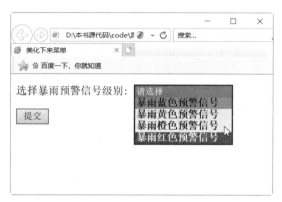

图 8-6　设置下拉菜单样式

8.3　综合实例 1——隔行变色

当使用表格显示大量数据的时候，表格的行和列比较多，此时如果采用相同的单元格背景色，用户在查看数据时会感到非常凌乱，很容易在读数据时出错。通常的解决办法就是采用隔行变色，使得奇数行和偶数行的背景色不一样，从而达到数据一目了然的效果。本节将结合前面学习的知识，创建一个隔行变色实例，具体操作步骤如下：

01 分析需求

如果要实现表格隔行变色，首先需要实现一个表格并定义其显示样式，然后设置其奇数行和偶然行显示的颜色即可。

02 创建 HTML 页面，实现基本 table 表格

```
<!DOCTYPE html>
<html>
<head>
<title>隔行变色</title>
</head>
<body>
<h1>设计优雅数据表格</h1>
<table border=1>
<tr>
<th>排名</th>
<th>姓名</th>
<th>总分</th>
```

```
<th>语文</th>
<th>数学</th>
</tr>
<tr><td>1</td><td>孔　宇</td><td>180</td><td>91</td><td>89</td></tr>
<tr><td>2</td><td>曹圆新</td><td>176</td><td>76</td><td>100</td></tr>
<tr><td>3</td><td>史雅琪</td><td>168</td><td>83</td><td>85</td></tr>
<tr><td>4</td><td>曹秀英</td><td>153</td><td>73</td><td>80</td></tr>
<tr><td>5</td><td>杨　青</td><td>146</td><td>70</td><td>76</td></tr>
</table>
</body>
</html>
```

在 IE 11.0 中的浏览效果如图 8-7 所示，页面中显示了一个表格，其表格字体、边框等都是默认设置。

03 添加 CSS 代码，设置标题和表格基本样式

```
<style>
h1{font-size:16px;}              /*设置标题字体大小*/
table{
    width:100%;
    font-size:12px;              /*设置表格字体大小*/
    table-layout:fixed;          /*设置表格布局样式*/
    empty-cells:show;            /*绘制单元格的边框*/
    border-collapse:collapse;    /*边框合并*/
    margin:0 auto;               /*设置外边框的样式*/
    border:1px solid #cad9ea;    /*设置边框的边框粗细和颜色*/
    color:#666;                  /*设置字体颜色*/
}
</style>
```

在此样式设置中，设置了标题字体大小为 16px、表格字体大小为 12px，边框合并，边框大小为 1 像素和直线显示等。其中，empty-cells 属性设置是否显示表格中的空单元格（仅用于"分离边框"模式），show 表示显示，hidden 表示隐藏。table-layout:fixed 语句表示表格的水平布局是仅仅基于表格的宽度、表格边框的宽度、单元格间距、列的宽度，而和表格内容无关。

在 IE 11.0 中的浏览效果如图 8-8 所示。页面中显示了一个表格，其大小充满了整个页面，边框大小显示为浅蓝色。

图 8-7　设置 table 表格　　　　　　　　　图 8-8　设置表格和标题样式

04 添加 CSS 代码，修饰 td 和 th 单元格

```
th{
    height:30px;
    overflow:hidden;
}
td{height:20px;}
td,th{
    border:1px solid #cad9ea;
    padding:0 1em 0;
}
```

在 IE 11.0 中的浏览效果如图 8-9 所示。表格中单元格高度加大，td 增加到 20px，th 增加到 30px。单元格还带有边框显示，大小为 1px，直线样式，颜色为浅蓝色。

05 添加 CSS 代码，实现隔行变色

```
tr:nth-child(even){
    background-color:#FFD39B;
}
```

在这里使用结构伪类标识符，实现了表格的隔行变色。

在 IE 11.0 中的浏览效果如图 8-10 所示，表格中奇数行显示为浅蓝色。

图 8-9　设置单元格样式　　　　　　　　　图 8-10　隔行显示

8.4　综合实例 2——表格图文网页布局

文字和图片等对象的定位是网页设计中的难点，用表格布局网页结构是一种非常重要、最为常用的方法，同时也是网页设计的重点。通过单元格可以对文本或图片进行定位，以达到布局整齐的效果。本实例将结合前面学习的知识，实现通过表格对图片和文字进行布局，具体操作步骤如下：

01 分析需求

使用表格进行排版，需要先确定是图文竖排还是横排，这样即可确定图片的放置位置（如果采用竖排，可以在表格的第一行放置图片，对应的下面放置文字介绍），然后使用 CSS 样式对图片、文字和表格进行设定。

02 创建 HTML 页面，实现表格基本样式

```
<!DOCTYPE html>
<html>
<head>
<title>无标题文档</title>
</head>
<body>
<table align=center border="1"  cellspacing="4" cellpadding="0">
  <tr>
   <td><img src="8.jpg"/><p>时尚大玩具！车展前实拍路虎极光Coupe
</p>
</td>
   <td><img src="6.jpg"/><p>充满活力的小家伙  上海车展体验奥迪Q3
</p></td>
  </tr>
  <tr>
   <td>路虎总是以硬汉的形象出现在人们面前</td>
   <td>奥迪将推出入门级SUV车型奥迪Q3时，大家都自然而然地觉得这款车型是和宝马X1竞争的
产品</td>
  </tr>
  <tr>
   <td> 全景天窗已经成为中高端SUV的流行趋势</td>
   <td>奥迪Q3相比两位兄长有简化也有复杂化 </td>
  </tr>
</table>
</body>
</html>
```

上面的网页代码创建了一个表格，表格第一行分别放置两种图片，下面两行放置文字。

在 IE 11.0 中的浏览效果如图 8-11 所示，页面中显示了一个表格，表格中包含了两张图片。

03 添加 CSS 代码，修饰全局样式和表格

```
<style>
* {
    padding:0px;                     /*设置内边距的大小*/
    margin:0px;                      /*设置外边距的大小*/

}
table{
    font-family:"幼圆";             /*设置文本的字体样式*/
    text-align:center;              /*设置居中显示*/
margin:10px 0 0 30px;               /*设置表格的外边距*/
    background-color:#CCddCC;  /*设置表格的背景颜色*/
border-color:#0099ff;            /*设置表格的边框颜色*/
width:400px;                       /*设置表格的宽度*/
font-size:15px;                    /*设置文字的大小*/
}
</style>
```

通过上面的代码即可创建一个 table 标记选择器，该选择器设置了字体样式和背景样式。

在 IE 11.0 中的浏览效果如图 8-12 所示。页面中显示了一个表格，其背景色为绿色，字体居中对齐，背景色为浅绿色，边框色为浅蓝色。

图 8-11　创建基本表格　　　　　　　　　图 8-12　CSS 修饰表格

04 添加 CSS 代码，修饰行 tr 和单元格 td

```
tr{
    height:30px;         /*设置表格的行高*/
    line-height:30px;    /*设置文字行高*/
}
td{
    width:200px;
    }
```

上面的代码定义了 table 行的高度和文字行高，以及单元格宽度。

在 IE 11.0 中的浏览效果如图 8-13 所示。相比较于上一个图像，其表格高度增加、行高增加。

图 8-13　设置行高

8.5　综合实例 3——变色表格

如果长时间浏览大量数据和浏览表格，即使使用了隔行变色的表格，阅读时间长了仍然会感到疲劳。如果数据行能动态根据鼠标悬浮来改变颜色，就会使页面充满动态效果，缓解用户的疲劳感。

本实例将结合前面学习的知识，创建一个鼠标悬浮的变色表格，具体操作步骤如下：

01 分析需求

首先需要建立一个表格，所有行的颜色不单独设置，统一采用表格本身的背景色。然后根据 CSS 设置可以实现该效果。

02 创建 HTML 网页，实现 table 表格

```
<!DOCTYPE html>
<html>
<head>
<title>变色表格</title>
</head>
<body>
<table border="0" cellpadding="0" cellspacing="1">
<caption>
唐宋八大家
</caption>
```

```
<tr>
  <th>姓名</th>
  <th>作品</th>
</tr>
<tr class="hui">
  <td>韩愈</td>
  <td>原道</td>
</tr>
<tr>
  <td>柳宗元</td>
  <td>三戒</td>
</tr>
<tr class="hui">
  <td>欧阳修</td>
  <td>醉翁亭记</td>
</tr>
<tr>
  <td>苏洵</td>
  <td>六国论</td>
</tr>
<tr class="hui">
  <td>苏轼</td>
  <td>水调歌头</td>
</tr>
<tr>
  <td>苏辙</td>
  <td>栾城集</td>
</tr>
<tr class="hui">
  <td>曾巩</td>
  <td>上欧阳舍人书</td>
</tr>
<tr>
  <td >王安石</td>
  <td>伤仲永</td>
</tr>
</table>
</body>
</html>
```

在 IE 11.0 中的浏览效果如图 8-14 所示，表格不带边框，字体等都是默认显示。

03 添加 CSS 代码，修饰 table 表格和单元格

```
<style type="text/css">
table{
    width:600px;
    margin-top:0px;
```

```
    margin-right:auto;
    margin-bottom:0px;
    margin-left:auto;
    text-align:center;
    background-color:#000000;
    font-size:9pt;
}
td{
    padding:5px;
    background-color:#FFFFFF;
}
</style>
```

在 IE 11.0 中的浏览效果如图 8-15 所示，表格带有边框，行内字体居中显示，但列标题背景色为黑色，其中字体不能够显示。

图 8-14 创建基本表格

图 8-15 设置表格样式

04 添加 CSS 代码，修饰标题

```
caption{
    font-size:36px;
    font-family:"黑体","宋体";
    padding-bottom:15px;
}
tr{
    font-size:13px;
    background-color:#cad9ea;
    color:#000000;
}
th{
    padding:5px;
}
.hui td{
    background-color:#f5fafe;
}
```

在上面的代码中，使用了类选择器 hui 来定义每个 td 行所显示的背景色，此时需要在表格中每个奇数行都引入该类选择器，例如<tr class="hui">，从而设置奇数行背景色。这和第一个综合实例中对奇数行背景色的设置方式是不一样的。

在 IE 11.0 中的浏览效果如图 8-16 所示。表格中列标题一行背景色显示为浅蓝色，并且表格中奇数行背景色为浅灰色、偶数行背景色为默认白色。

04 添加 CSS 代码，实现鼠标悬浮变色

```
tr:hover td{
    background-color:#FF9900;
}
```

在 IE 11.0 中的浏览效果如图 8-17 所示。当鼠标放到不同行上时背景色会发生改变。

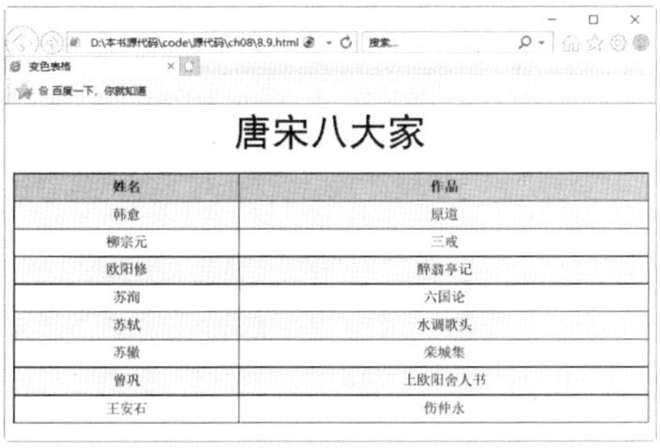

图 8-16　设置奇数行背景色 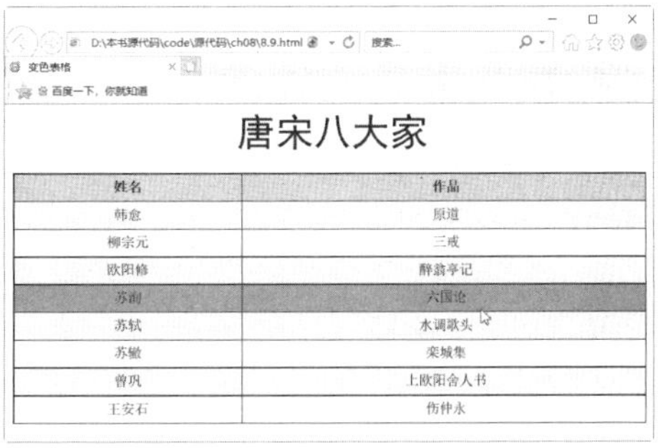　　　　图 8-17　鼠标悬浮改变颜色

8.6　综合实例 4——登录表单

在网页设计时，构建一个登录表单是非常常见的事情。登录表单在验证用户时扮演着重要的角色，可以保护一些敏感数据不被非法用户访问。设计和构建登录表单时，尽量使其简单，并且避免将一个表单用于多个任务。

本实例将结合前面学习的知识创建一个简单的登录表单，具体操作步骤如下：

01 分析需求

创建一个登录表单，需要包含三个表单元素：一个名称输入框，一个密码输入框和两个按钮。然后添加一些 CSS 代码对表单元素进行修饰即可。

02 创建 HTML 网页，实现表单

```
<!DOCTYPE html>
<html>
```

```
<head>
<title>用户登录</title>
<body>
<div>
<h1>用户登录</h1>
<form action="" method="post">
姓名：<input type="text" id=name/>
密码：<input type="password" id=password/>
<input type=submit value="提交" class=button>
<input type=reset value="重置" class=button>
</form>
</div>
</body>
</html>
```

上面的代码创建了一个 div 层，用来包含表单及其元素。

在 IE 11.0 中的浏览效果如图 8-18 所示。页面中显示了一个表单，其中包含两个输入框和两个按钮，输入框用来获取姓名和密码，按钮分别为【提交】按钮和【重置】按钮。

03 添加 CSS 代码，修饰标题、层、输入框和按钮

```
<style>
h1{
        font-size:20px;
    }
div{
    width:200px;
    padding:1em 2em 0 2em;
    font-size:12px;
}
#name,#password{
    border:1px solid #ccc;
    width:160px;
    height:22px;
    padding-left:20px;
    margin:6px 0;
    line-height:20px;
}
.button{margin:6px 0;}
</style>
```

在 IE 11.0 中的浏览效果如图 8-19 所示。标题变小了，并且密码输入框换行显示，布局比原来更加美观合理。

图 8-18 创建登录表单　　　　　　　图 8-19 登录表单最终效果

在上面的代码中，设置了标题大小为 20px、div 层宽度为 200px、层中字体大小为 12px、输入框长度变短、输入框边框变小并且表单元素之间距离增大，使页面布局更加合理。

8.7 综合实例 5——注册表单

不管是在线交易验证、评论新文章还是管理某个应用，Web 表单总会出现在人们的视线中。在网页上，Web 表单把用户、信息、Web 产品或者服务连接了起来。它们能促进销售、捕捉用户行为、建立沟通与交流。

在本实例中，将使用表单内的各种元素来开发一个网站的注册页面，并用 CSS 样式来美化这个页面效果，具体操作步骤如下：

01 分析需求

注册表单通常包含三个部分：在页面上方给出标题，标题下方是正文部分（表单元素），最下方是表单元素提交按钮。在设计这个页面时，需要把"用户注册"标题设置成 h1 大小，正文使用 p 来限制表单元素。

02 构建 HTML 页面，实现基本表单

```
<!DOCTYPE html>
<html>
<head>
<title>注册页面</title>
</head>
<body>
<h1 align=center>用户注册</h1>
<form method="post">
<p>姓    名:
<input type="text" class=txt size="12" maxlength="20" name="username"/>
</p><p>性    别:
<input type="radio" name="性别" value="male"/>男
```

```
<input type="radio" name="性别" value="female"/>女
</p><p>年    龄:
<input type="text" class=txt name="age"/>
</p>
<p>联系电话:
<input type="text" class=txt name="tel"/>
</p><p>电子邮件:
<input type="text" class=txt name="email"/>
</p><p>联系地址:
<input type="text"  class=txt name="address"/>
</p>
<p>
<input type="submit" name="submit" value="提交" class=but/>
<input type="reset" name="reset" value="清除" class=but/>
</p>
</form>
</body>
</html>
```

在 IE 11.0 中的浏览效果如图 8-20 所示，显示一个注册表单，包含【用户注册】标题和【姓名】、【性别】、【年龄】、【联系方式】、【电子邮件】、【地址】等输入框；以及【提交】、【清除】按钮等，其显示样式为默认样式。

03 添加 CSS 代码，修饰全局样式和表单样式

```
<style>
*{
    padding:0px;
    margin:0px;
    }
body{
    font-family:"宋体";
    font-size:12px;
    }
form{
    width:300px;
    margin:0 auto 0 auto;
    font-size:12px;
    color:#999;
}
</style>
```

在 IE 11.0 中的浏览效果如图 8-21 所示。页面中的字体变小，其表单元素之间距离变小。

图 8-20　注册表单显示　　　　　　图 8-21　CSS 修饰表单样式

04 添加 CSS 代码，修饰段落、输入框和按钮

```
form p{
    margin:5px 0 0 5px;
        text-align:center;
    }
.txt{
    width:200px;
    background-color:#CCCCFF;
    border:#6666FF 1px solid;
    color:#0066FF;
    }
.but{
border:0px#93bee2solid;
border-bottom:#93bee21pxsolid;
border-left:#93bee21pxsolid;
border-right:#93bee21pxsolid;
border-top:#93bee21pxsolid;*/
background-color:#3399CC;
cursor:hand;
font-style:normal;
color:#cad9ea;
}
```

在 IE 11.0 中的浏览效果如图 8-22 所示。其中，表单元素带有背景色，输入字体颜色为蓝色，边框颜色为浅蓝色，按钮带有边框，按钮上的字体颜色为浅色。

图 8-22　设置输入框和按钮样式

8.8　专家解惑

1．构建一个表格需要注意哪些方面？

在 HTML 页面中构建表格框架时，应该尽量遵循表格的标准标记，养成良好的编写习惯，并适当地利用 tab、空格和空行来提高代码的可读性，从而降低后期维护成本。特别是使用 table 表格来布局一个较大的页面时，需要在关键位置加上注释。

2．在使用表格时会发生一些变形，这是由什么原因引起的呢？

很可能是因为更改分辨率造成的，例如在 800×600 的分辨率下，一切正常，而到了 1024×800 时，有的表格居中，有的却左排列或右排列。

表格有左、中、右三种排列方式，如果没进行特别设置，默认为居左排列。在 800×600 的分辨率下，表格恰好就有编辑区域那么宽，不容易察觉，而到了 1024×800 的时候，就发生了变形。解决的办法比较简单，即都设置为居中、居左或居右。

3．使用 CSS 修饰表单元素时，采用默认值好还是指定值好？

各个浏览器之间显示有所差异，其中一个原因就是各个浏览器对部分 CSS 属性的默认值不同，通常的解决办法就是指定该值，不让浏览器使用默认值。

第9章 CSS3美化图像

一个网页如果都是文字，时间长了会给浏览者枯燥的感觉，而一张恰如其分的图片会给网页带来许多生趣。图片是直观、形象的，一张好的图片会给网页很高的点击率。在 CSS3 中，定义了很多用来美化和设置图片的属性。

9.1 图片样式

如果多张图片直接放置到网页，而不加修饰，就会给人一种凌乱的感觉。通过 CSS3 属性统一管理，可以定义多张图片的各种属性，例如图片边框、图片缩放。

9.1.1 图片边框

在网页中放置一张图片，可以使用<img>标记，这在第 2 章中已经介绍过了。当图片显示之后，其边框是否显示可以通过<img>标记中的描述属性 border 来设定，其示例代码为：

```
<img src="yueji.jpg" border="3">
```

通过 HTML 标记设置图片边框，其边框显示都是黑色并且风格比较单一，唯一能够设定的就是边框的粗细，而对边框样式基本上是无能为力。这时可以采用 CSS3 对边框样式进行美化。

在 CSS3 中，使用 border-style 属性定义边框样式，即边框风格。例如，可以设置边框风格为点线式边框（dotted）、破折线式边框（dashed）、直线式边框（solid）、双线式边框（double）等。border-style 属性的详细信息会在第 7 章中进行详细介绍，这里就不再重复了。

【例 9.1】（实例文件：ch09\9.1.html）

```
<!DOCTYPE html>
<html>
<head>
<title>图片边框</title>
</head>
<body>
```

```
<img src="yueji.jpg" border="3" style="border-style:dotted">
<img src="yueji.jpg" border="3" style="border-style:dashed">
</body>
</html>
```

在 IE 11.0 中的浏览效果如图 9-1 所示。网页中显示了两张图片，其样式分别为点线式和破折线。

图 9-1　边框显示

另外，如果需要单独定义边框一边的样式，可以使用 border-top-style 设定上边框样式、border-right-style 设定右边框样式、border-bottom-style 设定下边框样式和 border-left-style 设定左边框样式。

【例 9.2】（实例文件：ch09\9.2.html）

```
<!DOCTYPE html>
<html>
<head>
<title>图片边框</title>
</head>
<body>
<img src="yueji.jpg" border="3"
style="border-top-style:dotted;border-right-style:insert;border-bottom-styl
e:dashed;border-left-style:groove">
</body>
</html>
```

在 IE 11.0 中的浏览效果如图 9-2 所示。网页中显示了一张图片，图片的上边框、下边框、左边框和右边框分别以不同样式显示。

图 9-2　四种样式边框显示

对于边框的其他样式设置这里就不再介绍了，会在第 10 章中进行详细的介绍。

9.1.2　图片缩放

在网页上显示一张图片时，默认情况下都是以图片的原始大小显示。如果要对网页进行排版，通常情况下还需要对图片的大小进行重新设定。如果对图片设置不恰当，就会造成图片的变形和失真，所以一定要保持宽度和高度属性的比例适中。对于图片大小设定，可以采用以下三种方式。

1. 使用描述标记属性 width 和 height

在 HTML 标记语言中，通过<img>标记的描述属性 height 和 width 可以设置图片大小。width 和 height 分别表示图片的宽度和高度，其中二者的值可以为数值或百分比，单位是 px。需要注意的是，高度属性 heigt 和宽度属性 width 设置要求相同。

【例 9.3】（实例文件：ch09\9.3.html）

```
<!DOCTYPE html>
<html>
<head>
<title>图片边框</title>
</head>
<body>
<img src="feng.jpg" width=200 height=120>
</body>
</html>
```

在 IE 11.0 中的浏览效果如图 9-3 所示。网页中显示了一张图片，其宽度为 200px、高度为 120px。

图 9-3　HTML 标记设定图片大小

2. 使用 CSS3 中的 max-width 和 max-height

max-width 和 max-height 分别用来设置图片宽度最大值和高度最大值。在定义图片大小时，如果图片默认尺寸超过了定义的大小，就以 max-width 所定义的宽度值显示，而图片高度将同比例变化，定义 max-height 也是一样的道理。如果图片的尺寸小于最大宽度或者高度，那么图片就按原尺寸大小显示。max-width 和 max-height 的值一般是数值类型，其语法格式如下：

```
img{
    max-height:180px;
}
```

【例 9.4】（实例文件：ch09\9.4.html）

```
<!DOCTYPE html>
<html>
<head>
<title>图片边框</title>
<style>
img{
    max-height:180px;
}
</style>
</head>
<body>
<img src="feng.jpg">
</body>
</html>
```

在 IE 11.0 中的浏览效果如图 9-4 所示。网页中显示了一张图片，其显示高度是 180px，宽度做同比例缩放。

图 9-4 同比例缩放图片

在本例中，也可以只设置 max-width 来定义图片最大宽度，而让高度自动缩放。

3. 使用 CSS3 中的 width 和 height

在 CSS3 中，可以使用属性 width 和 height 来设置图片宽度和高度，从而达到对图片的缩放效果。

【例 9.5】（实例文件：ch09\9.5.html）

```
<!DOCTYPE html>
<html>
<head>
<title>图片边框</title>
</head>
<body>
<img src="feng.jpg">
<img src="feng.jpg" style="width:90px;height:100px">
</body>
</html>
```

在 IE 11.0 中的浏览效果如图 9-5 所示。网页中显示了两张图片，第一张图片以原始大小显示，第二张图片以指定大小显示。

图 9-5 CSS 指定图片大小

需要注意的是，当仅仅设置了图片的 width 属性而没有设置 height 属性时，图片本身会自动等纵横比例缩放。只设定 height 属性也是一样的道理。只有当同时设定 width 和 height 属性时才会不等比例缩放。

9.2 对齐图片

一个凌乱的图文网页是每一个浏览者都不喜欢看的，而一个图文并茂、排版格式整洁简约的页面更容易让网页浏览者接受，可见图片的对齐方式是非常重要的。本节将介绍使用 CSS3 属性定义图文对齐方式。

9.2.1 横向对齐方式

所谓图片横向对齐，就是在水平方向上进行对齐，其对齐样式和文字对齐比较相似，都有三种对齐方式，分别为左对齐、居中对齐和右对齐。

如果要定义图片对齐方式，不能在样式表中直接定义图片样式，需要在图片的上一个标记级别（父标记）定义对齐方式，让图片继承父标记的对齐方式。之所以这样定义父标记对齐方式，是因为 img（图片）本身没有对齐属性，需要使用 CSS 继承父标记的 text-align 来定义对齐方式。

【例 9.6】（实例文件：ch09\9.6.html）

```
<!DOCTYPE html>
<html>
<head>
<title>图片横向对齐</title>
</head>
<body>
<p style="text-align:left"><img src="mudan.jpg" style="max-width:140px;">
图片左对齐</p>
<p style="text-align:center"><img src="mudan.jpg"
style="max-width:140px;">图片居中对齐</p>
<p style="text-align:right"><img src="mudan.jpg"
style="max-width:140px;">图片右对齐</p>
</body>
</html>
```

在 IE 11.0 中的浏览效果如图 9-6 所示。网页上显示三张图片，大小一样，但对齐方式分别是左对齐、居中对齐和右对齐。

图 9-6　图片横向对齐

9.2.2　纵向对齐方式

纵向对齐就是垂直对齐，即在垂直方向上和文字进行搭配使用。通过对图片的垂直方向上的设置，可以设定图片和文字的高度一致。在 CSS3 中，对于图片纵向设置，通常使 vertical-align 属性来定义。

vertical-align 属性设置元素的垂直对齐方式，即定义行内元素的基线相对于该元素所在行的基线的垂直对齐。允许指定负的长度值和百分比值，这会使元素降低而不是升高。在表单元格中，这个属性会设置单元格框中内容的对齐方式，其语法格式为：

```
vertical-align:baseline|sub|super|top|text-top|middle|bottom|text-bottom|length
```

上面参数的含义如表 9-1 所示。

表 9-1　纵向对齐参数含义

参数名称	说明
baseline	支持 valign 特性的对象内容与基线对齐
sub	垂直对齐文本的下标
super	垂直对齐文本的上标
top	将支持 valign 特性的对象的内容与对象顶端对齐
text-top	将支持 valign 特性的对象的文本与对象顶端对齐
middle	将支持 valign 特性的对象的内容与对象中部对齐
bottom	将支持 valign 特性的对象的文本与对象底端对齐
text-bottom	将支持 valign 特性的对象的文本与对象底端对齐
length	由浮点数字和单位标识符组成的长度值或者百分数，可为负数，定义由基线算起的偏移量。基线对于数值来说为 0，对于百分数来说就是 0

【例 9.7】（实例文件：ch09\9.7.html）

```
<!DOCTYPE html>
<html>
<head>
<title>图片纵向对齐</title>
<style>
img{
max-width:100px;
}
</style>
</head>
<body>
<p>纵向对齐方式:baseline<img src=mudan.jpg
style="vertical-align:baseline"></p>
    <p>纵向对齐方式:bottom<img src=mudan.jpg
style="vertical-align:bottom"></p>
    <p>纵向对齐方式:middle<img src=mudan.jpg
style="vertical-align:middle"></p>
    <p>纵向对齐方式:sub<img src=mudan.jpg style="vertical-align:sub"></p>
    <p>纵向对齐方式:super<img src=mudan.jpg style="vertical-align:super"></p>
    <p>纵向对齐方式:数值定义<img src=mudan.jpg style="vertical-align:20px"></p>
</body>
</html>
```

在 IE 11.0 中的浏览效果如图 9-7 所示。网页中显示 6 张图片，垂直方向上分别是 baseline、bottom、middle、sub、super 和数值定义对齐。

 仔细观察图片和文字的不同对齐方式，即可深刻理解各种纵向对齐的不同之处。

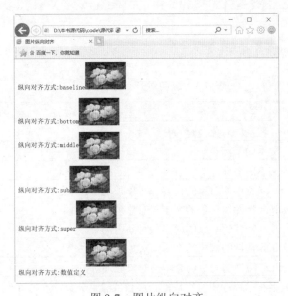

图 9-7 图片纵向对齐

9.3　图文混排

排版一个网页，最常见的方式就是图文混排。文字说明主题，图像显示新闻情境，二者结合起来相得益彰。本节将介绍图片和文字的排版方式。

9.3.1　文字环绕

在网页中进行排版时，可以将文字设置成环绕图片的形式，即文字环绕。文字环绕应用非常广泛，如果再配合背景可以达到绚丽的效果。

在 CSS3 中，可以使用 float 属性来定义该效果。float 属性主要定义元素在哪个方向浮动。一般情况下这个属性应用于图像元素，使文本围绕在图像周围，有时也可以定义其他元素浮动。浮动元素会生成一个块级框，而不论它本身是何种元素。如果浮动非替换元素，就要指定一个明确的宽度，否则它们会尽可能地窄。

float 语法格式如下所示。

```
float:none|left|right
```

其中，none 表示默认值对象不漂浮，left 表示文本流向对象的右边，right 表示文本流向对象的左边。

【例 9.8】（实例文件：ch09\9.8.html）

```
<!DOCTYPE html>
<html>
<head>
<title>文字环绕</title>
<style>
img{
max-width:120px;
float:left;
}
</style>
</head>
<body>
<p>
一个可爱的小家伙乘着风儿顽皮地落在了我的肩上，我低头看了看，原来是一片枫叶。
<img src="fengye.jpg">
我小心翼翼地把它捧在手中，一阵风儿吹过，叶子的几个小尖脚随风摆起，多像婴儿的小手掌啊！
平滑的叶面，清晰的脉络，十分柔软细嫩。枫叶树种在秋冬的时候，体内会产生一些化学反应，让原本
树叶中所含枫叶(10张)的物质或部分组织分解之后，回收储藏在茎或根的部位，来年春天的时候可以再
利用，叶绿体、叶绿素就是被分解回收的对象之一，因为叶绿素的含量较大而遮盖了其他颜色，使叶片
呈绿色。因此当叶子里的叶绿素没有了的时候，其他色素的颜色彰显出来，如花青素的红色、胡萝卜素
的黄色和叶黄素的黄色等。除此之外，枫叶中贮存的糖分还会分解转变成花青素，使叶片的颜色更加艳
丽、火红。 枫叶没有五个"手指"就不是枫叶，而且，枫叶的"五指"上具有锯齿，这是枫叶的特色！
```

```
</p>
</body>
</html>
```

在 IE 11.0 中的浏览效果如图 9-8 所示，可以看到图片被文字所环绕，并在文字的左方显示。如果将 float 属性的值设置为 right，那么图片将会在文字右方显示并环绕。

图 9-8　文字环绕效果

9.3.2　设置图片与文字间距

如果需要设置图片和文字之间的距离（文字之间存在一定间距，而不是紧紧环绕），可以使用 CSS3 中的属性 padding 来设置。

padding 属性主要用来在一个声明中设置所有内边距属性，即可以设置元素所有内边距的宽度，或者设置各边上内边距的宽度。如果一个元素既有内边距又有背景，从视觉上看可能会延伸到其他行，有可能还会与其他内容重叠。设置时不允许指定负边距值。

其语法格式如下所示：

```
padding:padding-top|padding-right|padding-bottom|padding-left
```

其参数值 padding-top 用来设置距离顶部内边距；padding-right 用来设置距离右部内边距；padding-bottom 用来设置距离底部内边距；padding-left 用来设置距离左部内边距。

【例 9.9】（实例文件：ch09\9.9.html）

```
<!DOCTYPE html>
<html>
<head>
<title>文字环绕</title>
<style>
img{
max-width:120px;        /*设置图像的最大宽度*/
float:left;             /*设置图像靠左显示*/
padding-top:10px;       /*设置图像的上内边距*/
padding-right:50px;    /*设置图像的右内边距*/
padding-bottom:10px;   /*设置图像的下内边距*/
```

```
    }
    </style>
    </head>
    <body>
    <p>一个可爱的小家伙乘着风儿顽皮地落在了我的肩上，我低头看了看，原来是一片枫叶。
    <img src="fengye.jpg">
    我小心翼翼地把它捧在手中，一阵风儿吹过，叶子的几个小尖脚随风摆起，多像婴儿的小手掌啊！
    平滑的叶面，清晰的脉络，十分柔软细嫩。枫叶树种在秋冬的时候，体内会产生一些化学反应，让原本
    树叶中所含枫叶(10张)的物质或部分组织分解之后，回收储藏在茎或根的部位，来年春天的时候可以再
    利用，叶绿体、叶绿素就是被分解回收的对象之一，因为叶绿素的含量较大而遮盖了其他颜色，使叶片
    呈绿色。因此当叶子里的叶绿素没有了的时候，其他色素的颜色彰显出来，如花青素的红色、胡萝卜素
    的黄色和叶黄素的黄色等。除此之外，枫叶中贮存的糖分还会分解转变成花青素，使叶片的颜色更加艳
    丽、火红。 枫叶没有五个"手指"就不是枫叶，而且，枫叶的"五指"上具有锯齿，这是枫叶的特色!</p>
    </body>
    </html>
```

在 IE 11.0 中的浏览效果如图 9-9 所示。图片被文字所环绕，并且文字和图片右边间距为 50px、上下各为 10px。

图 9-9　设置图片和文字边距

9.4　综合实例 1——一句话新闻

在各大网站中，点击率最高的通常是新闻，因为人们每天都在不停地浏览新闻。新闻格式要求简洁明了、文字表达清楚，配上图片更是图文并茂。对于网页新闻排版，根据其新闻内容，可以有一句话新闻。本实例将介绍如何配合图片设计出一句话新闻的网页版面，具体步骤如下：

01 分析需求。

在本实例中，如果要显示一句话新闻，需要包含两个部分：一个是新闻标题，一个是新闻内容。新闻内容可以是图片和段落文字。此处可以使用 div 将两个部分分成不同的层次。

02 构建 HTML 页面。

页面中包含的这两个部分可以使用三个<div>标记来进行层次划分：一个 div 包含整个一句话新闻，一个 div 包含标题（标题可以分为正标题和副标题），一个 div 包含图片和段落。其代码如下所示。

```
<!DOCTYPE html>
<html>
<head>
<title>时事新闻</title>
<style>
</style>
</head>
<body>
<div>
<div>
<p>英国皇家国际航展开幕</p>
<p>2011-07-17 09:38 来源：新华网</p>
</div>
<div>
<p align=center>
<img src=feiji.jpg border=1>
<p>
<p>
7月16日，在英国的费尔福德，一架A-10攻击机进行飞行表演。为期2天的英国皇家国际航展当日
在费尔福德空军基地开幕，这是世界上规模最大的军用飞机航空展之一。
</p>
</div>
</div>
</body>
</html>
```

在 IE 11.0 中的浏览效果如图 9-10 所示，在网页中显示了段落、图片和标题。

03 添加 CSS 代码，修饰整体 div。

```
<style>
.da{border:#0033FF 1px solid;}
</style>
```

04 在 HTML 代码中使用类标识符指向 da。

```
<div class=da>
<div >
<p >英国皇家国际航展开幕</p>
<p >2011-07-17 09:38 来源：新华网</p>
</div>
```

```
<div>
<p align=center>
<img src=feiji.jpg border=1>
<p>
7月16日，在英国的费尔福德，一架A-10攻击机进行飞行表演。为期2天的英国皇家国际航展当日
在费尔福德空军基地开幕，这是世界上规模最大的军用飞机航空展之一。
</p>
</div>
</div>
```

05 在 IE 11.0 中的浏览效果如图 9-11 所示。在网页中显示了一个边框，并且段落、图片
包含在边框里面。

图 9-10　基本层次划分

图 9-11　CSS 整体修饰

06 添加 CSS 代码，修饰正标题和副标题。

```
.title{color:blue;font-size:25px;text-align:center}　/*设置正标题样式*/
.xtitle{ /*设置副标题样式*/
    text-align:center;
    font-size:13px;
    color:gray;
}
```

07 在 HTML 代码中，引用上面两个类标识符。

```
<div class=da>
<div>
<p class=title>英国皇家国际航展开幕</p>
<p class=xtitle>2011-07-17 09:38 来源：新华网</p>
</div>
<div>
<p align=center>
<img src=feiji.jpg border=1>
<p>
<p>
```

7月16日，在英国的费尔福德，一架A-10攻击机进行飞行表演。为期2天的英国皇家国际航展当日在费尔福德空军基地开幕，这是世界上规模最大的军用飞机航空展之一。
```
</p>
</div>
</div>
```

08 在 IE 11.0 中的浏览效果如图 9-12 所示。在网页中，正标题和副标题都居中显示，并且正标题以蓝色显示、大小为 25px，副标题以灰色显示、大小为 13px。

09 添加 CSS 代码，修饰图片。

```
img{
    border-top-style:solid;     /*设置图像的上边框样式为实线*/
    border-right-style:dashed;  /*设置图像的右边框样式为虚线*/
    border-bottom-style:solid;  /*设置图像的下边框样式为实线*/
    border-left-style:dashed;   /*设置图像的左边框样式为虚线*/
}
```

10 此处使用了标记标识符，会直接作用于网页中的图片，此处就不再显示 HTML 代码了。在 IE 11.0 中的浏览效果如图 9-13 所示。在网页中，图片边框显示了不同样式，上下以直线显示，左右以破折线显示。

图 9-12　修饰标题　　　　　　　　　　　　图 9-13　图片边框样式修饰

11 添加 CSS 代码，修饰段落。

```
<p style="text-indent:10mm;font-size:15px;"> 7月16日，在英国的费尔福德，一架
A-10攻击机进行飞行表演。为期2天的英国皇家国际航展当日在费尔福德空军基地开幕，这是世界上规
模最大的军用飞机航空展之一。
</p>
```

12 在 IE 11.0 中的浏览效果如图 9-14 所示。在网页中，段落缩进 10mm，并且字体大小为 15px。

图 9-14 修饰段落

9.5 综合实例 2——学校宣传单

每年暑假时，学校招生的宣传单页就会铺天盖地，到处都是。本实例模仿一个学校宣传单，进行图文混排，从而加深对前面学习知识的理解，具体步骤如下：

01 分析需求。

本实例包含两个部分：一个部分是图片信息，用来介绍学校场景；一个部分是段落信息，用来介绍学校历史和理念。这两个部分都放在一个 div 中。

02 构建 HTML 网页。

创建 HTML 页面，页面中包含一个 div，div 中包含图片和两个段落信息，代码如下所示。

```
<!DOCTYPE html>
<html>
<head>
<title>学校宣传单</title>
</head>
<body>
<div>
<img src="xuexiao.jpg"/><p>某大学风景优美</p><p> 学校发扬"百折不挠、艰苦创业"
的办学传统，坚持"质量立校、人才兴校、创新强校、文化铸校、和谐荣校"的办学理念，弘扬"爱国
荣校、民主和谐、求真务实、开放创新"的精神</p>
</div>
</body>
</html>
```

在 IE 11.0 中的浏览效果如图 9-15 所示。在网页中，标题和内容被一条虚线隔开。

03 添加 CSS 代码，修饰 div。

```
<style>
big{
width:430px;
}
</style>
```

在 HTML 代码中，将 big 引用到 div 中，代码如下所示。

```
<div class=big>
        <img src="xuexiao.jpg"/><p>某大学风景优美</p><p> 学校发扬"百折不挠、艰苦创
业"的办学传统，坚持"质量立校、人才兴校、创新强校、文化铸校、和谐荣校"的办学理念，弘扬"爱
国荣校、民主和谐、求真务实、开放创新"的精神</p>
</div>
```

在 IE 11.0 中的浏览效果如图 9-16 所示。在网页中，段落以块的形式显示。

图 9-15　HTML 页面显示

图 9-16　修饰 div 层

04 添加 CSS 代码，修饰图片。

```
img{
    width:260px;                    /*设置图像的宽度*/
    height:220px;                   /*设置图像的高度*/
    border:#009900 2px solid;    /*设置图像的边框颜色、粗细和实线*/
    float:left;                     /*设置图像向左浮动*/
    padding-right:0.5px;          /*设置右内边距的大小*/
}
```

在 IE 11.0 中的浏览效果如图 9-17 所示。在网页中，图片以指定大小显示，并且带有边框，图片在左侧被文字环绕。

05 添加 CSS 代码，修饰段落。

```
p{
    font-family:"宋体";    /*设置段落文字的字体*/
    font-size:14px;       /*设置段落文字的大小*/
    line-height:20px;     /*设置段落文字的行高*/
}
```

在 IE 11.0 中的浏览效果如图 9-18 所示。在网页中，段落以宋体显示，大小为 14px，行高为 20px。

图 9-17　修饰图片

图 9-18　修饰段落

9.6　专家解惑

1. 在网页中进行图文排版时，哪些是必须要做的？

在进行图文排版时，通常有如下 5 个方面需要网页设计者考虑。

（1）首行缩进：段落的开头应该空两格。HTML 中空格键起不了作用，当然可以用"nbsp;"来代替一个空格，但这不是理想的方式。应该用 CSS3 中的首行缩进，且大小为 2em。

（2）图文混排：在 CSS3 中，可以用 float 来让文字在没有清理浮动的时候显示在图片以外的空白处。

（3）设置背景色：设置网页背景以增加效果。此内容会在后面介绍。

（4）文字居中：可以用 CSS 的 text-align 设置文字居中。

（5）显示边框：通过 border 为图片添加一个边框。

2. 设置文字环绕时，float 元素为什么会失去作用？

很多浏览器在显示未指定 width 的 float 元素时会发生错误，所以不管 float 元素的内容如何，一定要为其指定 width 属性。

第10章 CSS3美化背景与边框

任何一个页面，首先映入眼帘的就是网页的背景色和基调，不同类型网站有不同背景和基调。因此页面中的背景通常是网站设计时一个重要的步骤。对于单个 HTML 元素，可以通过 CSS3 属性设置元素边框样式，包括宽度、显示风格和颜色等。本章将重点介绍网页背景设置和 HTML 元素边框样式。

10.1 背景相关属性

背景是网页设计中的重要因素之一，一个背景优美的网页，总能吸引不少访问者。例如，喜庆类网站都是火红背景为主题，CSS 的强大表现功能在背景方面同样发挥得淋漓尽致。

10.1.1 背景颜色

background-color 属性用于设定网页背景色，同设置前景色的 color 属性一样，background-color 属性接受任何有效的颜色值，对于没有设定背景色的标记，默认背景色为透明（transparent）。

其语法格式为：

```
{background-color:transparent|color}
```

关键字 transparent 是一个默认值，表示透明。背景颜色 color 设定方法可以采用英文单词、十六进制、RGB、HSL、HSLA 和 GRBA。

【例 10.1】（实例文件：ch10\10.1.html）

```
<!DOCTYPE html>
<html>
<head><title>背景色设置</title></head>
<body style="background-color:PaleGreen;color:Blue">
<p>background-color属性设置背景色，color属性设置字体颜色，即前景。</p>
</body>
</html>
```

在 IE 11.0 中的浏览效果如图 10-1 所示，可以看到网页背景色显示浅绿色，而字体颜色为蓝色。注意，在网页设计时其背景色不要使用太艳的颜色，否则会给人一种喧宾夺主的感觉。

图 10-1　设置背景色

background-color 不仅可以设置整个网页的背景颜色，同样可以设置指定 HTML 元素的背景色，例如设置 h1 标题的背景色、设置段落 p 的背景色等。

【例 10.2】（实例文件：ch10\10.2.html）

```html
<!DOCTYPE html>
<html>
<head>
<title>背景色设置</title>
<style>
h1 {
    background-color:red;   /*设置标题的背景颜色为红色*/
    color:black;            /*设置标题的颜色为黑色*/
  text-align:center;        /*设置标题的居中显示*/
}
p{
    background-color:gray;  /*设置正文的背景颜色为灰色*/
    color:blue;             /*设置正文的颜色为蓝色*/
    text-indent:2em;        /*设置文本缩进*/
}
</style>
</head>
<body>
<h1>颜色设置</h1>
<p>background-color属性设置背景色，color属性设置字体颜色，即前景。</p>
</body>
</html>
```

在 IE 11.0 中的浏览效果如图 10-2 所示。网页中的标题区域背景色为红色、段落区域背景色为灰色，并且分别为字体设置了不同的前景色。

图 10-2　设置 HTML 元素背景色

10.1.2　背景图片

网页中不但可以使用背景色来填充网页背景，同样也可以使用背景图片来填充网页。通过 CSS3 属性可以对背景图片进行精确定位。background-image 属性用于设定标记的背景图片，通常在标记<body>中应用，将图片用于整个主体中。

background-image 语法格式如下：

```
background-image:none|url(url)
```

其默认属性为无背景图，当需要使用背景图时可以用 url 进行导入。url 可以使用绝对路径，也可以使用相对路径。

【例 10.3】（实例文件：ch10\10.3.html）

```
<!DOCTYPE html>
<html>
<head>
<title>背景色设置</title>
<style>
body{
    background-image:url(xiyang.jpg)
}
</style>
</head>
<body>
<p style="font-size:20pt">夕阳无限好</p>
</body>
</html>
```

在 IE 11.0 中的浏览效果如图 10-3 所示。网页中显示了背景图。如果图片大小小于整个网页大小，就会重复图片平铺整个网页。

在设定背景图片时，最好同时也设定背景色，这样当背景图片因某种原因无法正常显示时，可以使用背景色来代替。当然，如果正常显示，背景图片将覆盖背景色。

图 10-3　设置背景图片

10.1.3　背景图片重复

在进行网页设计时，通常都是一个网页使用一张背景图片，如果图片大小小于背景图片，就会直接重复平铺整个网页，但这种方式不适用于大多数页面。在 CSS 中可以通过 background-repeat 属性设置图片的重复方式，包括水平重复、垂直重复和不重复等。

background-repeat 属性用于设定背景图片是否重复平铺。各属性值说明如表 10-1 所示。

表 10-1　background-repeat 属性

属性值	描述
repeat	背景图片水平和垂直方向都重复平铺
repeat-x	背景图片水平方向重复平铺
repeat-y	背景图片垂直方向重复平铺
no-repeat	背景图片不重复平铺

background-repeat 属性重复背景图片是从元素的左上角开始平铺，直到水平、垂直或全部页面都被背景图片覆盖。

【例 10.4】（实例文件：ch10\10.4.html）

```
<!DOCTYPE html>
<html>
<head>
<title>背景图片重复</title>
<style>
```

```
body{
    background-image:url(xiyang.jpg);  /*设置背景图片*/
    background-repeat:no-repeat;        /*设置背景图片不重复平铺*/
}
</style>
</head>
<body>
<p style="font-size:20pt">夕阳无限好</p>
</body>
</html>
```

在 IE 11.0 中的浏览效果如图 10-4 所示。网页中显示了背景图，但图片以默认大小显示，而没有对整个网页背景进行填充。这是因为在代码中设置了背景图不重复平铺。

同样可以在上面的代码中设置 background-repeat 的属性值为其他值，例如可以设置值为 repeat-x，表示图片在水平方向平铺。此时，在 IE 11.0 中的效果如图 10-5 所示。

图 10-4　背景图不重复　　　　　　　　图 10-5　水平方向平铺

10.1.4　背景图片显示

对于一个文本较多、一屏显示不了的页面，如果使用的背景图片不足以覆盖整个页面，而且只将背景图片应用在页面的一个位置，那么在浏览页面时会出现看不到背景图片或者背景图片初始可见，而随着页面的滚动又不可见的情况，也就是说背景图片不能时刻随着页面的滚动而显示。

要解决上述问题，可以使用 background-attachment 属性（用来设定背景图片是否随文档一起滚动）。该属性包含两个属性值：scroll 和 fixed，并适用于所有元素，如表 10-2 所示。

表 10-2　background-attachment 属性值

属性值	描述
scroll	默认值，当页面滚动时，背景图片随页面一起滚动
fixed	背景图片固定在页面的可见区域里

使用 background-attachment 属性，可以使背景图片始终处于视野范围内，以避免出现因页面滚动而消失的情况。

【例 10.5】（实例文件：ch10\10.5.html）

```
<!DOCTYPE html>
<html>
<head>
<title>背景显示方式</title>
<style>
body{
    background-image:url(xiyang.jpg);        /*设置背景图片*/
    background-repeat:no-repeat;             /*设置背景图片不重复平铺*/
    background-attachment:fixed;             /*设置背景图片固定在可见区域里*/
}
p{
    text-indent:2em;                         /*设置文本缩进*/
line-height:30px;                            /*设置行高的大小*/
}
h1{text-align:center;}                       /*设置标题居中显示*/
</style>
</head>
<body>
<h1>兰亭序</h1>
<p>永和九年，岁在癸（guǐ）丑，暮春之初，会于会稽（kuài jī）山阴之兰亭，修禊（xì）事
也。群贤毕至，少长咸集。此地有崇山峻岭，茂林修竹，又有清流激湍（tuān），映带左右。引以为流
觞（shāng）曲（qū）水，列坐其次，虽无丝竹管弦之盛，一觞一咏，亦足以畅叙幽情。</p>
<p>是日也，天朗气清，惠风和畅。仰观宇宙之大，俯察品类之盛，所以游目骋（chěng）怀，足
以极视听之娱，信可乐也。</p>
<p> 夫人之相与，俯仰一世。或取诸怀抱，晤言一室之内；或因寄所托，放浪形骸（hái）之外。
虽趣（qǔ）舍万殊，静躁不同，当其欣于所遇，暂得于己，快然自足，不知老之将至。及其所之既倦，
情随事迁，感慨系（xì）之矣。向之所欣，俯仰之间，已为陈迹，犹不能不以之兴怀。况修短随化，终
期于尽。古人云："死生亦大矣。"岂不痛哉！</p>
<p>每览昔人兴感之由，若合一契，未尝不临文嗟（jiē）悼，不能喻之于怀。固知一死生为虚诞，
齐彭殇(shāng)为妄作。后之视今，亦犹今之视昔，悲夫！故列叙时人，录其所述。虽世殊事异，所以
兴怀，其致一也。后之览者，亦将有感于斯文。</p>
</body>
</html>
```

在 IE 11.0 中的浏览效果如图 10-6 所示。网页 background-attachment 属性的值为 fixed，背景图片的位置固定，并不是相对于页面的，而是相对于页面的可视范围。

图 10-6　图片显示方式

10.1.5　背景图片位置

我们知道，背景图片都从设置了 background 属性网页的左上角开始出现，但在实际网页设计中，可以根据需要直接指定背景图片出现的位置。在 CSS3 中，可以通过 background-position 属性轻松调整背景图片位置。

background-position 属性用于指定背景图片在页面中所处的位置。该属性值可以分为四类：绝对定义位置（length）、百分比定义位置（percentage）、垂直对齐值和水平对齐值。其中垂直对齐值包括 top、center 和 bottom，水平对齐值包括 left、center 和 right，如表 10-3 所示。

表 10-3　background-position 属性值

属性值	描述
length	设置图片与边距水平与垂直方向的距离长度，后跟长度单位（cm、mm、px 等）
percentage	以页面元素框的宽度或高度的百分比放置图片
top	背景图片顶部居中显示
center	背景图片居中显示
bottom	背景图片底部居中显示
left	背景图片左部居中显示
right	背景图片右部居中显示

垂直对齐值还可以与水平对齐值一起使用，从而决定图片的垂直位置和水平位置。

【例 10.6】（实例文件：ch10\10.6.html）

```
<!DOCTYPE html>
<html>
<head>
<title>背景位置设定</title>
<style>
body{
    background-image:url(xiyang.jpg); /*设置背景图片*/
    background-repeat:no-repeat;      /*设置背景图片不重复平铺*/
```

```
    background-position:top right;         /*设置背景图片从顶部和右边开始显示*/
}
</style>
</head><body></body></html>
```

在 IE 11.0 中的浏览效果如图 10-7 所示。网页中显示了背景，其背景是从顶部和右边开始出现的。

图 10-7　设置背景位置

使用垂直对齐值和水平对齐值只能格式化地放置图片，如果在页面中要自由地定义图片的位置，就需要使用确定数值或百分比。此时需将上面代码中的语句

```
background-position:top right;
```

修改为：

```
background-position:20px 30px
```

在 IE 11.0 中的浏览效果如图 10-8 所示。网页中显示的背景是从左上角开始出现的，开始位置坐标为（20，30）。

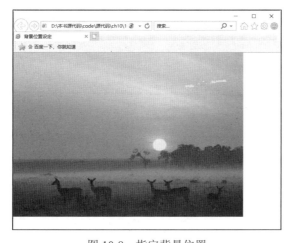

图 10-8　指定背景位置

10.1.6 背景图片大小

在以前的网页设计中，背景图片的大小是不可以控制的，如果想要用图片填充整个背景，就需要事先设计一个较大的背景图片，要么只能让背景图片以平铺的方式来填充页面元素。在 CSS3 中，新增了一个 background-size 属性，用来控制背景图片大小，从而降低网页设计的开发成本。

background-size 语法格式如下：

```
background-size: [<length>|<percentage>|auto]{1,2}|cover|contain
```

其参数值含义如表 10-4 所示。

表 10-4　background-size 属性参数表

参数值	说明
<length>	由浮点数字和单位标识符组成的长度值，不可为负值
<percentage>	取值为 0%到 100%，不可为负值
cover	保持背景图像本身的宽高比例，将图片缩放到正好完全覆盖所定义的背景区域
contain	保持图像本身的宽高比较，将图片缩放到宽度或高度正好适应所定义的背景区域

【例 10.7】（实例文件：ch10\10.7.html）

```
<!DOCTYPE html>
<html>
<head>
<title>背景位置设定</title>
<style>
body{
    background-image:url(xiyang.jpg); /*设置背景图片*/
    background-repeat:no-repeat;       /*设置背景图片不重复平铺*/
    background-size:cover;             /*设置背景图片填充了整个页面*/
}
</style>
</head>
<body>
</body>
</html>
```

在 IE 11.0 中的浏览效果如图 10-9 所示，网页中的背景图片填充了整个页面。

图 10-9　设定背景大小

同样也可以用像素或百分比指定背景大小显示。当指定为百分比时，大小会由所在区域的宽度、高度以及 background-origin 的位置决定，示例如下：

```
background-size:900 800;
```

此时 background-size 属性可以设置 1 个或 2 个值，1 个为必填，1 个为选填。其中，第 1 个值用于指定图片宽度，第 2 个值用于指定图片高度，如果只设定一个值，那么第 2 个值默认为 auto。

10.1.7　背景显示区域

在网页设计中，如果能改善背景图片的定位方式，使设计师能够更灵活地决定背景图片应该显示的位置，就会大大减少设计成本。在 CSS3 中，新增了一个 background-origin 属性，用来完成背景图片的定位。

默认情况下，background-position 属性总是以元素左上角原点作为背景图像定位，而background-origin 属性可以改变这种定位方式。

```
background-origin: border|padding|content
```

其参数含义如表 10-5 所示。

表 10-5　background-origin 参数值表

参数值	说明
border	从 border 区域开始显示背景
padding	从 padding 区域开始显示背景
content	从 content 区域开始显示背景

【例 10.8】（实例文件：ch10\10.8.html）

```
<!DOCTYPE html>
<html>
<head>
<title>背景坐标原点</title>
<style>
div{
    text-align:center;                  /*设置居中显示*/
    height:500px;                      /*设置div块的高度*/
    width:416px;                       /*设置div块的宽度*/
    border:solid 1px red;              /*设置div块的边框样式*/
    padding:32px 2em 0;                /*设置内边距的大小*/
    background-image:url(15.jpg);/*设置背景图片*/
    background-origin:padding;        /*设置从padding区域开始显示背景*/
}
div h1{
    font-size:18px;
    font-family:"幼圆";
}
div  p{
    text-indent:2em;
    line-height:2em;
    font-family:"楷体";
}
</style>
</head>
<body>
<div>
<h1>美科学家发明时光斗篷 在时间中隐瞒事件</h1>
    <p>本报讯据美国《技术评论》杂志网站7月15日报道，日前，康奈尔大学的莫蒂·弗里德曼和其
同事在前人研究的基础上，设计并制造出了一种能在时间中隐瞒事件的时光斗篷。相关论文发表在国际
著名学术网站arXiv.org上。</p>
    <p>近年来有关隐身斗篷的研究不断取得突破，其原理是通过特殊的材料使途经的光线发生扭曲，
从而让斗篷下的物体"隐于无形"。第一个隐身斗篷只在微波中才有效果，但短短几年，物理学家已经
发明出了能用于可见光的隐身斗篷，能够隐藏声音的"隐声斗篷"和能让一个物体看起来像其他物体的
"错觉斗篷"。</p>
</div>
</body>
</html>
```

在 IE 11.0 中的浏览效果如图 10-10 所示。背景图片以指定大小于网页左侧显示，在背景图
片上显示了相应的段落信息。

图 10-10　设置背景显示区域

10.1.8　背景图像裁剪区域

在 CSS3 中，新增了一个 background-clip 属性，用来定义背景图片的裁剪区域。background-clip 属性和 background-origin 属性有几分相似，通俗地说，background-clip 属性用来判断背景是否包含边框区域，而 background-origin 属性用来决定 background-position 属性定位的参考位置。

background-clip 语法格式如下所示。

```
background-clip: border-box|padding-box|content-box|no-clip
```

其参数值含义如表 10-6 所示。

表 10-6　background-clip 参数值表

参数值	说明	参数值	说明
border	从 border 区域开始显示背景	content	从 content 区域开始显示背景
padding	从 padding 区域开始显示背景	no-clip	从边框区域外裁剪背景

【例 10.9】（实例文件：ch10\10.9.html）

```
<!DOCTYPE html>
<html>
<head>
```

```
<title>背景裁剪</title>
<style>
div{
    height:300px;                       /*设置div块的高度*/
    width:200px;                        /*设置div块的宽度*/
    border:dotted 50px red;             /*设置边框的样式*/
    padding:50px;                       /*设置内边距的大小*/
    background-image:url(18.jpg);       /*设置背景图片*/
    background-repeat:no-repeat;        /*设置背景图片不重复平铺*/
    background-clip:content;}           /* 背景图片仅在内容区域内显示*/
</style>
</head>
<body>
<div>
</div>
</body>
</html>
```

在 IE 11.0 中的浏览效果如图 10-11 所示，背景图像仅在内容区域内显示。

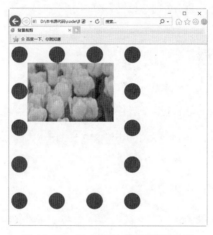

图 10-11　以内容边缘裁剪背景图

10.1.9　背景复合属性

在 CSS3 中，background 属性依然保持了一起的用法，即综合以上所有与背景有关的属性
（以 background-开头的属性）一次性地设定背景样式，格式如下：

```
background:[background-color] [background-image] [background-repeat]
     [background-attachment] [background-position]
  [background-size] [background-clip] [background-origin]
```

其中的属性顺序可以自由调换并且可以选择设定，对于没有设定的属性系统会自行为该属
性添加默认值。例如，定义背景样式规则如下：

```
body
{
  background-color:black;              /*设置背景颜色*/
  background-image:url(bk1.jpg);       /*设置背景图片*/
  background-position:center;          /*设置背景图片居中显示*/
  background-repeat:repeat-x;          /*设置背景图片水平平铺*/
  background-attachment:fixed;         /*设置背景图片固定在可见区域里*/
  background-size:900 800;             /*设置背景图片的大小*/
  background-origin:padding;           /*设置从padding区域开始显示背景*/
  background-clip:content;             /*从content开始剪切背景图片*/
}
```

10.2 边框

在网页设计中，HTML 元素在网页中会占有一定的区域，例如<a>标记、<p>标记等，对于这些标记可以通过 CSS3 的 width 和 height 设置其大小，并通过 border 设置其边框样式。

边框就是将元素内容及间隙包含在其中的边线，类似于表格的外边线。每一个页面元素的边框可以从三个方面来描述：宽度、样式和颜色。这三个方面决定了边框所显示出来的外观。CSS3 中分别使用 border-style、border-width 和 border-color 这三个属性设定边框的三个方面。

10.2.1 边框样式

在进行网页排版时，有时需要指定某个区域的元素，并将这些元素与其他元素区别开来，这时可以让 HTML 元素带有边框并设置 HTML 边框样式。在第 6 章中，我们简单学习了给图像设置边框，同样也可以给其他 HTML 元素设置边框。

border-style 属性用于设定边框的样式，也就是风格。设定边框格式是边框最重要的部分，它主要用于为页面元素添加边框。其语法格式如下所示。

```
border-style:none|hidden|dotted|dashed|solid|double|groove|ridge|inset|
outset
```

CSS3 设定了 9 种边框样式，如表 10-7 所示。

表 10-7 边框样式属性值

属性值	描述
none	无边框，无论边框宽度设为多大
dotted	点线式边框
dashed	破折线式边框
solid	直线式边框

（续表）

属性值	描述
double	双线式边框
groove	槽线式边框
ridge	脊线式边框
inset	内嵌效果的边框
outset	突起效果的边框

【例 10.10】（实例文件：ch10\10.10.html）

```html
<!DOCTYPE html>
<html>
<head>
<title>边框设置</title>
<style>
h1{
    border-style:dotted;     /*点线式边框*/
    color: black;            /*设置标题颜色*/
    text-align:center;       /*设置标题居中显示*/
}
p{
    border-style:double;     /*双线式边框*/
    text-indent:2em;         /*设置文本缩进*/
}
</style>
</head>
<body>
<h1>带有边框的标题</h1>
<p>带有边框的段落</p>
</body>
</html>
```

在 IE 11.0 中的浏览效果如图 10-12 所示。在网页中，标题 h1 显示的时候带有边框，其边框样式为点线式边框；同样段落也带有边框，其边框样式为双线式边框。

 在没有设定边框颜色的情况下，groove、ridge、inset 和 outset 边框默认的颜色是灰色；dotted、dashed、solid 和 double 这四种边框的颜色基于页面元素的 color 值。

图 10-12 设置边框

其实，这几种边框样式还可以分别定义在一个边框中，从上边框开始按照顺时针的方向分别定义边框的上、右、下、左边框样式，从而形成多样式边框。例如，有下面一条样式规则：

```
p{border-style:dotted solid dashed groove}
```

另外，如果需要单独定义边框的一条边的样式，就可以使用如表 10-8 所列的属性来定义。

表 10-8 边样式定义属性

属性	描述
border-top-style	设定上边框的样式
border-right-style	设定右边框的样式
border-bottom-style	设定下边框的样式
border-left-style	设定左边框的样式

10.2.2 边框颜色

在网页设计中，设计者不但可以设置边框样式，还可以设置边框颜色，从而增强边框的效果。border-color 属性用于设定边框颜色，如果不想与页面元素的颜色相同，就可以使用该属性为边框定义其他颜色。

border-color 属性语法格式如下所示。

```
border-color:color
```

color 表示指定颜色，其颜色值通过十六进制或 RGB 等方式获取。

同边框样式属性一样，border-color 属性可以为边框设定一种颜色，也可以同时设定四个边的颜色。

【例 10.11】（实例文件：ch10\10.11.html）

```
<!DOCTYPE html>
<html>
<head>
<title>边框颜色设置</title>
```

```
<style>
p{
    border-style:double;
    border-color:red;
    text-indent:2em;
}
</style>
</head>
<body>
<p>边框颜色设置</p>
<p style="border-style:solid; border-color:red blue yellow green">
分别定义边框颜色</p>
</body>
</html>
```

在 IE 11.0 中的浏览效果如图 10-13 所示。在网页中，第一个段落边框颜色设置为红色，第二个段落边框颜色分别设置为红、蓝、黄和绿。

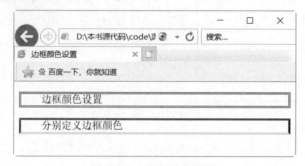

图 10-13 设置边框颜色

除了上面设置四个边框颜色的方法之外，还可以使用表 10-9 列出的属性单独为相应的边框设定颜色。

表 10-9 相应的边框颜色设定属性

属性	描述
border-top-color	设定上边框颜色
border-right-color	设定右边框颜色
border-bottom-color	设定下边框颜色
border-left-color	设定左边框颜色

10.2.3 边框线宽

在 CSS3 中，可以通过设定边框宽带来增强边框效果。border-width 属性可以用来设定边框宽度，其语法格式如下：

```
border-width:medium|thin|thick|length
```

其中预设有三种属性值：medium、thin 和 thick。另外，还可以自行设置宽度（width），如表 10-10 所示。

表 10-10　边框线宽属性值

属性值	描述
medium	默认值，中等宽度
thin	比 medium 细
thick	比 medium 粗
length	自定义宽度

【例 10.12】（实例文件：ch10\10.12.html）

```
<!DOCTYPE html>
<html>
<head>
<title>边框宽度设置</title>
</head>
<body>
    <p style="border-style:dotted; border-width:medium;">边框宽度设置</p>
    <p style="border-style:dashed;border-width:thin;">边框宽度设置</p>
    <p style="border-style:solid; border-width:12px;">分别定义边框宽度</p>
</body>
</html>
```

在 IE 11.0 中的浏览效果如图 10-14 所示，三个段落边框以不同的粗细显示。

图 10-14　设置边框宽度

border-width 属性其实是 border-top-width、border-right-width、border-bottom-width 和 border-left-width 这四个属性的综合属性，分别用于设定上边框、右边框、下边框、左边框的宽度。

【例 10.13】（实例文件：ch10\10.13.html）

```
<!DOCTYPE html>
<html>
<head>
<title>边框宽度设置</title>
<style>
p{
border-style:solid;          /*直线式边框*/
border-color:#ff00ee;        /*设置边框的颜色*/
border-top-width:medium;  /*定义中等的上边框*/
border-right-width:thin;  /*定义细的右边框*/
bottom-width:thick;          /*定义粗的下边框*/
border-left-width:15px;  /*定义左边框的粗细*/
}
</style>
</head>
<body>
<p>边框宽度设置</p>
</body>
</html>
```

在 IE 11.0 中的浏览效果如图 10-15 所示，段落的四个边框以不同的宽度显示。

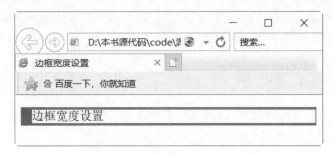

图 10-15　分别设置四个边框宽度

10.2.4　边框复合属性

border 属性集合了上述所介绍的三种属性，为页面元素设定边框的宽度、样式和颜色。语法格式如下所示。

```
border:border-width border-style border-color
```

其中，三个属性顺序可以自由调换。

【例 10.14】（实例文件：ch10\10.14.html）

```
<!DOCTYPE html>
<html>
```

```
<head>
<title>边框复合属性设置</title>
</head>
<body>
<p style="border:dashed  red 12px">边框复合属性设置</p>
</body>
</html>
```

在 IE 11.0 中的浏览效果如图 10-16 所示，段落边框样式以破折线显示、颜色为红色、宽度为 12px。

图 10-16　边框复合属性设置

10.3　圆角边框

在 CSS3 标准没有指定之前，如果想要实现圆角效果，需要花费很多时间。一方面需要照顾大多数的低版本 IE 用户，一方面还需要兼容各种浏览器的私有属性。在 CSS3 标准推出后，网页设计者可以使用 border-radius 轻松实现圆角效果。

10.3.1　圆角边框属性

在 CSS3 中，可以使用 border-radius 属性定义边框的圆角效果，从而大大降低了圆角开发成本。border-radius 的语法格式如下所示。

```
border-radius: none|<length>{1,4} [/<length>{1,4}]?
```

其中，none 为默认值，表示元素没有圆角。<length>表示由浮点数字和单位标识符组成的长度值，不可为负值。

【例 10.15】（实例文件：ch10\10.15.html）

```
<!DOCTYPE html>
<html>
<head>
<title>圆角边框设置</title>
<style>
p{text-align:center;
```

```
    border:15px solid red;      /*设置边框的样式*/
    width:100px;
    height:50px;
    border-radius:10px;         /*设置圆角边框的半径*/
}
</style>
</head>
<body>
    <p>这是一个圆角边框</p>
</body>
</html>
```

在 IE 11.0 中的浏览效果如图 10-17 所示，段落边框显示时以圆角显示，其半径为 10px。

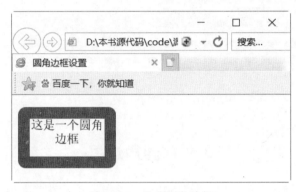

图 10-17 定义圆角边框

10.3.2 指定两个圆角半径

可以使用 border-radius 属性设置一个参数来绘制圆角，同样还可以使用两个参数绘制圆角。border-radius 属性可以包含两个参数值：第一个参数表示圆角的水平半径，第二个参数表示圆角的垂直半径，两个参数通过斜线（"/"）隔开。如果仅含一个参数值，那么第二个值与第一个值相同，表示这个角就是一个 1/4 的圆。如果参数值中包含 0，那么这个值就是矩形，不会显示为圆角。

【例 10.16】（实例文件：ch10\10.16.html）

```
<!DOCTYPE html>
<html>
<head>
<title>圆角边框设置</title>
<style>
.p1{
    text-align:center;
    border:15px solid red;      /*设置边框的样式*/
    width:100px;
```

```
        height:50px;
        border-radius:5px/50px;   /*增加圆角边框*/
    }
    .p2{
        text-align:center;
        border:15px solid red;    /*设置边框的样式*/
        width:100px;
        height:50px;
        border-radius:50px/5px;   /*增加圆角边框*/
    }
</style>
</head>
<body>
    <p class=p1>这是一个圆角边框A</p>
    <p class=p2>这是一个圆角边框B</p>
</body>
</html>
```

在 IE 11.0 中的浏览效果如图 10-18 所示。网页中显示了两个圆角边框，第一个段落圆角半径为 5px/50px，第二个段落圆角半径为 50px/5px。

图 10-18　定义不同半径圆角边框

10.3.3　绘制四个不同圆角边框

有时为了网页需要，可以为圆角边框设置不同半径的圆角，其样式就会更加漂亮。在 CSS3 中，实现四个不同圆角边框，其方法有两种：一种是 border-radius 属性，另一种是使用 border-radius 衍生属性。

1. border-radius 属性

第一种方法就是利用 border-radius 属性为其赋一组值。当为 border-radius 属性赋一组值时将遵循 CSS 规则，可以包含 2 到 4 个属性值，此时无法使用斜杠定义圆角水平和垂直半径。

如果直接给 border-radius 属性赋 4 个值，这 4 个值将按照 top-left、top-right、bottom-right、 bottom-left 的顺序来设置。如果 bottom-left 值省略，其圆角效果和 top-right 效果相同；如果 bottom-right 值省略，其圆角效果和 top-left 效果相同；如果 top-right 的值省略，其圆角效果和 top-left 效果相同。如果为 border-radius 属性设置 4 个值的集合参数，则每个值表示每个角的圆角半径。

【例 10.17】（实例文件：ch10\10.17.html）

```
<!DOCTYPE html>
<html>
<head>
<title>圆角边框设置</title>
<style>
.div1{
    border:15px solid blue;
    height:100px;
    border-radius:10px 30px 50px 70px;
}
.div2{
    border:15px solid blue;
    height:100px;
    border-radius:10px 50px 70px;
}
.div3{
    border:15px solid blue;
    height:100px;
    border-radius:10px 50px;
}
</style>
</head>
<body>
<div class=div1></div><br />
<div class=div2></div><br />
<div class=div3></div>
</body>
</html>
```

在 IE 11.0 中的浏览效果如图 10-19 示，第一个 div 层设置了四个不同的圆角边框，第二个 div 层设置了三个不同的圆角边框，第三个 div 层设置了两个不同的圆角边框。

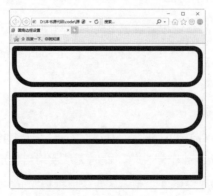

图 10-19　设置四个圆角边框

2. border-radius 衍生属性

除了上面设置圆角边框的方法之外，还可以使用表 10-11 列出的属性单独为相应的边框设置圆角。

表 10-11　border-radius 衍生属性

属性	描述
border-top-right-radius	定义右上角圆角
border-bottom-right-radius	定义右下角圆角
border-bottom-left-radius	定义左下角圆角
border-top-left-radius	定义左上角圆角

【例 10.18】（实例文件：ch10\10.18.html）

```
<!DOCTYPE html>
<html>
<head>
<title>圆角边框设置</title>
<style>
.div{
    border:15px solid blue;
    height:100px;
    border-top-left-radius:70px;
    border-bottom-right-radius:40px;
}
</style>
</head>
<body>
<div class=div></div><br />
</body>
</html>
```

在 IE 11.0 中的浏览效果如图 10-20 所示，网页中设置的两个圆角边框分别使用 border-top-left-radius 和 border-bottom-right-radius 指定。

图 10-20　绘制指定圆角边框

10.3.4　绘制边框种类

border-radius 属性可以根据不同半径值来绘制不同的圆角边框。同样也可以利用 border-radius 来定义边框内部的圆角，即内圆角。需要注意的是，外部圆角边框的半径称为外半径，内边半径等于外边半径减去对应边的宽度，即将边框内部的圆的半径称为内半径。

通过外半径和边框宽度的不同设置，可以绘制出不同形状的内边框，例如绘制内直角、小内圆角、大内圆角和圆。

【例 10.19】（实例文件：ch10\10.19.html）

```
<!DOCTYPE html>
<html>
<head>
<title>圆角边框设置</title>
<style>
.div1{
    border:70px solid blue;
    height:50px;
    border-radius:40px;}
.div2{
    border:30px solid blue;
    height:50px;
    border-radius:40px;}
.div3{
    border:10px solid blue;
    height:50px;
    border-radius:60px;}
.div4{
    border:1px solid blue;
    height:100px;
    width:100px;
    border-radius:50px;}
</style>
</head>
<body>
<div class=div1></div><br />
<div class=div2></div><br />
<div class=div3></div><br />
<div class=div4></div><br />
</body>
</html>
```

在 IE 11.0 中的浏览效果如图 10-21 所示，第一个边框内角为直角，第二个边框内角为小圆角，第三个边框内角为大圆角，第四个边框为圆。

图 10-21　绘制不同种类边框

当边框宽度设置大于圆角外半径，即内半径为 0，则会显示内直角，而不是圆直角，所以内外边曲线的圆心必然是一致的（见上例中第一种边框设置）。如果边框宽度小于圆角半径，即内半径小于 0，则会显示小幅圆角效果（见上例中第二个边框设置）。如果边框宽度设置远远小于圆角半径，即内半径远远大于 0，则会显示大幅圆角效果（见上例中第三者边框设置）。如果设置元素相同，同时设置圆角半径为元素大小的一半，则会显示圆（见上例中的第四个边框设置）。

10.4　图片边框

在 CSS3 中，为了增强边框效果，特意新增了一个属性 border-image，用来控制边框图片。实际上该属性和 background-image 属性功能相似，只不过它的功能更强大一些。

10.4.1　图片边框属性

border-image 是 CSS3 新增核心属性之一，也是一个非常实用的属性，它可以设置 border 边框的背景图。可惜的是，目前浏览器对其支持不是太好。例如，Webkit 引擎支持 -webkit-border-image 私有属性、Mozilla Gecko 引擎支持-moz0-borer-image 私有属性、Presto 引擎支持-o-border-image 私有属性。

border-image 语法格式如下所示。

```
border-image: none|<image> [ <number>|<percentage>]{1,4}
[/<border-width>{1,4}]? [stretch|repeat|round]{0,2}
```

其参数含义如表 10-12 所示。

表 10-12　图片边框属性参数

参数	说明
none	默认值，无背景图
<image>	使用绝对或相对 url 地址指定背景图像
<number>	边框宽度或者边框背景图像大小，使用固定像素值表示
<percentage>	设置边框背景图像大小，即边框宽度，用百分比表示
[stretch	repeat	round]	拉伸	重复	平铺 (其中 stretch 是默认值)

为了方便设计师更灵活地定义边框的背景图像，CSS3 允许将 border-image 属性派生出众多的子属性，一方面 CSS3 将 border-image 分成了 8 部分，使用 8 个子属性分别定义特定方位上边框的背景图像，具体属性如表 10-13 所示。

表 10-13　border-image 派生属性

派生属性	说明
border-top-image	定义顶部边框背景图像
border-right-image	定义右侧边框图像
border-bottom-image	定义底部边框图像
border-left-image	定义左侧边框图像
border-top-left-image	定义左上角边框图像
border-top-right-image	定义右上角边框图像
border-bottom-left-image	定义左下角边框图像
border-bottom-right-image	定义右下角边框图像

另一方面，border-image 还派生了表 10-14 所示的几个属性。

表 10-14　border-image 派生属性

派生属性	说明
border-image-source	定义边框的背景图像源，即图像 URL
border-image-slice	定义如何裁切背景图像，与背景图像的定位功能不同
border-image-repeat	定义边框背景图像的重复性
border-image-width	定义边框背景图像的现实大小，虽然 W3C 定义了该属性，但浏览器还是习惯使用 border-width 实现相同的功能
border-image-outset	定义边框背景图像的偏移位置

10.4.2　设置图像边框显示方式

border-image 是一个复合属性，包含图像源、剪裁位置和重复性。例如，border-image:url (1.jpg) 50 no-repeat 样式就表示边框背景图像为 1.jpg，剪裁位置为 50 像素，禁止重复。border-image 属性使用 url() 调用背景图像，可以是相对路径或者绝对路径，还可以不使用图像，即 border-image:none。

border-image 属性最让人迷惑的地方就是第二个参数值"剪裁位置"即 border-image-slice。border-image-slice 用法比较特殊，没有单位，默认单位为像素；支持百分比值，百分比值是相对于边框图像而言的。例如，边框图像大小为 400px×300px，当 border-image-slice 属性值为 20% 时，实际的效果就是剪裁了图像 60px、80px、60px、80px 的四边大小，即使用 20% 乘于图像 400px×300px 的每条边，然后获取原来图像一定比例的图像。如果 border-image-slice 使用的是数值，就表示按数值大小对原图像进行裁剪。

当使用 border-image-slice 图像将图片按百分比或者数值进行裁剪后，就会获取一定数量的图像，然后将这些图像重新安置到边框背景上，这时图像非常容易发生变形。这个与 CSS 中 clip 属性非常相似。border-image-slice 属性值标准包含 4 个参数，遵循 CSS 方位规则，按照上、右、下、左的顺时针方向赋值剪裁。

使用示例如下所示。

```
border-image:url(images/a.jpg) 0 12 0 12 stretch stretch
```

上述代码中，url 表示获取图片，"0 12 0 12"表示按顺时针设置边框宽度，即裁剪图像，也可以简写为"0 12"，第一个"stretch"表示在水平方向上延伸，第二个"stretch"表示在垂直方向上延伸。

【例 10.20】（实例文件：ch10\10.20.html）

```
<!DOCTYPE html>
<html>
<head>
<style>
div
{
border:15px solid transparent;
width:300px;
padding:10px 20px;}
#round
{
-moz-border-image:url(1.png) 30 30 round;      /* Old Firefox */
-webkit-border-image:url(1.png) 30 30 round; /* Safari and Chrome */
-o-border-image:url(1.png) 30 30 round;       /* Opera */
border-image:url(1.png) 30 30 round;}
```

```
#stretch
{
-moz-border-image:url(1.png) 30 30 stretch;        /* Old Firefox */
-webkit-border-image:url(1.png) 30 30 stretch;     /* Safari and Chrome */
-o-border-image:url(1.png) 30 30 stretch;          /* Opera */
border-image:url(1.png) 30 30 stretch;}
</style>
</head>
<body>
<p>使用的原始图片如下：</p>
<img src="1.png">
<p>border-image 属性规定了边框的图片。</p>
<div id="round">图片铺满整个边框。</div>
<br />
<div id="stretch">图片被拉伸以填充该区域。</div>
</body>
</html>
```

在 IE 11.0 中的浏览效果如图 10-22 所示。

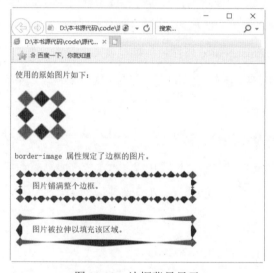

图 10-22　边框背景显示

此时设置下面的语句：

```
#round
{
-moz-border-image:url(1.png) 81;     /* Old Firefox */
-webkit-border-image:url(1.png) 81;  /* Safari and Chrome */
-o-border-image:url(1.png) 81;       /* Opera */
border-image:url(1.png) 81;}
```

在 IE 11.0 中的浏览效果如图 10-23 所示。可以看到上面的图片没有被切割，并分成四份在四角显示。

图 10-23　切割大小大于图片大小

10.5　综合实例——设计公司主页

打开各种类型商业网站，最先映入眼帘的就是首页，也称为主页。作为一个网站的门户，主页一般要求版面整洁，美观大方。结合前面学习的背景和边框知识，我们创建一个简单的商业网站。具体步骤如下：

01 分析需求。

在本实例中，主页包括了三个部分，一部分是网站 logo，一部分是导航栏，最后一部分是主页显示内容。网站 logo 使用一个背景图来代替，导航栏使用表格实现，内容列表使用无序列表实现。

02 构建基本 HTML。

为了划分不同的区域，HTML 页面需要包含不同的 div 层，每一层代表一个内容。一个 div 包含背景图，一个 div 包含导航栏，一个 div 包含整体内容，内容又可以划分两个不同的层。

基本 HTML 代码如下：

```
<!DOCTYPE html>
<html>
<head>
<title>公司主页</title>
</head>
```

```
<body>
<center>
<div>
<div class="div1" align=center></div>
<div class=div2>
<table width=99%><tr align=center><td>首页</td><td>最新消息</td><td>产品展
示</td><td>销售网络</td><td>人才招聘</td><td>客户服务</td></tr></table>
</div>
<div class=div3>
<div class=div4>
<ul>最新消息
<li>公司举办2019金秋篮球比赛</li>
<li>消防演练大比武</li>
<li>优秀员工评比</li>
<li>公司发布招聘信息</li>
</ul>
</div>
<div class=div5>
<ul>客户案例
<li>上海电力公司</li>
<li>浙江电力公司</li>
<li>辽宁电力公司</li>
<li>河北电力公司</li>
</ul>
</div>
</div>
</div>
</center>
</body>
</html>
```

在 IE 11.0 中的浏览效果如图 10-24 所示，在网页中显示导航栏和两个列表信息。

03 添加 CSS 代码，设置背景 logo。

```
<style>
.div1{
    height:100px;
    width:820px;
    background-image:url(main.jpg);
    background-repeat:no-repeat;
    background-position:center;
    background-size:cover;}
</style>
```

在 IE 11.0 中的浏览效果如图 10-25 所示。在网页顶部显示了一个背景图，此背景覆盖整个 div 层，并不重复，并且背景图片居中显示。

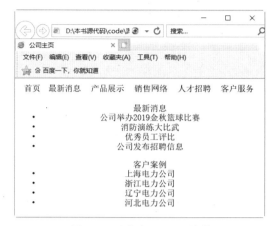

图 10-24　基本 HTML 结构

图 10-25　设置背景图

04 添加 CSS 代码，设置导航栏。

```
.div2{
    width:820px;
    background-color:#d2e7ff;

}
table{
    font-size:20px;
    font-family:"幼圆";
}
```

在 IE 11.0 中的浏览效果如图 10-26 所示。在网页中，导航栏背景色为浅蓝色，表格中字体大小为 20px，字体类型是幼圆。

05 添加 CSS 代码，设置内容样式。

```
.div3{
    width:820px;
    height:320px;
    border-style:solid;
    border-color:#ffeedd;
    border-width:10px;
    border-radius:60px;
}
.div4{
    width:810px;
    height:150px;
    text-align:left;
    border-bottom-width: 2px;
    border-bottom-style:dotted;
    border-bottom-color:#ffeedd;
```

```
}
.div5{
    width:810px;
    height:150px;
    text-align:left;
}
```

在 IE 11.0 中的浏览效果如图 10-27 所示。在网页中，内容显示在一个圆角边框中，两个不同的内容块中间使用虚线隔开。

图 10-26　设置导航栏

图 10-27　CSS 修饰边框

06 添加 CSS 代码，设置列表样式。

```
ul{
    font-size:20px;
    font-family:"楷体";
}
```

在 IE 11.0 中的浏览效果如图 10-28 所示。在网页中，列表字体大小为 20px，字形为楷体。

图 10-28　美化列表信息

10.6　专家解惑

1. 背景图片不显示，是不是路径有问题？

在一般情况下，设置图片路径的代码如下：

```
background-image:url(logo.jpg);
background-image:url(../logo.jpg);
background-image:url(../images/logo.jpg);
```

对于第一种情况"url(logo.jpg)"，要看此图片是不是与 CSS 文件在同一目录。

对于第二种与第三种情况，极力不推荐使用，因为网页文件可能存在于多级目录中，不同级目录的文件位置注定了相对路径是不一样的。这样就让问题复杂化了，很可能图片在这个文件中显示正常，换了一级目录，就找不到图片的影子了。有一种方法可以轻松解决这一问题，建立一个公共文件目录，用来存放一些公用图片文件，例如"image"，将图片文件直接存于该目录中。在 CSS 文件中，代码如下：

```
url(images/logo.jpg)
```

2. 用小图片进行背景平铺好吗？

不要使用过小的图片做背景平铺，因为宽高 1px 的图片平铺出一个宽高 200px 的区域，需要 200×200=40000 次，占用资源。

3. 边框样式 border:0 会占有资源吗？

推荐的写法是 border:none，虽然 border:0 只是定义边框宽度为零，但边框样式、颜色还是会被浏览器解析，占用资源。

第11章　　JavaScript 概 述

JavaScript 语言作为目前流行的脚本语言，与 HTML5 更是密不可分。HTML5 中的核心功能基本都需要 JavaScript 语言的支持。本章作为入门章节，主要为读者讲述 JavaScript 的发展历程及编写环境。

11.1　JavaScript 简介

JavaScript 作为一种可以给网页增加交互性的脚本语言，拥有二十多年的发展历史，简单、易学易用特性使其立于不败之地。

11.1.1　JavaScript 是什么

JavaScript 最初由网景公司的 Brendan Eich 设计，是一种动态、弱类型、基于原型的语言，内置支持类。经过二十多年的发展，它已经成为健壮的基于对象和事件驱动并具有相对安全性的客户端脚本语言。同时也是一种广泛用于客户端 Web 开发的脚本语言，常用来给 HTML 网页添加动态功能，比如响应用户的各种操作。

1. JavaScript 的特点

（1）语法简单，易学易用。

JavaScript 语法简单、结构松散，可以使用任何一种文本编辑器来进行编写。JavaScript 程序运行时不需要编译成二进制代码，只需要支持 JavaScript 的浏览器进行解释。

（2）解释性语言

非脚本语言编写的程序通常需要经过"编写"→"编译"→"链接"→"运行"4 个步骤，而脚本语言 JavaScript 只需要经过"编写"→"运行"2 个步骤。

（3）跨平台

由于 JavaScript 程序的运行依赖于浏览器，只要操作系统中安装有支持 JavaScript 的浏览器即可，因此 JavaScript 与平台（操作系统）无关，如 Windows 操作系统、UNIX 操作系统、Linux 操作系统等，或者是用于手机的 Android 操作系统、iPhone 操作系统等。

（4）基于对象和事件驱动

JavaScript 把 HTML 页面中的每个元素都当作一个对象来处理，并且这些对象都具有层次关系，像一棵倒立的树，这种关系被称为"文档对象模型（DOM）"。在编写 JavaScript 代码时会接触到大量对象及对象的方法和属性。可以说学习 JavaScript 的过程，就是了解 JavaScript 对象及其方法和属性的过程。因为基于事件驱动，所以 JavaScript 可以捕捉到用户在浏览器中的操作，可以将原来静态的 HTML 页面变成可以和用户交互的动态页面。

（5）用于客户端

尽管 JavaScript 分为服务器端和客户端两种，但目前应用最多的还是客户。

2. JavaScript 的作用

JavaScript 可以弥补 HTML 语言的缺陷，实现 Web 页面客户端的动态效果，其主要作用如下：

（1）动态改变网页内容

HTML 语言是静态的，一旦编写，内容是无法改变的。JavaScript 可以弥补这种不足，可以将内容动态地显示在网页中。

（2）动态改变网页的外观

JavaScript 通过修改网页元素的 CSS 样式，可以动态地改变网页的外观。例如，修改文本的颜色、大小等属性、图片位置的动态改变等。

（3）验证表单数据

为了提高网页的效率，用户在填写表单时，可以在客户端对数据进行合法性验证，验证成功之后才能提交到服务器上，进而减少服务器的负担和网络带宽的压力。

（4）响应事件

JavaScript 是基于事件的语言，因此可以影响用户或浏览器产生的事件。只有事件产生时才会执行某段 JavaScript 代码，如只有当用户单击计算按钮时，程序才显示运行结果。

 几乎所有浏览器都支持 Javascript，如 Internet Explorer（IE）、Firefox、Netscape、Mozilla、Opera 等。

11.1.2　JavaScript 和 Java 的关系

初次接触 JavaScript 的读者，很容易对 Java 和 JavaScript 感觉迷惑，分辨不清它们之间的关系。JavaScript 是由 Netscape 公司开发的，最初它的名字为 LiveScript，Netscape 在与 Sun 合作之后才将其改名为 JavaScript，并且成为 Sun 公司的注册商标。JavaScript 与 Java 名称上的近似，是当时网景为了营销考虑与 Sun 公司达成协议的结果。

JavaScript 和 Java 除了在语法方面有点类似之外，几乎没有相同之处，并且由不同的公司开发研制。JavaScript 和 Java 之间主要存在以下几个区别。

- Java 是传统的编程语言，JavaScript 是脚本语言。
- Java 语言多用于服务器端，JavaScript 主要用于客户端。
- Java 不能直接嵌入到网页中运行，JavaScript 程序可以直接嵌入到网页中运行。
- Java 和 JavaScript 语法结构有差异。

11.1.3　JavaScript 的发展历史

1995 年 Netscape 公司开发的名字为 LiveScript 语言，与 Sun 公司合作之后，并于 1996 年更名为 JavaScript，版本为 1.0。随着网络和网络技术的不断发展，JavaScript 的功能越来越强大并得以完善，至今经历了以下几个版本，各个版本的发布日期及功能如表 11-1 所示。

表 11-1　JavaScript 历史版本

版本	发布日期	新增功能
1.0	1996 年 3 月	目前已经不用
1.1	1996 年 8 月	修正了 1.0 中的部分错误，并加入了对数组的支持
1.2	1997 年 6 月	加入了对 switch 选择语句和规则表达的支持
1.3	1998 年 10 月	修正了 JavaScript 1.2 与 ECMA 1.0 中不兼容的部分
1.4		加入了服务器端功能
1.5	2000 年 11 月	在 JavaScript 1.3 的基础上增加了异常处理程序，并与 ECMA 3.0 完全兼容
1.6	2005 年 11 月	加入对 E4X、字符串泛型的支持以及新的数组、数据方法等新特性
1.7	2006 年 10 月	在 JavaScript 1.6 的基础上加入了生成器、声明器、分配符变化、let 表达式等新特性
1.8	2008 年 6 月	更新很小，它确实包含了一些向 ECMAScript 4/JavaScript 2 进化的痕迹
1.8.1	2009 年 6 月	该版本只有很少的更新，主要集中在添加实时编译跟踪上
1.8.5	2010 年 7 月	
2.0	制定中	

JavaScript 尽管版本很多，但是受限于浏览器。并不是所有版本的 JavaScript 浏览器都支持，常用浏览器目前对 JavaScript 版本的支持如表 11-2 所示。

表 11-2　对 JavaScript 版本的及支持情况

浏览器	对 JavaScript 的支持情况
Internet Explorer	JavaScript 1.1~ JavaScript 1.3
Firefox	JavaScript 1.1~ JavaScript 1.8
Opera	JavaScript 1.1~ JavaScript 1.5

11.1.4　JavaScript 开发及运行环境

1. 开发环境

JavaScript 是一种脚本语言，代码不需要编译成二进制，而是以文本的形式存在，因此任何文本编辑器都可以作为其开发环境。通常使用的 JavaScript 编辑器有记事本、UltraEdit 和 Dreamweaver。本书使用 Dreamweaver 作为开发工具。

（1）记事本

记事本是 Windows 系统自带的文本编辑器，也是最简洁方便的文本编辑器，由于记事本的功能过于单一，因此要求开发者必须熟练掌握 JavaScript 语言的语法、对象、方法和属性等。对于初学者是一个极大的挑战，因此不建议使用记事本。由于记事本简单方便、打开速度快，因此常用来做局部修改。

（2）UltraEdit

UltraEdit 是能够满足一切编辑需要的编辑器。UltraEdit 是一套功能强大的文本编辑器，可以编辑文本、十六进制、ASCII 码，可以取代记事本，内建英文单词检查、C++及 VB 指令突显，可同时编辑多个文件，而且即使开启很大的文件速度也不会慢。软件附有 HTML 标记颜色显示、搜寻替换以及无限制的还原功能，一般大家喜欢用其来代替记事本的文本编辑器。

（3）Dreamweaver

前面章节已经讲述，不再赘述。

除了上述编辑器外，还有很多种编辑器可以用来编写 JavaScript 程序，如 Aptana、1st Javascript Editor、Javascript Menu Master、Platypus Javascript Editor、SurfMap Javascript Editor 等。"工欲善其事，必先利其器"，选择一款适合自己的 JavaScript 编辑器，可以让程序员的编辑工作事半功倍。

2. 运行环境

JavaScript 程序的运行依赖于浏览器。本书中介绍的 JavaScript 知识点几乎适应于所有浏览器，本书仍然以 IE 11.0 浏览器为主。

3. 调试软件

JavaScript 编辑器会对语法进行简单的错误识别，不同的浏览器也提供对 JavaScript 程序的调试功能，在此不赘述，请读者参阅相关资料。

11.2 在 HTML5 文件中使用 JavaScript 代码

在 HTML5 文件中使用 JavaScript 代码主要有两种方法，一种是将 JavaScript 代码书写在 HTML5 文件，称为内嵌式。另一种是将 JavaScript 代码书写在扩展名为.js 的文件中，然后在 HTML5 文件中引用，称为外部引用。

11.2.1 JavaScript 嵌入 HTML5 文件

将 JavaScript 代码直接嵌入到 HTML5 文件中时，需要使用一对标记<script></script>，告诉浏览器这个位置是脚本语言。<script>标记的使用方法，如下加粗部分代码所示。

```html
<!DOCTYPE html>
<html>
<head>
<title> JavaScript嵌入HTML5文件</title>
<script type="text/javascript">
//向页面输入问候语
document.write("hello");
</script>
</head>
<body>
</body>
</html>
```

在上述代码中，type 属性用来指明脚本的语言类型。还可以使用属性 language 来表示脚本的语言类型。使用 language 时可以指明 JavaScript 的版本。新的 HTML 标准不建议使用 language 属性，但 type 属性在早期旧版本的浏览器中不能识别，因此有些开发者会同时使用这两个属性。在 HTML5 标准中，建议使用 type 属性或者都省略，如下加粗部分代码所示。

【例 11.1】（实例文件：ch11\11.1.html）

```html
<!DOCTYPE html>
<html>
<head>
<title> JavaScript嵌入HTML5文件</title>
<script>
//向页面输入问候语
document.write("落日无情最有情，遍催万树暮蝉鸣。");
</script>
```

```
</head>
<body>
</body>
</html>
```

在 IE 11.0 中的浏览效果如图 11-1 所示。

图 11-1　JavaScript 嵌入 HTML5 文件

11.2.2　外部 JavaScript 文件

通过前面的学习，读者会发现，在 HTML 文件中可以包含 CSS 代码、JavaScript 代码。把这些代码书写在同一个 HTML 文件中，虽然简捷，但却使 HTML 代码变得繁杂，并且无法反复使用。为了解决这种问题，可以将 JavaScript 独立成一个脚本文件（扩展名为.js），在 HTML 文件中调用该脚本文件，其调用方法如下所示。

```
<script src=外部脚本文件路径>
</script>
```

将上述程序修改为调用外部 JavaScript 文件，操作步骤如下：

01 新建 JavaScript 文件。

启动 Dreamweaver CS5.5，选择【文件】➢【新建】菜单命令，在弹出的对话框中选择页面类型 JavaScript，单击【创建】按钮，保存文件为 hello.js，并在文件中输入如下代码。

```
//JavaScript 文件的内容
//向页面输入问候语
document.write("听来咫尺无寻处，寻到旁边却不声。");
```

02 新建 HTML 文件

按照以前的方法创建 HTML 文件，并保存。注意，为了能够保证示例的正常运行，请将该文件与 hello.js 保存于同一位置处。在 HTML 文件中，输入加粗部分的代码。

```
<!DOCTYPE html>
<html>
<head>
<title>外部JavaScript文件</title>
<script src="hello.js"></script>
</head>
<body>
</body>
</html>
```

程序的运行结果如图 11-2 所示。

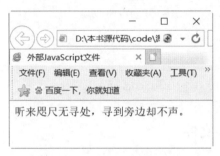

图 11-2　外部 JavaScript 文件

外部脚本文件的使用大大简化了程序，且提高了复用性，在使用时有以下几点必须要注意。

● 在外部脚本文件中，只允许包括 JavaScript 代码，不允许出现其他代码，初次接触的读者很容易将<script>标记书写在脚本文件中，这是最忌讳的。

● 在引用外部脚本文件的 HTML 文件中，使用<script>标记的 src 属性指定外部脚本文件，一定要加上路径，通常使用相对路径，并且文件名要带扩展名。

● 在引用外部脚本文件的 HTML 文件中，<script>标记和</script>标记之间不可以有任何代码，包括脚本程序代码，且</script>标记不可以省略。

● <script></script>标记可以出现在 HTML 文档的任何位置，并且可以有多对，在没有特殊要求的情况下，建议放在 HTML 文档的 head 部分。

11.3　综合实例——欢迎光临网站的 JavaScript 程序

本例是一个简单的 JavaScript 程序，主要用来说明如何编写 JavaScript 程序以及在 HTML 中如何使用。本例主要实现的功能为：当页面打开时，显示"尊敬的客户，欢迎您光临本网站"窗口，关闭页面时弹出窗口"欢迎下次光临！"，程序效果如图 11-3 和图 11-4 所示。

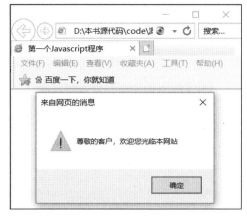

图 11-3　页面加载时效果

图 11-4　页面关闭时效果

具体操作步骤如下：

01 新建 HTML 文档，输入以下代码。

```
<!DOCTYPE html>
<html>
<head>
<title>第一个Javascript程序</title>
</head>
<body>
</body>
</html>
```

02 保存 HTML 文件，选择相应的保存位置，文件名为 welcome.html。

03 在 HTML 文档的 head 部分输入如下代码。

```
<script>
  //页面加载时执行的函数
    function showEnter(){
        alert("尊敬的客户，欢迎您光临本网站");
    }
    //页面关闭时执行的函数
    function showLeave(){
        alert("欢迎下次光临！");
    }
    //页面加载事件触发时调用函数
    window.onload=showEnter;
    //页面关闭事件触发时调用函数
    window.onbeforeunload=showLeave;
</script>
```

04 保存网页，浏览最终效果。

11.4　专家解惑

1. 什么是脚本语言？

答：脚本语言是由传统编程语言简化而来的语言，与传统编程语言有很多相似之处，也有不同之处。脚本语言有两个显著示特点，一是不需要编译成二进制，以文本的形式存在；二是一般都需要其他语言的调用执行，不能独立运行。

2. JavaScript 是 Java 的变种吗？

答：JavaScript 最初的确是受 Java 启发而开始设计的，而且设计的目的之一就是"看上去像 Java"，因此语法上有很多类似之处，许多名称和命名规范也是借鉴的 Java。但是实际上，JavaScript 的主要设计原则源自 Self 和 Scheme，与 Java 本质上是不同的。它与 Java 名称上的近似，是当时网景为了营销考虑与 Sun 公司达成协议的结果。其实从本质上讲 JavaScript 更像是一门函数式编程语言，而非面向对象的语言，它使用一些智能的语法和语义来仿真高度复杂的行为。其对象模型极为灵活、开放和强大，具有全部的反射性。

3. JavaScript 与 JScript 相同吗？

答：为了取得技术优势，微软推出了 JScript 来迎战 JavaScript 的脚本语言。为了互用性，Ecma 国际协会（前身为欧洲计算机制造商协会）建立了 ECMA-262 标准（ECMAScript）。现在两者都属于 ECMAScript 的扩展。

4. JavaScript 是一门简单的语言吗？

答：虽然 JavaScript 是作为给非程序人员的脚本语言而非给程序人员的编程语言来推广和宣传，但是 JavaScript 是一门具有丰富特性的语言，有着和其他编程语言一样的复杂性，甚至更加复杂。实际上，你必须对 JavaScript 有扎实的理解才能来撰写比较复杂的程序。

第12章 JavaScript语言基础

无论是传统编程语言，还是脚本语言，都具有数据类型、常量和变量、运算符、表达式、注释语句、流程控制语句等基本元素。这些基本元素构成了语言基础，本章讲述的知识是学习JavaScript语言的基础。

12.1 数据类型与变量

数据类型是对一种数据的描述，任何一种程序语言都可以处理多种数据。有些数据的值是不确定的，在不同的时刻有不同的取值，在JavaScript语言中用变量来处理这些数据。

12.1.1 数据类型

JavaScript中的数据类型主要包括3类。

1. 基本数据类型

JavaScript中常用的3种基本数据类型是数值数据类型（Number）、字符串数据类型（String）和布尔数据类型（Boolean）。

（1）数值数据类型

数值数据类型的值就是数字，例如3、6.9、-7等。在JavaScript中没有整数和浮点数之分，无论什么样的数字都属于数字型，其有效范围大约在 $10^{-308} \sim 10^{308}$ 之间。大于 10^{308} 的数值，超出了数值类型的上限，即无穷大，用 Infinity 表示；小于 10^{-308} 的数值，超出了数值类型的下限，即无穷小，可以用-Infinity 表示。如果JavaScript在进行数学运算时产生了错误或不可预知的结果，就会返回NaN（Not a Number）。NaN是一个特殊的数字，属于数值型。

（2）字符串数据类型

字符串数据类型是由双引号（" "）或单引号（' '）括起来的0个或多个字符组成的序列，可以包括大小写字母、数字、标点符号或其他可显示字符以及特殊字体，也可以包含汉字，一些字符串示例及其解释见表12-1。

表 12-1　字符串示例

字符串	解释
"Hello Howin！"	字符串为：Hello Howin！
"惠文，你好！"	字符串为：惠文，你好！
"z"	含单个字符 z 的字符串
"s"	含单个字符 s 的字符串
""	不含任何字符的空字符串
"　"	由空格构成的字符串
"'Hello!'I said"	字符串为：'Hello!'I said
"Hello"! I said'	字符串为："Hello"! I said

在使用字符串时，应注意以下几点。

● 作为字符串定界符的引号必须匹配：字符串前面使用的是双引号（"），那么在后面也必须使用双引号（"），反之，都使用单号（'）。在用双引号（"）作为定界符的字符串中可以直接含有单引号（'），在用单引号（'）作 o 定界符的字符串也可以直接含有双引号（"）。

● 空字符串中不包含任何字符，用一对引号表示，引号之间不包含任何空格。

● 引号必须是在英文输入法状态下输入的。

通过转义字符"\"可以在字符串中添加不可显示的特殊字符，或者防止引号匹配混乱问题。常用转义字符见表 12-2。

表 12-2　常用转义字符及含义

转义序列	字符
\b	退格
\f	换页
\n	换行
\t	Tab 符号
\'	单引号
\"	双引号
\\	反斜杠

（3）布尔数据类型

布尔（Boolean）数据类型的值也就是逻辑型，主要进行逻辑判断，只有两个值，即 true 和 false，分别表示真和假。在 JavaScript 中，可以用 0 表示 false，非 0 整数表示 true。

2. 复合数据类型

复合数据类型主要包括 3 种：用来保存一组相同或不同数据类型数据的数组，用来保存一段可以在 JavaScript 中被反复调用的程序的函数，用来保存一组不同类型的数据和函数等的对象。

（1）数组

在 JavaScript 中，数组主要用来保存一组相同或不同数据类型的数据，详见数组部分。

（2）函数

在 JavaScript 中，函数用来保存一段程序，这段程序可以在 JavaScript 中反复被调用，详见函数部分。

（3）对象

在 JavaScript 中，对象用来保存一组不同类型的数据和函数等，详见对象部分。

3. 特殊数据类型

特殊数据类型主要包括没有值存在的空数据类型 null 和没有进行定义的无定义数据类型 undefined。

（1）无定义数据类型 undefined

Undefined 的意思是"未定义的"，表示没有进行定义，通常只有执行 JavaScript 代码时才会返回该值。在以下几种情况下通常都会返回 undefined。

● 在引用一个定义过但没有赋值的变量时，会返回 undefined。

● 在引用一个不存在的数组元素时，会返回 undefined。

● 在引用一个不存在的对象属性时，会返回 undefined。

 由于 undefined 是一个返回值，因此可以对该值进行操作，如输出该值或将其与其他值做比较。

（2）空数据类型 null

null 的中文意思是"空"，表示没有值存在，与字符串、数值、布尔、数组、对象、函数和 undefined 都不同。在做比较时，null 也不会与以上任何数据类型相等。

12.1.2　变量

变量，顾名思义，在程序运行过程中，其值可以改变。变量是存储信息的单元，对应于某个内存空间。变量用于存储特定数据类型的数据。用变量名代表其存储空间。程序能在变量中存储值和取出值。可以把变量比作超市的货架（内存），货架上摆放着商品（变量），可以把商品从货架上取出来（读取），也可以把商品放入货架（赋值）。

1. 标识符

JavaScript 编写程序时，很多地方都要求用户给定名称，例如，JavaScript 中的变量、函数等要素定义时都要求给定名称。可以将定义要素时使用的字符序列称为标识符。这些标识符必须遵循如下命名规则。

（1）标识符只能由字母、数字、下画线和美元符号组成，而不能包含空格、标点符号、运算符等其他符号。

（2）标识符的第一个字符不能是数字。

（3）标识符不能与 JavaScript 中的关键字名称相同，例如 if、else 等。

例如，下面为合法的标识符。

```
UserName
Int2
_File_Open
Sex
```

例如，下面为不合法的标识符。

```
99BottlesofBeer
Name space
It's-All-Over
```

2. 变量的声名

JavaScript 是一种弱类型的程序设计语言，变量可以不声明直接使用。所谓声明变量，即为变量指定一个名称。声明变量后，就可以把它们用作存储单元。

（1）声明变量

JavaScript 中使用关键字 "var" 声明变量，在这个关键字之后的字符串将代表一个变量名。其格式为：

```
var 标识符；
```

例如，声明变量 username，用来表示用户名，代码如下：

```
var username;
```

另外，一个关键字 var 也可以同时声明多个变量名，多个变量名之间必须用逗号 "," 分隔，例如，同时声明变量 username、pwd、age，分别表示用户名、密码和年龄，代码如下：

```
var username,pwd,age;
```

（2）变量赋值

要给变量赋值，可以使用 JavaScript 中的赋值运算符，即等于号（=）。

声明变量名时同时赋值，例如，声明变量 username，并赋值为 "张三"，代码如下：

```
var username="张三";
```

声明变量之后，对变量赋值，或者对未声明的变量直接赋值。例如，声明变量 age 后再为它赋值，或直接对变量 count 赋值。

```
var age;     //声明变量
age=18;      //对已声明的变量赋值
count=4;     //对未声明的变量直接赋值
```

JavaScript 中的变量如果未初始化（赋值），默认值为 undefined。

3. 变量的作用范围

所谓变量的作用范围是指可以访问该变量的代码区域。JavaScript 中按变量的作用范围分为全局变量和局部变量。

- 全局变量：可以在整个 HTML 文档范围中使用的变量，这种变量通常都是在函数体外定义的变量。
- 局部变量：只能在局部范围内使用的变量，这种变量通常都是在函数体内定义的变量，所以只能在函数体中有效。

 省略关键字 var 声明的变量，无论是在函数体内，还是在函数体外，都是全局变量。

12.1.3 保留关键字

保留字是在 JavaScript 中有特殊意义的单词，如前面多次使用的关键字 var、用于创建函数的 function 等。由于这些标识符已经被 JavaScript 使用，在用户声明变量名、函数名、数组名等命名时，不能使用这些字。JavaScript 中关键字及 JavaScript 将来可能用到的关键字见表 12-3 和表 12-4。

表 12-3　JavaScript 中的关键字

关键字	关键字	关键字	关键字	关键字
break	delete	function	return	typeof
case	do	if	switch	var
catch	else	in	this	void
continue	false	instanceof	throw	while
debugger	finally	new	true	with
default	for	null	try	

表 12-4　JavaScript 将来可能用到的关键字

关键字	关键字	关键字	关键字	关键字
abstract	double	goto	native	static
boolean	enum	implements	package	super
byte	export	import	private	synchronized
char	extends	int	protected	throws
class	final	interface	public	transient
const	float	long	short	volatile

12.2　运算符与表达式

运算符是程序处理的基本元素之一，其主要作用是操作 JavaScript 中的各种数据，包括变量、数组、对象、函数等。运算符是可以用来操作数据的符号，操作数是被运算符操作的数据，表达式则是 JavaScript 中一个有意义的语句。

JavaScript 中的运算符是用来对变量、常量或数据进行计算的符号，指挥计算机进行某种操作。运算符又叫作操作符，可以将运算符理解为交通警察的命令，用来指挥行人或车辆等不同的运动实体（运算数），最后达到一定的目的。

依照运算符使用的操作数的个数来划分，JavaScript 中有三种类型的运算符：一元运算符、二元运算符和三元运算符。

按照运算符的功能可以分为下面几种运算符：赋值运算符、算术运算符、关系运算符、位操作运算符、逻辑运算符、条件运算符、特殊运算符。

12.2.1 算术运算符及其表达式

算术运算符（arithmetic operators）用来处理四则运算的符号，是最简单、最常用的符号，尤其是数字的处理几乎都会使用到运算符。

1. 算术运算符

JavaScript 语言中提供的算术运算符有+、-、*、/、%、++、--七种，分别表示加、减、乘、除、求余数、自增和自减。其中，+、-、*、/、%五种为二元运算符，表示对运算符左右两边的操作数做算术，其运算规则与数学中的运算规则相同，即先乘除后加减。++、--两种运算符都是一元运算符，其结合性为自右向左，在默认情况下表示对运算符右边的变量的值增 1 或减 1，而且他们的优先级比其他算术运算符高。

2. 算术表达式

由算术运算符和操作数组成的表达式称为算术表达，算术表达式的结合性为自左向右。常用的算术运算符和表达式使用说明见表 12-5。

表 12-5　算术运算符和表达式

运算符	计算	表达式	示例（假设 i=1）
+	执行加法运算（如果两个操作数是字符串，那么该运算符用作字符串连接运算符，将一个字符串添加到另一个字符串的末尾）	操作数 1 + 操作数 2	3+2（结果：5） 'a'+14（结果：111） 'a'+ 'b'（结果：195） 'a'+"bcd"（结果：abcd） 12+"bcd"（结果：12bcd）
-	执行减法运算	操作数 1 - 操作数 2	3-2（结果：1）
*	执行乘法运算	操作数 1 * 操作数 2	3*2（结果：6）
/	执行除法运算	操作数 1 / 操作数 2	3/2（结果：1）
%	获得进行除法运算后的余数	操作数 1 % 操作数 2	3%2（结果：1）
++	将操作数加 1	操作数++ 或++操作数	i++/++i（结果：1/2）
--	将操作数减 1	操作数-- 或--操作数	i--/--i（结果：1/0）

12.2.2 赋值运算符及其表达式

赋值就是把一个数据赋值给一个变量。例如，myName="张三"的作用是执行一次赋值操作，即把常量"张三"赋值给变量 myName。

1. 赋值运算符

赋值运算符为二元运算符，要求运算符两侧的操作数类型必须一致（或者右边的操作数必须可以隐式转换为左边操作数的类型）。JavaScript 中提供的简单赋值运算符有=，复合赋值运算符有+=、-=、*=、/=、%=、&=、|=、^=、<<=、>>=。

 在书写复合赋值运算符时，两个符号之间一定不能有空格，否则将会出错。

2. 赋值表达

由赋值运算符和操作数组成的表达式称为赋值表达式。赋值表达式的功能是计算表达式的值再赋予左侧的变量。赋值表达式可以分为简单赋值运算符（=）和复合赋值运算符。复合赋值运算符是由一个算术运算符或其他运算符与一个简单赋值运算符组合构成（如+=）。一方面简化了程序，使程序看上去精练；另一方面提高了编译效率，赋值表达式的一般形式如下：

变量　　赋值运算符　　表达式

赋值表达式的计算过程是：首先计算表达式的值，然后将该值赋给左侧的变量。JavaScript 语言中常用赋值表达式的使用说明详见表 12-6。

表 12-6　常见赋值表达式使用说明

运算符	计算方法	表达式	求值
=	运算结果 = 操作数	x=10	x=10
+=	运算结果 = 操作数 1 + 操作数 2	x += 10	x = x + 10
-=	运算结果 = 操作数 1 - 操作数 2	x -= 10	x= x - 10
*=	运算结果 = 操作数 1 * 操作数 2	x *=10	x = x *10
/=	运算结果 = 操作数 1 / 操作数 2	x /= 10	x = x / 10
%=	运算结果 = 操作数 1 % 操作数 2	x%= 10	x= x% 10

3. 赋值表达式需要注意的几点

（1）赋值的左操作数必须是一个变量，JavaScript 中可以对变量进行连续赋值，这时赋值运算符是右关联的，这意味着从右向左运算符被分组。例如，形如 a=b=c 的表达式等价于 a=(b=c)。

（2）如果赋值运算符两边的操作数类型不一致，存在隐式转换时，系统就会自动将赋值号右边的类型转换为左边的类型再赋值；不存在隐式转换时，就要先进行显式类型转换，否则程序会报错。

12.2.3　关系运算符及其表达式

关系运算实际上是逻辑运算的一种,可以把它理解为一种"判断",判断的结构要么是"真",要么是"假",也就是说关系表达式的返回值总是布尔值。JavaScript 中定义关系运算符的优先级低于算术运算符,高于赋值运算符。

1. 关系运算符

JavaScript 语言中定义的关系运算符有==(等于)、!=(不等于)、<(小于)、>(大于)、<=(小于或等于)、>=(大于或等于)6 种。

 关系运算符中的等于号==很容易与赋值号=混淆,一定要记住: =是赋值运算符,==是关系运算符。

2. 关系表达式

由关系运算符和操作数构成的表达式称为关系表达式。关系表达式中的操作数可以是整型数、实型数、布尔型、枚举型、字符型、引用型等。对于整数类型、实数类型和字符类型,上述六种比较运算符都可以适用;对于布尔类型和字符串的比较运算符实际上只能使用==和!=。例如:

```
3>2结果为true
4.5==4结果为false
'a'>'b'结果为false
true==false结果为false
"abc"=="asf"结果为false
```

 两个字符串值只有都为 null 或两个字符串长度相同、对应的字符序列也相同的非空字符串时比较的结果才能为 true。

12.2.4　位运算符及其表达式

1. 位运算符

任何信息在计算机中都是以二进制的形式保存的。位运算符就是对数据按二进制位进行运算的运算符。JavaScript 语言中的位运算符有&(与)、|(或)、^(异或)、~(取补)、<<(左移)、>>(右移)。其中,取补运算符为一元运算符,而其他的位运算符都是二元运算符。这些运算都不会产生溢出。位运算符的操作数为整型或者是可以转换为整型的任何其他类型。

2. 位运算表达式

由位运算符和操作数构成的表达式为位运算表达式。在位运算表达式中,系统首先将操作数转换为二进制数，然后进行位运算，计算完毕后，再将其转换为十进制整数。各种位运算方法见表 12-7。

表 12-7　位运算表达式计算方法

运算符	描述	表达式	结果
&	与运算。操作数中的两个位都为 1，结果为 1，两个位中有一个为 0，结果为 0	8&3	结果为 8。8 转换二进制为 1000，3 转换二进制为 0011，与运算结果为 1000，转换十进制为 8
|	或运算。操作数中的两个位都为 0，结果为 0，否则，结果为 0	8|3	结果为 11。8 转换二进制为 1000，3 转换二进制为 0011，或运算结果为 1011，转换十进制为 11
^	异或运算。两个操作位相同时，结果为 0，不相同时，结果为 1	8^3	结果为 11。8 转换二进制为 1000，3 转换二进制为 0011，异或运算结果为 1011，转换十进制为 11
~	取补运算，操作数的各个位取反，即 1 变以 0，0 变为 1	~8	结果为-9。8 转换二进制为 1000，取补运算后为 0111，对符号位取补后为负，转换十进制为-9
<<	左移位。操作数按位左移，高位被丢弃，低位顺序补 0	8<<2	结果为 32。8 转换二进制为 1000，左移两位后 100000，转换为十进制为 32
>>	右移位。操作数按位右移，低位被丢弃，其他各位顺序一次右移	8>>2	结果为 2。8 转换二进制为 1000，右移两位后 10，转换为十进制为 2

12.2.5　逻辑运算符与逻辑表达式

在实际生活中，有很多的条件判断语句的例子，例如，"当我放假了，并且有足够的费用，我一定去西双版纳旅游"，这句话表明，只有同时满足"放假"和"足够费用"这两个条件，你的想法才能成立。类似这样的条件判断，在 JavaScript 语言中可以采用逻辑运算符来完成。

1. 逻辑运算符

JavaScript 语言提供了&&、||、!，分别是逻辑与、逻辑或、逻辑非三种逻辑运算符。逻辑运算符要求操作数只能是布尔型。逻辑与和逻辑非都是二元运算符，要求有两个操作数，而逻辑非为一元运算符，只有一个操作数。

逻辑非运算符表示对某个布尔型操作数的值求反，即当操作数为 false 时运算结果返回 true，当操作数为 true 时运算结果返回 false。

逻辑与运算符表示对两个布尔型操作数进行与运算，并且仅当两个操作数均为 true 时，结果才为 true。

逻辑或运算符表示对两个布尔型操作数进行或运算，两个操作数中只要有一个操作数为 true 时，结果就是 true。

为了方便掌握逻辑运算符的使用，逻辑运算符的运算结果可以用逻辑运算的"真值表"来表示，见表 12-8。

表 12-8　真值表

a	b	!a	a&&b	a||b
true	true	false	true	true
true	false	false	false	true
false	true	true	false	true
false	false	true	false	false

2. 逻辑表达式

由逻辑运算符组成的表达式称为逻辑表达式。逻辑表达式的结果只能是布尔值,要么是 true 要么是 false。在逻辑表达式的求值过程中,不是所有的逻辑运算符都被执行。有时候,不需要执行所有的运算符,就可以确定逻辑表达式的结果。只有在必须执行下一个逻辑运算符后才能求出逻辑表达式的值时,才继续执行该运算符。这种情况称为逻辑表达式的"短路"。

例如,表达式 a&&b,其中 a 和 b 均为布尔值,系统在计算该逻辑表达式时,首先判断 a 的值,如果 a 为 true,再判断 b 的值,如果 a 为 false,系统不需要继续判断 b 的值,直接确定表达式的结果为 false。

逻辑运算符通常和关系运算符配合使用,以实现判断语句。例如,要判断一个年份是否为闰年。闰年的条件是:能被 4 整除,但是不能被 100 整除,或者是能被 400 整除。设年份为 year,闰年与否就可以用一个逻辑表达式来表示:

```
(year%400)==0||((year%4)==0&&(year%100)!=0)
```

逻辑表达式在实际应用中非常广泛,以及后续学习的流程控制语句中的条件都会涉及逻辑表达式的使用。

12.2.6　其他运算符及运算符优先级

1. 条件运算符及其表达式

在 JavaScript 语言中唯一的一个三元运算符 "?:",有时也将其称为条件运算符。由条件运算符组成的表达式称为条件表达式。一般表示形式如下:

```
条件表达式?表达式1:表达式2
```

先计算条件,然后进行判断。如果条件表达式的结果为 true,计算表达式 1 的值,表达式 1 为整个条件表达式的值;否则,计算表达式 2,表达式 2 为整个条件表达式的值。

?:的第一个操作数必须是一个可以隐式转换成 bool 型的常量、变量或表达式,如果上述两个条件中一个也不满足，则发生运行时错误。

?: 的第二个、第三个操作数控制了条件表达式的类型。它们可以是 JavaScript 语言中任意类型的表达式。

例如，实现求出 a 和 b 中最大数的表达式。

```
a>b?a:b //取a和b的最大值
```

条件运算符相当于后续学习的 if…else 语句。

其他运算符还有很多，例如逗号运算符、void 运算符、new 运算符等，在此不赘述。

2. 运算符优先级

运算符的种类非常多，通常不同的运算符又构成了不同的表达式，甚至一个表达中又包含有多种运算符，因此他们的运算方法应该有一定的规律性。JavaScript 语言规定了各类运算符的运算级别及结合性等，见表 12-9。

表 12-9　运算符优先级别列表

优先级(1 最高)	说明	运算符	结合性
1	括号	()	从左到右
2	自加/自减运算符	++/--	从右到左
3	乘法运算符、除法运算符、取模运算符	* / %	从左到右
4	加法运算符、减法运算符	+ -	从左到右
5	小于、小于等于、大于、大于等于	< <= > >=	从左到右
6	等于、不等于	== !=	从左到右
7	逻辑与	&&	从左到右
8	逻辑或	||	从左到右
9	赋值运算符和快捷运算符	=、 += 、*= /=、 %=、 -=	从右到左

建议在写表达式的时候，如果无法确定运算符的有效顺序，就尽量采用括号来保证运算的顺序，这样也使得程序一目了然，而且自己在编程时能够思路清晰。

12.3　流程控制语句

无论传统的编程语言还是脚本语言，构成程序的基本结构无外乎于顺序结构、选择结构和循环结构三种。

顺序结构是最基本也是最简单的程序，一般由定义常量和变量语句、赋值语句、输入/输出语句、注释语句等构成。顺序结构在程序执行过程中，按照语句的书写顺序从上至下依次执行，但大量实际问题需要根据条件判断，以改变程序执行顺序或重复执行某段程序，前者称为选择结构，后者称为循环结构。本章将对选择结构和循环结构进行详细阐述。

12.3.1　注释语句和语句块

1. 注释

注释通常用来解释程序代码的功能（增加代码的可读性）或阻止代码的执行（调试程序），不参与程序的执行。在 JavaScript 中注释分为单行注释和多行注释两种。

（1）单行注释语句

在 JavaScript 中，单行注释以双斜杠"//"开始，直到这一行结束。单行注释"//"可以放在行的开始或一行的末尾，无论放在哪里，从"//"符号开始到本行结束为止的所有内容都不会执行。在一般情况下，如果"//"位于一行的开始，就用来解释下一行或一段代码的功能；如果"//"位于一行的末尾，就用来解释当前行代码的功能。如果用来阻止一行代码的执行，也常将"//"放在一行的开始，如下加粗代码所示。

```
<!DOCTYPE html>
<html>
<head>
<title>date对象</title>
<script>
function disptime()
{
 //创建日期对象now，并实现当前日期的输出
 var now= new Date();
 //document.write("<h1>河南旅游网</h1>");
 document.write("<H2>今天日期:"+now.getYear()+"年"+(now.getMonth()+1)+"月
"+now.getDate()+"日</H2>");    //在页面上显示当前年月日
 }
</script>
<body onload="disptime()">
</body>
</html>
```

以上代码中，共使用三个注释语句。第一个注释语句将"//"符号放在了行首，通常用来解释下面代码的功能与作用。第二个注释语句放在了代码的行首，阻止了该行代码的执行。第三个注释语句放在了行的末尾，主要是对该行的代码进行解释说明。

（2）多行注释

单行注释语句只能注释一行的代码，假设在调试程序时，希望有一段代码都不被浏览器执

行或者对代码的功能说明一行书写不完，就需要使用多行注释语句。多行注释语句以/*开始，以*/结束，可以注释一段代码。

2. 语句块

语句块是一些语句的组合，通常语句块都会被一对大括号括起来。在调用语句块时，JavaScript 会按书写次序执行语句块中的语句。JavaScript 会把语句块中的诰句看成是一个整体全部执行，语句块通常用在函数中或流程控制语句中。

12.3.2 选择语句

在现实生活中，经常需要根据不同的情况做出不同的选择。例如，如果今天下雨体育课就改为在室内进行，如果不下雨体育课就在室外进行。在程序中，要实现这些功能就需要使用选择结构语句。JavaScript 语言提供的选择结构语句有 if 语句、if...else 语句和 switch 语句。

1. if 语句

单 if 语句用来判断所给定的条件是否满足，根据判定结果（真或假）决定所要执行的操作。if 语句的一般表示形式为：

```
if(条件表达式)
{
语句块;
}
```

关于 if 语句语法格式的几点说明如下：

（1）if 关键字后的一对圆括号不能省略。圆括号内的表达式要求结果为布尔型或可以隐式转换为布尔型的表达式、变量或常量，即表达式返回的一定是布尔值 true 或 false。

（2）if 表达式后的一对大括号是语句块的语法。程序中的多个语句放在一对大括号内，可构成语句块。if 语句中的语句块是一个语句时，大括号可以省略；是一个以上的语句时，大括号一定不能省略。

（3）if 语句表达式后一定不要加分号，如果加上分号，代表条件成立后执行空语句，在 VS2008 中调试程序不会报错，只会警告。

（4）当 if 语句的条件表达式返回 true 值时，程序执行大括号里的语句块，当条件表达式返回 false 值时，将跳过语句块，执行大括号后面的语句，如图 12-1 所示。

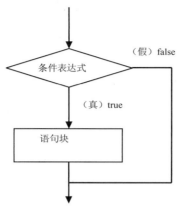

图 12-1 if 语句执行流程

【例 12.1】设计程序，实现银行汇款手续费金额的收取。假设银行汇款手续费为汇款金额的 1%，手续费最低为 2 元。预览页面后，显示如图 12-2 所示的效果。在第一个文本框中输入汇款金额，单击【确定】按钮在第二个文本框中显示汇款手续费，如图 12-3 和图 12-4 所示。

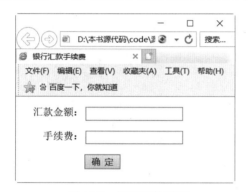

图 12-2 银行汇款系统

图 12-3 显示手续费

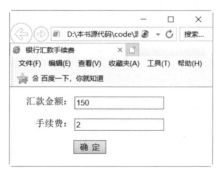

图 12-4 手续费不足 2 元

具体操作步骤如下：

01 创建 HTML 文件，代码如下：

```html
<!DOCTYPE html>
<html>
<head>
<title>银行汇款手续费</title>
<style>
label{
    width:100px;
    text-align:right;
    display:block;
    float:left;
}
section{
    width:260px;
    text-align:center;
}
</style>
</head>
<body>
<section>
  <form name="myForm" action="" method="get">
    <P><label>汇款金额：</label><input type="text" name="txtRemittance"
/></P>
    <p><label>手续费：</label><input type="text" name="txtFee"
readonly/></p>
  <p><input type="button" value="确　定"></p>
  </form>
</scetion>
</body>
</html>
```

HTML 文件中包含两个对 section 标记和 label 标记修饰的样式表。为了保证下面代码的正确执行，请务必注意 form 标记、input 标记的 name 属性值，一定要同本例一致。

02 在 HTML 文件的 head 部分，输入 JavaScript 代码，如下所示。

```javascript
<script>
function calc(){
  var Remittance=document.myForm.txtRemittance.value;
//将输入的汇款金额赋值给变量
  var Fee=Remittance*0.01;     //计算汇款手续费
  if(Fee<2)
  {
    Fee=2;   //小于2元时，手续费为2元
  }
  document.myForm.txtFee.value=Fee;
}
</script>
```

03 为确定按钮添加单击（onclick）事件，调用计算（calc）函数。将 HTML 文件中，"<p><input type="button" value="确　定"></p>" 这一行代码修改成如下代码：

```
<p><input type="button" value="确　定" onclick="calc()"></p>
```

案例总结：在本例中用到了读取和设置文本框的值以及对象事件知识，读者先按示例制作，后续章节会介绍。

2. if...else 语句

单 if 语句只能对满足条件的情况进行处理，但是在实际应用中，需要对两种可能都做处理，即满足条件时执行一种操作，不满足条件时执行另外一种操作。可以利用 JavaScript 语言提供的 if...else 语句来完成上述要求。if...else 语句的一般表示形式为：

```
if(条件表达式)
{
语句块1;
}
else
{
语句块2;
}
```

if...else 语句可以把它理解为中文的"如果...就...，否则..."。上述语句可以表示为假设 if 后的条件表达式为 true 就执行语句块 1，否则执行 else 后面的语句块 2，执行流程如图 12-5 所示。

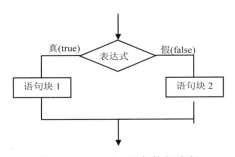

图 12-5　if...else 语句执行流程

例如，给定一个分数，判断是否及格并将结果显示在弹出窗口中，可以使用如下代码。

```
var double score =60;
if(score<60)
{
  alert("不及格");
}
else
```

```
{
  alert("及格");
}
```

3. 选择嵌套语句

在实际应用中，一个判断语句存在多种可能的结果时，可以在 if…else 语句中再包含一个或多个 if 语句。这种表示形式称为 if 语句嵌套。常用的嵌套语句为 if…else 语句，一般表示形式为：

```
if(表达式1)
{
    if(表达式2)
    {
      语句块1;         // 表达式2为真时执行
    }
    else
    {
      语句块2;       // 表达式2为假时执行
    }
}
else
{
    if(表达式3)
    {
      语句块3;       // 表达式3为真时执行
    }
    else
    {
      语句块4;       // 表达式3为假时执行
    }
}
```

首先执行表达式 1，如果返回值为 true，再判断表达式 2，如果表达式 2 返回 true，就执行语句块 1，否则执行语句块 2；表达式 1 返回值为 false，再判断表达式 3，如果表达式 3 返回值为 true，则执行语句块 3，否则执行语句块 4。

【例 12-2】利用 if…else 嵌套语句实现按分数划分等级。90 分以上为优秀，80～89 分为良好，70～79 分为中等，60～69 分为及格，60 分以下为不及格。预览网页，如图 12-6 所示。在文本框中输入分数，单击【判断】按钮，在弹出窗口中显示等级，如图 12-7 所示。

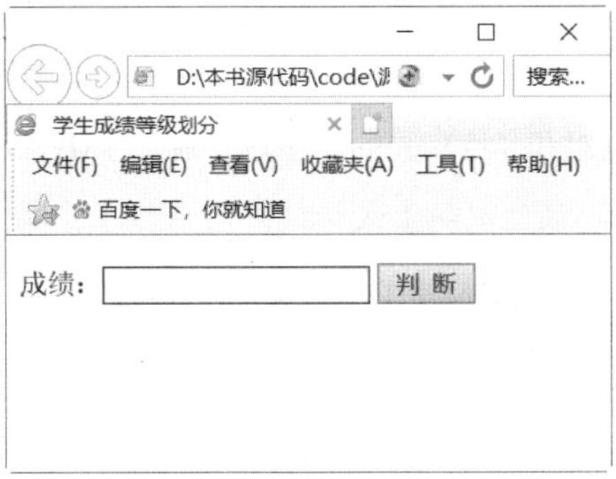

图 12-6 根据分数判断等级

图 12-7 显示判断结果

具体操作步骤如下：

01 创建 HTML 文件，代码结构如下：

```
<!DOCTYPE html>
<html>
<head>
<title>学生成绩等级划分</title>
</head>
<body>
  <form name="myForm" action="" method="get">
  <P>
  <label>成绩: </label><input type="text" name="txtScore" />
  <input type="button" value="判  断">
  </P>
  </form>
</body>
</html>
```

02 在 HTML 文件的 head 部分，输入如下代码：

```
<script>
function Verdict(){
    var Score=document.myForm.txtScore.value;
  if(Score<60)
  {
    alert("不及格");
  }
  else
    if(Score<=69){alert("及格");}
    else
      if(Score<=79){alert("中等");}
      else
        if(Score<=89){alert("良好");}
        else{alert("优秀");}
```

```
}
</script>
```

03 为判断按钮添加单击（onclick）事件，调用计算（Verdict）函数。将 HTML 文件中 "<input type="button" value="判　断">" 这一行代码修改成如下代码。

```
<input type="button" value="判　断" onclick="Verdict()">
```

4. switch 分支结构语句

switch 语句与 if 语句类似，也是选择结构的一种形式，一个 switch 语句可以处理多个判断条件。一个 switch 语句相当于一个 if...else 嵌套语句，因此它们相似度很高，几乎所有的 switch 语句都能用 if...else 嵌套语句表示。它们之间最大的区别在于：if...else 嵌套语句中的条件表达式是一个逻辑表达的值，即结果为 true 或 false，而 switch 语句后的表达式值为整型、字符型或字符串型并与 case 标签里的值进行比较。switch 语句的表示形式如下：

```
switch(表达式)
{
case 常量表达式1:语句块1;break;
case 常量表达式2:语句块2;break;
...
case 常量表达式n:语句块n;break;
[default:语句块n+1;break;]
}
```

首先计算表达的值，当表达式的值等于常量表达式 1 的值时，执行语句块 1；当表达式的值等于常量表达式 2 的值时，执行语句块 2；...；当表达式的值等于常量表达式 n 的值时，执行语句块 n，否则执行 default 后面的语句块 n+1，当执行到 break 语句时跳出 switch 结构。

（1）switch 关键字后的表达式结果只能为整型、字符型或字符串类型。

（2）case 标记后的值必须为常量表达式，不能使用变量。

（3）case 和 default 标记后以冒号而非分号结束。

（4）case 标记后的语句块，无论是一句还是多句，大括号{}都可以省略。

（5）default 标记可以省略，甚至可以把 default 子句放在最前面。

（6）break 语句为必选项，如果没有 break 语句，程序会执行满足条件 case 后的所有语句，达不到多选一的效果，因此，建议不要省略 break。

【例 12-3】修改【例 12-2】，使用 switch 语句实现。

操作步骤请参阅【例 12-2】，将判断函数修改为如下代码。

```
<script>
```

```
function Verdict(){
    var Score=parseInt(document.myForm.txtScore.value/10);  //将输入的成绩
除以10取整，以缩小判断范围
  switch(Score){
        case 10:
        case 9:alert("优秀");break;
        case 8:alert("良好");break;
        case 7:alert("中等"); break;
        case 6:alert("及格");break;
        default:alert("不及格");break;
    }
}
</script>
```

【例 12.3】比【例 12.2】代码清晰明了，但是 switch 比较适合做枚举值，不能直接表示某个范围，如果希望表示范围使用 if 语句比较方便。

12.3.3 循环语句

在实际应用中，往往会遇到一行或几行代码需要执行多次的情况。例如，判断一个数是否为素数，就需要从 2 到比它本身小 1 的数反复求余。几乎所有的程序都包含循环，循环是一组重复执行的指令，重复次数由条件决定。其中给定的条件称为循环条件，反复执行的程序段称为循环体。要保证一个正常的循环，必须有以下四个基本要素：循环变量初始化、循环条件、循环体和改变循环变量的值。JavaScript 语言提供了以下语句实现循环：while 语句、do…while 语句、for 语句、foreach 语句等。

1. while 语句

while 循环语句根据循环条件的返回值来判断执行零次或多次循环体。当逻辑条件成立时，重复执行循环体，直到条件不成立时终止。因此在循环次数不固定时，while 语句相当有效。while 循环语句表示形式如下：

```
while(布尔表达式)
{
  语句块;
}
```

当遇到 while 语句时，首先计算布尔表达式，当布尔表达式的值为 true 时，执行一次循环体中的语句块，循环体中的语句块执行完毕时，将重新查看是否符合条件，若表达式的值还返回 true 将再次执行相同的代码，否则跳出循环。while 循环语句的特点：先判断条件，后执行语句。

对于 while 语句循环变量初始化应放在 while 语句之上，循环条件即 while 关键字后的布尔表达式，循环体是大括号内的语句块，其中改变循环变量的值也是循环体中的一部分。

【例 12.4】设计程序，实现 100 以内的自然数求和，即 1+2+3+…+100。网页预览效果如图 12-8 所示。

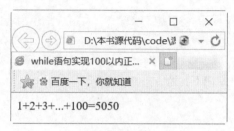

图 12-8　程序运行结果

新建 HTML 文件，并输入 JavaScript 代码，文档结构如下：

```html
<!DOCTYPE html>
<html>
<head>
<meta charset="utf-8"/>
<title>while语句实现100以内正整数之和</title>
<script>
  var i=1,sum =0;  //声明变量i和sum
  while(i<=100)
  {
    sum+=i;
    i++;
  }
    document.write("1+2+3+...+100="+sum);  //向页面输入运算结果
</script>
</head>
<body>
</body>
</html>
```

2. do…while 语句

do…while 语句和 while 语句的相似度很高，只是考虑问题的角度不同。while 语句是先判断循环条件，然后执行循环体。do…while 语句则是先执行循环体，然后判断循环条件。do…while和 while 就好比是两个不同的餐厅吃饭，一个餐厅是先付款后吃饭，一个餐厅是先吃饭后付款。do…while 语句的语法格式如下：

```
do
{
语句块;
}
while(布尔表达式);
```

程序遇到关键字 do，执行大括号内的语句块，语句块执行完毕，执行 while 关键字后的布尔表达式，如果表达式的返回值为 true，就向上执行语句块，否则结束循环，执行 while 关键字后的程序代码。

do…while 语句和 while 语句的最主要区别：

（1）do…while 语句是先执行循环体后判断循环条件，while 语句是先判断循环条件后执行循环体。

（2）语句的最小执行次数为 1 次，while 语句的最小执行次数为 0 次。

【例 12.5】利用 do…while 循环语句，实现【例 12.4】的程序。

HTML 文档部分不再显示代码，下述代码为 JavaScript 部分代码。

```
<script>
  var i=1,sum=0;  //声明变量i和sum
  do
  {
    sum+=i;
    i++;
  }
  while(i<=100);
     document.write("1+2+3+...+100="+sum);  //向页面输入运算结果
</script>
```

3. for 语句

for 语句和 while 语句、do…while 语句一样，可以循环重复执行一个语句块，直到指定的循环条件返回值为假。for 语句的语法格式为：

```
for(表达式1;表达式2;表达式3)
{
语句块;
}
```

- 表达式 1 为赋值语句，如果有多个赋值语句可以用逗号隔开，形成逗号表达式，循环四要素中的循环变量初始化。
- 表达式 2 为布尔型表达式，用于检测循环条件是否成立，循环四要素中的循环条件。
- 表达式 3 为赋值表达式，用来更新循环控制变量，以保证循环能正常终止，循环四要素中的改变循环变量的值。

for 语句的执行过程如下：

（1）首先计算表达式 1，为循环变量赋初值。

（2）计算表达式 2，检查循环控制条件，若表达式 2 的值为 true，则执行一次循环体语句；若为 false，终止循环。

（3）循环完一次循环体语句后，计算表达式 3，对循环变量进行增量或减量操作，再重复第 2 步操作，判断是否要继续循环，执行流程如图 12-9 所示。

 JavaScript 语言允许省略 for 语句中的 3 个表达式，但两个分号不能省略，并保证在程序中有起同样作用的语句。

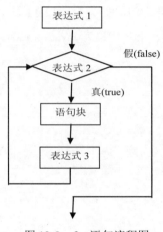

图 12-9　for 语句流程图

【例 12.6】利用 for 循环语句，实现【例 12.4】程序。

HTML 文档部分不再显示代码，下述代码为 JavaScript 部分代码。

```
<script>
  var sum=0;
  for(var i=1;i<=100;i++)
  {
    sum+=i;
  }
    document.write("1+2+3+...+100="+sum);  //向页面输入运算结果
</script>
```

通过上述实例可以发现，while、do…while 语句和 for 语句有很多相似之处，几乎所有的循环语句使用这三种语句都可以互换。

4. foreach 语句

JavaScript 的 foreach 语句提供了一种简单明了的方法循环访问数组或集合的元素，又称为迭代器，这里不对其做讲解，数组部分会详细介绍。

12.4　函数

函数是执行特定任务的语句块，通过调用函数的方式可以让这些语句块反复执行。本节将讲述函数的定义、使用及系统函数的功能与使用方法。

12.4.1　函数简介

在例 12-6 中，预览网页直接会在页面输出计算结果。试想一个问题，如果期望单击【显示】按钮时才显示计算结果，这样的问题该如何解决呢？解决这个问题可以采用函数，将计算代码写在函数内，当触发【显示】按钮的单击事件时调用函数。

其实在前面的示例中已经接触到了函数，对象触发事件时一般都是执行的函数。

所谓函数，是指在程序设计中可以将一段经常使用的代码"封装"起来，在需要时直接调用。JavaScript 中可以使用函数来响应网页中的事件。函数有很多种分类方法，常用的分类方法有以下几种。

- 按参数个数划分：有参数函数和无参数函数。
- 按返回值划分：有返回值函数和无返回值函数。
- 按编写函数的对象划分：预定义函数（系统函数）和自定义函数。

综上所述，函数有以下几个优点。

- 代码灵活性较强。通过传递不同的参数，可以让函数应用更广泛。例如，在对两个数据进行运算时，运算结果取决于运算符，如果把运算符当作参数，那么不同的用户在使用函数时，只需要给定不同的运算符，都能得到自己想要的结果。
- 代码利用性强。函数一旦定义，任何地方都可以调用，而无须再次编写。
- 响应网页事件。JavaScript 中的事件模型主要通过函数和事件配合使用。

12.4.2　定义函数

使用函数前，必须先定义函数，定义函数使用关键字 function。在 JavaScript 中，定义函数常用的方法有以下两种。

1. 不指定函数名

函数其实就是语句的集体，即语句块，通过前面的学习，读者了解到，读句块就是把一个语句或多个语句使用一对大括号包裹，即构成语句块。对于无函数名的函数定义函数非常简单，只需要使用关键字 function 和可选参数，后面跟一对大括号，大括号内的语句称为函数体，语法格式如下：

```
function([参数1,参数2…]){
    //函数体语句
}
```

细心的读者会发现，上面的语句在定义函数时没有给函数命名（没有函数名），这样的语法是不能直接写成 JavaScript 代码的。对于不指明函数名的函数，一般应用在下面的场合。

（1）把函数直接赋值给变量

```
var myFun=function([参数1,参数2…]){
    //函数体语句
};
```

其中，变量 myFun 将作为函数的名字，这种方法的本质是把函数当作数据赋值给变量，正如前面所说的，函数是一种复合数据类型。把函数直接赋值给变量的代码如下：

```
<!DOCTYPE html>
<html>
<head>
<title>函数直接赋值给变量</title>
<script>
var myFun=function(){
    document.write("这是一个没有函数名的函数")
}
//执行函数
myFun();
</script>
</head>
<body>
</body>
</html>
```

（2）网页事件直接调用函数

```
window.onload= function([参数1,参数2…]){
    //函数体语句
};
```

其中，window.onload 是指网页加载时触发的事件，即加载网页时将执行后面函数中的代码，但这种方法的明显缺陷是函数不能反复使用。

定义函数时，不指定函数名这种方法比较简单，一般适应于网页事件直接调用函数。

2. 指定函数名

指定函数名定义函数是应用最广泛、最常用的方法，语法格式如下：

```
function 函数名([参数1,参数2…]){
    //函数体语句
[return 表达式]
}
```

说明：

- function 为关键字，在此用来定义函数。

- 函数名必须是唯一的，要通俗易懂，最好能看名知意。

- [ ]括起来的是可选部分，可有可无。

- 可以使用 return 将值返回。

- 参数是可选的，可以一个参数不带，也可以带多个参数，多个参数之间用逗号隔开。即使不带参数也要在方法名后加一对圆括号。

（1）函数参数的使用

函数的参数主要是为了提高函数的灵活性和可重用性。在定义函数方法时，函数名后面的圆括号中的变量名称为"形参"；在使用函数时，函数名后面圆括号中的表达式称为"实参"。由此可知，形参和实参都是函数的参数。它们的区别是一个表示声明时的参数，相当于定义的变量，另一个表示调用时的参数。调用带参数函数时，实现了实参为形参赋值的过程。

关于形参与实参的几点注意事项如下：

- 在未调用函数时，形参并不占用存储单元。只有在发生方法调用时，才会给函数中的形参分配内存单元。在调用结束后，形参所占的内存单元也自动释放。

- 实参可以是常量、变量或表达式；形参必须是声明的变量，由于 JavaScript 是弱类型语言，所以不需要指定类型。

- 在函数调用中，实参列表中参数的数量、类型和顺序与形参列表中的参数可以不匹配，如果形参个数大于实参个数，那么多出的形参值为 undefined，反之，多出的实参将忽略。

- 实参对形参的数据传递是单向传递，即只能由实参传给形参，而不能由形参传回给实参。

（2）函数返回值

如果希望函数执行完毕后返回一个值给调用函数者，可以使用 return 语句。如果函数没有使用 return 语句返回一个值，那么默认返回 undefined。当程序执行到 return 语句时，将会结束函数，因此 return 语句一般都位于函数体内的最后一行。return 语句的格式如下：

```
return [返回值]
```

return 语句中的返回值可以是常量、变量、表达式等，并且类型可以是前面介绍的任意类型。如果省略返回值，就代表结束函数。

【例 12.7】编写函数 calcF，实现输入一个值，计算其一元二次方程式的结果。f(x)=4x2+3x+2，单击【计算】按钮，使用户通过提示对话框输入 x 的值，在对话框中显示相应的计算结果，如图 12-10、图 12-11 和图 12-12 所示。

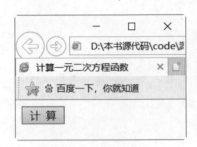
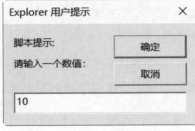

图 12-10　加载网页效果　　　　图 12-11　单击【计算】按钮　　　　图 12-12　显示计算结果

具体操作步骤如下：

01 创建 HTML 文档，结构如下：

```
<!DOCTYPE html>
<html>
<head>
<title>计算一元二次方程函数</title>
</head>
<body>
<input type="button" value="计　算">
</body>
</html>
```

02 在 HTML 文档的 head 部分增加如下 JavaScript 代码。

```
<script>
function calcF(x){
    var result;  //声明变量，存储计算结果
    result=4*x*x+3*x+2;  //计算一元二次方程值
    alert("计算结果: "+result);  //输出运算结果
}
</script>
```

03 为计算判断按钮添加单击（onclick）事件，调用计算（calcF）函数。将 HTML 文件中"<input type="button" value="计　算">"这一行代码修改成如下代码。

```
<input type="button" value="计　算" onclick="calcF(prompt('请输入一个数值:
```

```
'))">
```

本例主要用到了参数，增加了参数之后，就可以计算任意数的一元二次方程值。试想，如果没有该参数，函数的功能将会非常单一。prompt 方法是系统内置的一个调用输入对话框的方法，该方法可以带参数，也可以不带参数，详见 window 对象部分。

12.4.3 调用函数

定义函数的目的是为了后续的代码中使用函数。函数自己不会执行，必须被调用函数体内的代码才会执行。在 JavaScript 中调用函数的方法有直接调用、在表达式中调用、在事件中调用和其他函数调用 4 种。

1. 直接调用

直接调用函数的方式一般比较适合没有返回值的函数。此时相当于执行函数中的语句集合。直接调用函数的语法格式如下：

```
函数名([实参1,…])
```

调用函数时的参数取决于定义该函数时的参数，如果定义时有参数，此时就需要增加实参。如果希望例 12-7 在加载页面时就开始计算，可以修改成如下代码（注意加粗部分代码）。

```
<script>
function calcF(x){
    var result;  //声明变量，存储计算结果
    result=4*x*x+3*x+2;  //计算一元二次方程值
    alert("计算结果: "+result);   //输出运算结果
}
var inValue=prompt('请输入一个数值: ')
calcF(inValue);
</script>
```

2. 在表达式中调用

在表达式中调用函数的方式一般比较适合有返回值的函数，函数的返回值参与表达式的计算。通常该方式还会和输出（alert、document 等）语句配合使用（如下代码所示），注意加粗部分代码。

```
<!DOCTYPE html>
<html>
<head>
<title>在表达式中使用函数</title>
<script>
//函数isLeapYear判断给定的年份是否为闰年，如果是返回指定年份为闰年的字符串，否则返回
//平年字符串
```

```
function isLeapYear(year){
  //判断闰年的条件
    if(year%4==0&&year%100!=0||year%400==0)
    {
        return year+"年是闰年";
    }
    else
    {
        return year+"年是平年";
    }
}
document.write(isLeapYear(2018));
</script>
</head>
<body>
</body>
</html>
```

3. 在事件中调用

JavaScript 是基于事件模型的程序语言，页面加载、用户单击、移动光标都会产生事件。当事件产生时，JavaScript 可以调用某个函数来响应这个事件。在事件中调用函数的方法如下代码所示。

```
<!DOCTYPE html>
<html>
<head>
<title>在表达式中使用函数</title>
<script>
function showHello()
{
  var count=document.myForm.txtCount.value;     //文档框中输入的显示次数
  for(i=0;i<count;i++){
        document.write("<H2>HelloWorld</H2>");  //按指定次数输出HelloWorld
    }
}
</script>
</head>
<body>
<form name="myForm">
  <input type="text" name="txtCount"/>
  <input type="submit" name="Submit" value="显示HelloWorld"
onclick="showHello()">
</form>
</body>
</html>
```

4. 其他函数调用

所谓其他函数的调用，是指在一个函数中执行另外一个函数。例如，现有 A 函数和 B 函数，在 A 函数的函数体内通过上述第 1 种或第 2 种方法之一执行函数 B。注意 A 函数必须通过上述三种方法之一执行，整个函数才会执行。

12.4.4　系统函数

JavaScript 中除了自定义函数之外，系统还内置了很多常用的函数，这些函数可借 JavaScript 程序直接调用。有面向对象编程经验的读者会让函数和方法搞得一头雾水，在完全面向对象编程的语言中几乎已经没有函数的概念了。JavaScript 是一种基于面对象的脚本编程语言，会同时存在函数和方法两个概念，为了帮助读者理解，在此为大家讲述一个窍门，在 JavaScript 中，函数一般都是指自定义函数或者是系统的全局函数，一般对象内的称为方法。函数和方法在使用上的唯一区别是，函数不需要指定对象，而方法需要采用对象.方法的格式。常用的系统函数（全局函数）如表 12-10 所示。

表 12-10　常用的系统函数

函数	描述
decodeURI(URI)	解码某个编码的 URI
decodeURIComponent(URI 组件)	解码一个编码的 URI 组件
encodeURI(URI)	把字符串编码为 URI
encodeURIComponent(URI 组件)	把字符串编码为 URI 组件
Escape(字符串)	对字符串进行编码
Eval(字符串)	计算 JavaScript 字符串，并把它作为脚本代码来执行
isFinite(数字)	检查某个值是否为有穷大的数
isNaN(参数)	检查某个值是否是数字
Boolean(参数)	将参数转换成布尔值
Number(参数)	将参数转换成数值
String(参数)	将参数转换成字符串
Object(参数)	将参数转换成对象

1. eval()

eval()函数，参数为 String 类型文本，主要功能是计算某个字符串，并执行其中的 JavaScript 代码。

例如，使用下述代码计算字符。

```
document.write(eval("12+2"))    //输出 14
```

注意：参数必须是 String 类型的，否则该方法将不做任何改变地返回。

2. isFinite()

isFinite()函数，参数是数值类型，主要功能是检查其参数是否为有穷大。如果 number 是有限数值（或可转换为有限数值），就返回 true；如果 number 是 NaN（非数字），或者是正、负无穷大的数，就返回 false。

例如，下述代码检查给定参数是否为有穷大。

```
isFinite(-125)     // 返回true
isFinite(1.2)      // 返回true
isFinite('易水寒')   // 返回false
isFinite('2011-3-11')  //返回false
```

3. isNaN()

isNaN()函数，参数无限制，主要功能是检查其参数是否是非数字值。

例如，下述代码检查给定参数是否为非数字值。

```
isNaN(12)        //返回false
isNaN(0)         //返回false
isNaN("易水寒")   //返回true
isNaN("100")     //返回true
```

注意：可以用 isNaN()函数来检测算数错误，比如用 0 作为除数的情况。

4. Number()

Number()函数，参数无限制，主要功能是把对象的值转换为数字。如果参数是 Date 对象，Number()返回从 1970 年 1 月 1 日至今的毫秒数。如果对象的值无法转换为数字，那么 Number()函数返回 NaN。

例如，下述代码实现各种类型到数值型的转换。

```
var test1= new Boolean(true);
var test2= new Boolean(false);
var test3= new Date();
var test4= new String("999");
var test5= new String("999 888");
document.write(Number(test1));    //输出 1
document.write(Number(test2));    //输出 0
document.write(Number(test3));    //输出 1256657776588
document.write(Number(test4));    //输出 999
document.write(Number(test5));    //输出 NaN
```

5. parseInt()

parseInt()函数，参数可以是任何值，但一般要求为数字字符串才有意义。函数的功能是将一个字符串转换成数值，转换成功就返回一个整数，否则返回 NaN。函数在转换过程中遇到第一个非数字时终止转换，因此，只要字符串中的第一字符为数字，即可成功转换。

例如，下述代码将字符串转换成整数。

```
document.write("123");    //输出数值123
document.write("9y8");    //输出9
document.write(h123);    //输出NaN
```

6. parseFloat()

parseFloat()函数，参数可以是任何值，但一般要求为数字字符串才有意义。函数的功能是将一个字符串转换成浮点数（含小数数值），转换成功就返回一个浮点数，否则返回 NaN。函数在转换过程中遇到第一个非数字时终止转换，因此，只要字符串中的第一字符为数字，即可成功转换。

例如，下述代码将字符串转换成浮点数。

```
document.write(parseFloat("10"))    //输出10
document.write(parseFloat("10.00"))    //输出10
document.write(parseFloat("10.33"))    //输出10.33
document.write(parseFloat("34 45 66"))    //输出34
document.write(parseFloat(" 60 "))    //输出60
document.write(parseFloat("40 years"))    //输出40
document.write(parseFloat("He was 40"))    //输出NaN
```

7. decodeURI()

decodeURI ()函数，参数为 String 类型文本，主要功能是对 encodeURI()函数编码过的 URI 进行解码。

例如，下述代码使用"错误!链接无效"解析字符串。

```
document.write(错误!链接无效。"http://www.jb51.net/My%20first/"));
//输出 http://www.jb51.net/My first/
```

8. decodeURIComponent ()

decodeURIComponent() 函数，参数为 String 类型文本，主要功能是对用 encodeURIComponent() 函数编码的 URI 进行解码。

9. encodeURI()

encodeURI()函数，参数为 String 类型文本，主要功能是把字符串作为 URI 进行编码。

提示：如果 URI 组件中含有分隔符，比如?和#，就应当使用 encodeURIComponent()方法分别对各组件进行编码。

10. encodeURIComponent()

encodeURIComponent()函数的功能是把字符串作为 URI 组件进行编码。

注意：encodeURIComponent()函数与 encodeURI()函数的区别是，前者假定它的参数是 URI 的一部分（比如协议、主机名、路径或查询字符串）。因此 encodeURIComponent()函数将转义用于分隔 URI 各个部分的标点符号。

11. escape()

escape()函数，参数为 String 类型文本，主要功能是对字符串进行编码，这样就可以在所有的计算机上读取该字符串。该方法不会对 ASCII 字母和数字进行编码，也不会对- _ . ! ~ * ' ( )ASCII 标点符号进行编码，其他所有的字符都会被转义序列替换。

注意：ECMAScript v3 反对使用该方法，应该使用 decodeURI()和 decodeURIComponent() 替代。

12. unescape()

unescape()函数，参数为 String 类型文本，主要功能是对通过 escape()编码的字符串进行解码。该函数的工作原理是：通过找到形式为%xx 和%uxxxx 的字符序列（x 表示十六进制的数字），用 Unicode 字符\u00xx 和\uxxxx 替换这样的字符序列进行解码。

温馨提示：ECMAScript v3 已从标准中删除了 unescape()函数，并反对使用它，因此应该用 decodeURI()和 decodeURIComponent()取而代之。

12.5 综合实例——购物简易计算器

实现如图 12-13 所示的效果，编写具有能对两个操作数进行加、减、乘、除运算功能的简易计算器（加运算效果如图 12-14 所示，除运算效果如图 12-15 所示）。本例中涉及本章所学的数据类型、变量、流程控制语句、函数等知识。请读者注意，该实例中还涉及少量后续章节的知识，如事件模型。不过，前面的案例中也有使用，请读者先掌握其用法，详见对象部分。

图 12-13　程序效果图

图 12-14　加法运算

图 12-15　除法运算

具体操作步骤如下：

01 新建 HTML 文档，输入代码如下所示。

```
<!DOCTYPE html>
<html>
<head>
<meta charset="utf-8"/>
<title>购物简易计算器</title>
<style>
/*定义计算器块信息*/
section{
    background-color:#C9E495;
    width:260px;
    height:320px;
    text-align:center;
    padding-top:1px;
}
/*细边框的文本输入框*/
.textBaroder
{
    border-width:1px;
    border-style:solid;
}

</STYLE>
</head>
<body>
<section>
<h1><img src="images/logo.gif" width="240" height="31" >欢迎您来淘宝! </h1>
```

```
    <form action="" method="post" name="myform" id="myform">
    <h3><img src="images/shop.gif" width="54" height="54">购物简易计算器</h3>
        <p>第一个数<input name="txtNum1" type="text" class="textBaroder"
id="txtNum1" size="25"></p>
        <p>第二个数<input name="txtNum2" type="text" class="textBaroder"
id="txtNum2" size="25"></p>
        <p><input name="addButton2" type="button" id="addButton2" value=" + "
onclick="compute('+')">
    <input name="subButton2" type="button" id="subButton2" value=" - ">
    <input name="mulButton2" type="button" id="mulButton2" value=" × ">
    <input name="divButton2" type="button" id="divButton2" value=" ÷ ">
    <p>计算结果<INPUT name="txtResult" type="text" class="textBaroder"
id="txtResult" size="25"></p>
    </form>
    </section>
    </body>
```

02 保存 HTML 文件，选择相应的保存位置，文件名为"综合实例——购物简易计算器.html"。

03 在 HTML 文档的 head 部分，输入如下代码。

```
<script>
  function compute(op)
  {
   var num1,num2;
     num1=parseFloat(document.myform.txtNum1.value);
     num2=parseFloat(document.myform.txtNum2.value);
     if (op=="+")
      document.myform.txtResult.value=num1+num2;
if(op=="-")
      document.myform.txtResult.value=num1-num2;
   if(op=="*")
      document.myform.txtResult.value=num1*num2;
   if(op=="/" && num2!=0)
      document.myform.txtResult.value=num1/num2;
  }
</script>
```

04 修改"+"按钮、"-"按钮、"×"按钮、"÷"按钮，如下代码所示。

```
    <input name="addButton2" type="button" id="addButton2" value=" + "
onclick="compute('+')">
    <input name="subButton2" type="button" id="subButton2" value=" - "
onclick="compute('-')">
    <input name="mulButton2" type="button" id="mulButton2" value=" × "
onclick="compute('*')">
    <input name="divButton2" type="button" id="divButton2" value=" ÷ "
```

```
onclick="compute('/')">
```

05 保存网页，然后即可预览效果。

12.6　专家解惑

1. 什么是弱类型程序设计语言？

答：弱类型程序设计语言也称为弱类型定义语言，与强类型定义相反。像 JavaScript、VB、PHP 等就属于弱类型语言。弱类型语言与强类型语言的主要区别有以下两点。

（1）弱类型语言，变量没有各类之分，所有变量的声明都用关键字 var，为变量赋值时会自动判断类型并进行转换；强类型语言，变量类型有多种，并且变量只能接受与之相同的数据类型。

（2）弱类型语言，变量间不需要显式转换。例如，将字符串 12 和整数 3 进行相减，得到数值 9，而不需要显式转换。

2. JavaScript 代码的执行方式顺序如何？

答：JavaScript 代码的执行次序与书写次序相同，先写的 JavaScript 代码先执行，后写的 JavaScript 代码后执行。执行 JavaScript 代码的方式有以下三种。

（1）直接调用函数。

（2）在对象事件中使用 JavaScript 调用 JavaScript 程序。例如，<input type="button" name="Submit" value="显示 HelloWorld" onclick="javascript:alert('1233')">。

（3）通过事件激发 JavaScript 程序。

3. 如果浏览器不支持 JavaScript，如何不影响网页的美观？

答：现在浏览器种类、版本繁多，不同浏览器对 JavaScript 代码的支持度均不一样。为了保证浏览器不支持部分的代码不影响网页的美观，可以使用 HTML 注释语句将其注释，这样便不会在网页中输出这些代码。HTML 注释语句使用 "<!--" 符号和 "-->" 标记 JavaScript 代码。

4. 函数 Number 和 parseInt 都可以将字符串转换成整数，有何区别？

答：函数 Number 和 parseInt 都可以将字符串转换成整数，它们之间的区别如下：

（1）函数 Number 不仅可以将数字字符串转换成整数，还可以转换成浮点数。它的作用是将数字字符串直接转换成数值。parseInt 函数只能将数字字符串转换成整数。

（2）函数 Number 在转换时，如果字符串中包括非数字字符，转换将会失败。parseInt 函数只要开头第 1 个是数字字符即可转换成功。

第13章　JavaScript内置对象

JavaScript 是一种基于对象的编程语言，将对象分为 JavaScript 内置对象、浏览器内置对象和自定义对象三种。本章主要讲述常用 JavaScript 内置对象。

- JavaScript 内置对象：JavaScript 将一些常用功能预先定义成对象，用户可以直接使用，这就是内置对象。
- 浏览器内置对象：浏览器对象是浏览器根据系统当前的配置和所装载的页面为 JavaScript 提供的一些可供使用的对象。
- 自定义对象：自定义对象是指根据自己的需要而定义的新对象。

掌握对象的使用，主要是掌握对象如何创建、对象的属性和函数的使用。

13.1　字符串对象

字符串类型是 JavaScript 中的基本数据类型之一。在 JavaScript 中，可以将字符串直接看成字符串对象，不需要任何转换。在对字符串对象操作时，不会改变字符串中的内容。

13.1.1　字符串对象的创建

字符串对象有两种创建方法。

1. 直接声明字符串变量

通过前面学习的声明字符串变量方法把声明的变量看作字符串对象，语法格式如下：

[var] 字符串变量=字符串

说明：var 是可选项。例如，创建字符串对象 myString，并对其赋值，代码如下：

```
var myString="This is a sample";
```

2. 使用 new 关键字来创建字符串对象

使用 new 关键字创建字符串对象的方法如下：

[var] 字符串对象=new String(字符串)

说明：var 是可选项，字符串构造函数 String()的第一个字母必须为大写字母。

例如，通过 new 关键字创建字符串对象 myString，并对其赋值，代码如下：

var myString=new String("This is a sample");

注意：上述两种语句效果是一样的，因此声明字符串时可以采用 new 关键字，也可以不采用 new 关键字。

13.1.2　字符串对象的常用属性

字符串对象的属性比较少，常用的属性为 length，字符串对象的属性见表 13-1。

表 13-1　字符串对象的属性及说明

属性	说明
constructor	字符串对象的函数模型
length	字符串长度
prototype	添加字符串对象的属性

对象属性的使用格式如下所示。

```
对象名.属性名    //获取对象属性值
对象名.属性名=值    //为属性赋值
```

例如，声字符串对象 myArcticle，输出其包含的字符个数。

```
var myArcticle="千里始足下,高山起微尘,吾道亦如此,行之贵日新。—白居易"
document.write(myArcticle.length);    //输出字符串对象字符的个数
```

注意：测试字符串长度时，空格也占一个字符位。一个汉字占一个字符位，即一个汉字长度为 1。

13.1.3　字符串对象的常用函数

字符串对象是内置对象之一，也是常用的对象。在 JavaScript 中，经常会在字符串对象中查找、替换字符。为了方便操作，JavaScript 中内置了大量的方法，用户只需要直接使用这些方法即可完成相应操作。在 JavaScript 中，字符串对象常用函数如表 13-2 所示。为了方便，示例中声明字符串对象 stringObj="HTML5 从入门到精通—JavaScript 部分"，字符串中第 0 个位置的字符是"H"，第 1 个位置的字符是"T"，以此类推。

表 13-2　字符对象常用函数

函数	说明	示例
charAt（位置）	字串对象在指定位置处的字符	stringObj.charAt(3)，结果为"L"
charCodeAt（位置）	字符串对象在指定位置处字符的 Unicode 值	stringObj.charAt(3)，结果为数值 76
indexOf(要查找字符串，[起始位置])	从字符串对象的指定位置开始，从前到后查找子字符串在字串对象中的位置	stringObj.indexOf("a")，结果为 13
lastIndexOf(要查找字符串)	从后到前查找子字符串在字符串对象中的位置	stringObj.indexOf("a")，结果为 15
subStr(开始位置[,长度])	从字符串对象指定的位置开始，按照指定的数量截取字符，并返回截取的字符串	stringObj.substr(2,5)，结果为"ML5 从入"
subString(开始位置，结束位置)	从字符串对象指定的位置开始，截取字符串至结束位置，并返回截取的字符串	stringObj.substring(2,5)，结果为"ML5"
split([分割符])	分割字符串到一个数组中	var s="good morning evering"，var b=s.split(" ") 结果为：a[0]= "good",a[1]= " morning", a[2]=" evering"
replace(需替代的字符串，新字符串)	在字符串对象中，将指定的字符串替换成新的字符串	stringObj.replace("HTML5","网页设计") 结果为"网页设计从入门到精通—JavaScript 部分"
toLowerCase()	字符串对象中的字符变为小写字母	stringObj.toLowerCase()，结果为"html5 从入门到精通—JavaScript 部分"
toUpperCase()	字符串对象中的字符变为大写字母	stringObj.toUpperCase()，结果为"HTML5 从入门到精通—JavaScript 部分"

【例 13.1】设计程序，在文本框中输入字符串，单击【检查】按钮，检查字符串是否为有效字符串（字符串是否由大小写字母、数字、下画线_和-构成），如图 13-1 所示。如果有效，弹出对话框，提示"你的字符串合法"，如图 13-2 所示。如果无效，弹出对话框，提示"你的字符串不合法"，如图 13-3 所示。

图 13-1 判断字符串是否合法　　　图 13-2 输入合法字符串　　　图 13-3 输入不合法字符串

具体操作步骤如下：

01 创建 HTML 文件，代码如下：

```
<!DOCTYPE html>
<html>
<head>
<title>判断字符串是否合法</title>
</head>
<body>
 <form action="" method="post" name="myform" id="myform">
  <input type="text" name="txtString">
  <input type="button" value="检　查">
 </form>
</body>
</html>
```

02 在 HTML 文件的 head 部分输入 JavaScript 代码。

```
<script>
  function isRight(subChar)
  {
   var findChar="abcdefghijklmnopqrstuvwxyz1234567890_-";//字符串中出现的字符
     for(var i=0;i<subChar.length;i++)    //逐个判断字符串的字符
     {
         if(findChar.indexOf(subChar.charAt(i))==-1)
         //在findChar中查找输入字符串中的字符
         {
             alert("你的字符串不合法");
             return;
         }
     }
     alert("你的字符串合法");
  }
</script>
```

03 为"检查"按钮添加单击（onclick）事件，调用计算（isRight）函数。在 HTML 文件中，将<input type="button" value="检 查">这一行代码修改成如下代码：

```
<input type="button" value="检  查" onclick="isRight(document.myform.txtString.
value)">
```

04 保存网页，浏览最终效果。

13.2 数学对象

在 JavaScript 中，通常会对数值进行处理，为了便于操作，内置了大量的属性函数。例如，对数值求绝对值、取整等。

13.2.1 数学对象的属性

在 JavaScript 中，用 Math 表示数学对象。Math 对象不需要创建，直接使用。在数学中有很多常用的常数，比如圆周率、自然对数等。在 JavaScript 中，将这些常用的常数定义为数学属性，通过引用这些属性取得数学常数。Math 对象常用属性如表 13-3 所示。

表 13-3 Math 对象常用属性

属性	数学意义	值
E	欧拉常量，自然对数的底	约等于 2.7183
LN2	2 的自然对数	约等于 0.6931
LN10	10 的自然对数	约等于 2.3026
LOG2E	以 2 为底的 e 的自然对数	约等于 1.4427
LOG10E	以 10 为底的 e 的自然对数	约等于 0.4343
PI	π	约等于 3.14159
SQRT1_2	0.5 的平方根	约等于 0.707
SQRT2	2 的平方根	约等于 1.414

注意：Math 对象的属性只能读取，不能对其赋值，即只读型属性，并且属性值是固定的。

13.2.2 数学对象的函数

Math 对象的函数如表 13-4 所示。

表 13-4　Math 对象的函数

函数	意义	示例
abs(x)	返回 x 的绝对值	Math.abs(-6.8)的结果为 6.8
acos(x)	返回某数的反余弦值（弧度为单位）。x 在 -1 至 1 范围内	Math.acos(0.6)的结果为 0.9272952180016123
asin(x)	返回某数的反正弦值（以弧度为单位）	Math.asin(0.6)的结果为 0.6435011087932844
atan(x)	返回某数的反正切值（以弧度为单位）	Math.atan(0.6)的结果为 0.5404195002705842
ceil(x)	返回与某数相等或大于该数的最小整数	Math.ceil(18.69)的结果为 19
cos(x)	返回某数（以弧度为单位）的正弦值	Math.cos(0.6)的结果为 0.8253356149096783
exp(x)	返回 e 的 x 次方	Math.exp(3)的结果为 20.085536923187668
floor(x)	与 ceil 相反，返回与某数相等或小于该数的最小整数	Math.floor(18.69)的结果为 18
log(x)	返回某数的自然对数（以 e 为底）	Math.log(0.6)的结果为-0.5108256237659907
max(x,y)	返回两数间的最大值	Math.max(16,-20)的结果为 16
min(x,y)	返回两数间的最小值	Math.min(16,-20)的结果为-20
pow(x,y)	返回 x 的 y 次方	Math.pow(2,3)的结果为 8
random()	返回一个 0~num-1 之间的随机数	每次产生的值是不同的
round(x)	返回四舍五入之后的整数	Math.round(18.9678)的结果为 19
sin(x)	返回某数（以弧度为单位）的正弦值	Math.sin(0.6)的结果为 0.5646424733950354
sqrt(x)	返回某数的平方根	Math.sqrt(0.6)的结果为 0.7745966692414834
tan(x)	返回某数的正切值	Math.tan(0.6)的结果为 0.6841368083416923

　　细心的读者会发现，在上述的方法中，唯独没有提供四舍五入保留小数的方法。如果希望指定保留小数，可使用以下两种方法。

1. 数学方法 round 和 pow 配合

　　四舍五入取整数方法 round 和求某数的次幂方法 pow 配合使用，公式如下：

Math.round(num*Math.pow(10,n))/Math.pow(10,n)

　　其中，num 为要进行四舍五入的数值；n 为保留的小数位数。例如，下面的代码分别为保留 1 位小数和 3 位小数。

```
var num=2011.1258;
var count1=Math.round(num*Math.pow(10,1))/Math.pow(10,1);
//保留1位小数，结果为2011.1
var count3= Math.round(num*Math.pow(10,3))/Math.pow(10,3);
//保留3位小数，结果为2011.126
```

上述代码可以进行简化，如下所示。

```
var num=2011.1258;
var count1= Math.round(num*10)/10;    //保留1位小数，结果为2011.1
var count3= Math.round(num*1000)/1000;    //保留3位小数，结果为2011.126
```

简化代码之后可以看出，如果对数值保留 1 位小数，将该数值放大 10 倍取整，再缩小 1/10；如果对数值保留 2 位小数，将该数值放大 100 倍取整，再缩小 1/100；以此类推，即可对数值保留指定小数位数。

2. JavaScript 的 toFixed 函数和 toPrecision 函数

JavaScript 针对数值（Number）类型数据提供了 toFixed 函数和 toPrecision 函数，实现对数值型数据保留小数，如表 13-5 所示。

表 13-5　对数值型数据保留小数的函数

函数	意义
toFixed(x)	返回某数四舍五入之后保留 x 位小数
toPrecision(x)	返回某数四舍五入之后保留 x 位字符

保留小数位数的 toFixed 函数和 toPrecision 函数的使用格式如下：

```
数字.toFixed(x)        //保留n位小数
数字.toPrecision(x)    //保留n位数字
```

例如，下面的代码分别使用这两种方法实现保留小数位数。

```
var num=2011.1258;
var dec1=num.toFixed(2)           //保留2位小数，结果为2011.13
var dec2=num.toFixed(3)           //保留3位小数，结果为2011.126
var dec3=num.toFixed(6)           //保留6位小数，结果为2011.125800
var dec4=num.toPrecision(6)       //保留6位数字，结果为2011.13
var dec5=num.toPrecision(7)       //保留7位数字，结果为2011.126
var dec6=num.toPrecision(10)      //保留10位数字，结果为2011.125800
var dec6=num.toPrecision(2)       //保留2位数字，结果为2.0e+3
```

 toFixed 函数中的参数是指保留的小数位数，而 toPrecision 函数中的参数是指除小数点外的所有数字位数。

【例 13.2】设计程序，单击【随机数】按钮，使用 Math 对象的 random 函数产生一个 0~100 之间（含 0 和 100）的随机整数，并在对话框中显示，如图 13-4 所示；单击【计算】按钮，计算该随机数的平方、平方根和自然对数，保留 2 位小数，并在对话框中显示，如图 13-5 所示。

图 13-4　产生随机整数　　　　图 13-5　计算随机整数的平方、平方根和自然对数

具体操作步骤如下：

01 创建 HTML 文件，代码如下：

```html
<!DOCTYPE html>
<html>
<head>
<title>随机产生整数，并计算其平方、平方根和自然对数</title>
</head>
<body>
 <form action="" method="post" name="myform" id="myform">
  <input type="button" value="随机数">
  <input type="button" value="计 算">
 </form>
</body>
</html>
```

02 在 HTML 文件的 head 部分输入 JavaScript 代码。

```javascript
<script>
 var data;  //声明全局变量，保存随机产生的整数
 /*随机数函数*/
 function getRandom(){
     data=Math.floor(Math.random()*101);  //0~100产生随机数
     alert("随机整数为："+data);   //
 }

 /*随机整数的平方、平方根和自然对数*/
 function cal(){
```

```
        var square=Math.pow(data,2);  //计算随机整数的平方
        var squareRoot=Math.sqrt(data).toFixed(2); //计算随机整数的平方根
        var logarithm=Math.log(data).toFixed(2);   //计算随机整数的自然对数
        alert("随机整数"+data+"的相关计算\n平方\t平方根\t自然对数
\n"+square+"\t"+squareRoot+"\t"+logarithm);
        //输出计算结果
    }
</script>
```

03 为"随机数"按钮和"计算"按钮添加单击（onclick）事件，分别调用随机数函数（getRandom）和计算函数（cal）。在 HTML 文件中，将<input type="button" value="随机数"><input type="button" value="计 算">这两行代码修改成如下代码。

```
<input type="button" value="随机数" onclick="getRandom()">
<input type="button" value="计 算" onclick="cal()">
```

04 保存网页，浏览最终效果。

13.3 日期对象

在 JavaScript 中，虽然没有日期类型的数据，但是在开发过程中经常会处理日期，可以用日期（Date）对象来操作日期和时间。

13.3.1 创建日期对象

在 JavaScript 中，创建日期对象必须使用 new 语句。使用关键字 new 新建日期对象时，可以使用下述四种方法。

方法一：日期对象=New Date()

方法二：日期对象=New Date(日期字串)

方法三：日期对象=New Date(年,月,日[时，分，秒，[毫秒]])

方法四：日期对象=New Date（毫秒）

上述四种创建方法的区别如下：

（1）方法一创建一个包含当前系统时间的日期对象。

（2）方法二可以将一个字符串转换成日期对象。这个字符串既可以是只包含日期的字符串，也可以是既包含日期又包含时间的字符串。JavaScript 对日期格式有要求，通常使用的格式有以下两种。

- 日期字符串可以表示为"月 日,年 时:分:秒"。其中，月份必须使用英文单词，而其他部分可以使用数字表示，日和年之间一定要有逗号（,）。
- 日期字符串可以表示为"年/月/日 时:分:秒"。所有部分都要求使用数字，年份要求使用四位数，月份用 0 至 11 的整数代表 1 月到 12 月。

（3）方法三通过指定年月日时分秒创建日期对象。时分秒可以省略。月份用 0 至 11 的整数，代表 1 月到 12 月。

（4）方法四使用毫秒来创建日期对象。可以把 1970 年 1 月 1 日 0 时 0 分 0 秒 0 毫秒看成一个基数，而给定的参数代表距离这个基数的毫秒数。例如，指定参数毫秒为 3000，则该日期对象中的日期为 1970 年 1 月 1 日 0 时 0 分 0 秒 3 毫秒。

下面使用上述四种方法创建日期对象。

【例 13.3】（实例文件：ch13\13.3.html）

```html
<!DOCTYPE html>
<html>
<head>
<title>创建日期对象</title>
<script>
//以当前时间创建一个日期对象
var myDate1=new Date();
//将字符串转换成日期对象，该对象代表日期为2010年6月10日
var myDate2=new Date("June 10,2010");
//将字符串转换成日期对象，该对象代表日期为2010年6月10日
var myDate3=new Date("2010/6/10");
//创建一个日期对象，该对象代表日期和时间为2011年10月19日16时16分16秒
var myDate4=new Date(2011,10,19,16,16,16);
//创建一个日期对象，该对象代表距离1970年1月1日0分0秒20000毫秒的时间
var myDate5=new Date(20000);
//分别输出以上日期对象的本地格式
document.write("myDate1所代表的时间为:"+myDate1.toLocaleString()+"<br/>");
document.write("myDate2所代表的时间为:"+myDate2.toLocaleString()+"<br/>");
document.write("myDate3所代表的时间为:"+myDate3.toLocaleString()+"<br/>");
document.write("myDate4所代表的时间为:"+myDate4.toLocaleString()+"<br/>");
document.write("myDate5所代表的时间为:"+myDate5.toLocaleString()+"<br/>");
</script>
</head>
<body>
</body>
</html>
```

在 IE 11.0 中的浏览效果如图 13-6 所示。

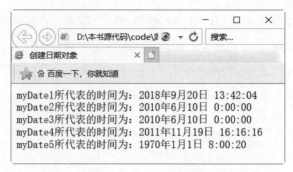

图 13-6　创建日期对象

13.3.2　日期对象的常用函数

日期对象的方法主要分为三大组：setXxx、getXxx 和 toXxx。setXxx 方法用于设置时间和日期值；getXxx 方法用于获取时间和日期值；toXxx 主要是将日期转换成指定格式。日期对象的方法如表 13-6 所示。

表 13-6　日期对象的函数

函数	描述
Date()	返回当日的日期和时间
getDate()	从 Date 对象返回一个月中的某一天（1～31）
getDay()	从 Date 对象返回一周中的某一天（0～6）
getMonth()	从 Date 对象返回月份（0～11）
getFullYear()	从 Date 对象以四位数字返回年份
getYear()	请使用 getFullYear()方法代替
getHours()	返回 Date 对象的小时（0~23）
getMinutes()	返回 Date 对象的分钟（0~59）
getSeconds()	返回 Date 对象的秒数（0~59）
getMilliseconds()	返回 Date 对象的毫秒（0~999）
getTime()	返回 1970 年 1 月 1 日至今的毫秒数
getTimezoneOffset()	返回本地时间与格林尼治标准时间（GMT）的分钟差
getUTCDate()	根据世界时从 Date 对象返回月中的一天（1~31）
getUTCDay()	根据世界时从 Date 对象返回周中的一天（0~6）
getUTCMonth()	根据世界时从 Date 对象返回月份（0~11）
getUTCFullYear()	根据世界时从 Date 对象返回四位数的年份

（续表）

函数	描述
getUTCHours()	根据世界时返回 Date 对象的小时（0~23）
getUTCMinutes()	根据世界时返回 Date 对象的分钟（0~59）
getUTCSeconds()	根据世界时返回 Date 对象的秒钟（0~59）
getUTCMilliseconds()	根据世界时返回 Date 对象的毫秒（0~999）
Parse()	返回 1970 年 1 月 1 日午夜到指定日期（字符串）的毫秒数
setDate()	设置 Date 对象中月的某一天（1~31）
setMonth()	设置 Date 对象中的月份（0~11）
setFullYear()	设置 Date 对象中的年份（四位数字）
setYear()	使用 setFullYear()方法代替
setHours()	设置 Date 对象中的小时（0~23）
setMinutes()	设置 Date 对象中的分钟（0~59）
setSeconds()	设置 Date 对象中的秒钟（0~59）
setMilliseconds()	设置 Date 对象中的毫秒（0~999）
setTime()	以毫秒设置 Date 对象
setUTCDate()	根据世界时设置 Date 对象中月份的一天（1~31）
setUTCMonth()	根据世界时设置 Date 对象中的月份（0~11）
setUTCFullYear()	根据世界时设置 Date 对象中的年份（四位数字）
setUTCHours()	根据世界时设置 Date 对象中的小时（0~23）
setUTCMinutes()	根据世界时设置 Date 对象中的分钟（0~59）
setUTCSeconds()	根据世界时设置 Date 对象中的秒钟（0~59）
setUTCMilliseconds()	根据世界时设置 Date 对象中的毫秒（0~999）
toSource()	返回该对象的源代码
toString()	把 Date 对象转换为字符串
toTimeString()	把 Date 对象的时间部分转换为字符串
toDateString()	把 Date 对象的日期部分转换为字符串
toGMTString()	使用 toUTCString()方法代替
toUTCString()	根据世界时把 Date 对象转换为字符串
toLocaleString()	根据本地时间格式把 Date 对象转换为字符串
toLocaleTimeString()	根据本地时间格式把 Date 对象的时间部分转换为字符串
toLocaleDateString()	根据本地时间格式把 Date 对象的日期部分转换为字符串
UTC()	根据世界时返回 1997 年 1 月 1 日到指定日期的毫秒数
valueOf()	返回 Date 对象的原始值

下面以 toLocaleString()函数为例进行讲解。toLocaleString()函数的语法如下：

```
日期对象.toLocaleFormat()
```

【例 13.4】（实例文件：ch13\13.4.html）

```html
<!DOCTYPE html>
<html>
<head>
<title></title>
<script>
  var now=new Date();
  document.write("今天是："+now.toLocaleString());
</script>
</head>
<body>
</body>
</html>
```

在 IE 11.0 中的浏览结果如图 13-7 所示。

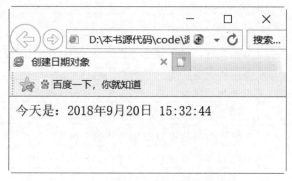

图 13-7　使用 toLocaleString()函数

13.3.3　日期间的运算

日期数据之间的运算通常包括一个日期对象加上整数的年、月或日，两个日期对象相减运算。

1. 日期对象与整数年、月或日相加

日期对象与整数年、月或日相加，需要将它们相加的结果通过 setXxx 函数设置成新的日期对象，实现日期对象与整数年、月和日相加，语法格式如下：

```
date.setDate(date.getDate()+value);        //增加天
date.setMonth(date.getMonth()+value);      //增加月
date.setFullYear(date.getFullYear()+value);  //增加年
```

2. 日期相减

JavaScript 中允许两个日期对象相减，相减之后将会返回这两个日期之间的毫秒数。通常会将毫秒转换成秒、分、小时、天等。例如，下面的程序段实现了两个日期相减，并分别转换成秒、分、小时和天。

【例 13.5】（实例文件：ch13\13.5.html）

```html
<html>
<head>
<title>创建日期对象</title>
<script>
var now=new Date();  //以现在时间定义日期对象
var nationalDay=new Date(2019,10,1,0,0,0);   //以2019年国庆节定义日期对象
var msel=nationalDay-now  //相差毫秒数
//输出相差时间
document.write("距离2019年国庆节还有："+msel+"毫秒<br/>");
document.write("距离2019年国庆节还有："+parseInt(msel/1000)+"秒<br/>");
document.write("距离2019年国庆节还有："+parseInt(msel/(60*1000))+"分钟
<br/>");
document.write("距离2019年国庆节还有："+parseInt(msel/(60*60*1000))+"小时
<br/>");
document.write("距离2019年国庆节还有："+parseInt(msel/(24*60*60*1000))+"天
<br/>");
</script>
</head>
<body>
</body>
</html>
```

在 IE 11.0 中的浏览效果如图 13-8 所示。

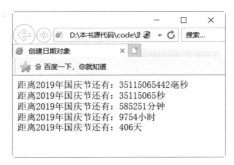

图 13-8 日期对象相减运行结果

13.4 数组对象

数组是有序数据的集合，JavaScript 中的数组元素允许属于不同数据类型。用数组名和下

标可以唯一确定数组中的元素。

13.4.1 数组对象的创建

在实际应用中，往往会遇到具有相同属性又与位置有关的一批数据。例如，40 个学生的数学成绩，对于这些数据当然可以用声明 M1,M2,…,M40 等变量来分别代表每个学生的数学成绩，其中 M1 代表第 1 个学生的成绩，M2 代表第 2 个学生的成绩，……，M40 代表第 40 个学生的成绩，其中 M1 中的 1 表示其所在的位置序号。这里的 M1,M2,…,M40 通常称为下标变量。显然，如果用简单变量来处理这些数据会很麻烦，而用一批具有相同名字、不同下标的下标变量来表示同一属性的一组数据不但很方便，而且能更清楚地表示它们之间的关系。

数组是具有相同数据类型的变量集合，这些变量都可以通过索引进行访问。数组中的变量称为数组的元素，数组能够容纳元素的数量称为数组的长度。数组中的每个元素都具有唯一的索引（或称为下标）与其相对应，在 JavaScript 中数组的索引从零开始。

数组对象使用 Array，创建数组对象有三种方法。

（1）新建一个长度为零的数组

```
var 数组名=new Array( );
```

例如，声明数组为 myArr1、长度为 0，代码如下：

```
var myArr1=new Array();
```

（2）新建一个长度为 n 的数组

```
var 数组名=new Array( n );
```

例如，声明数组为 myArr2、长度为 6，代码如下：

```
var myArr2=new Array(6);
```

（3）新建一个指定长度的数组并赋值

```
var 数组名=new Array(元素1,元素2,元素3,…);
```

例如，声明数组为 myArr3，并且分别赋值为 1、2、3、4、代码如下：

```
var myArr3=new Array(1,2,3,4);
```

上面这一行代码创建了一个数组 myArr3，并且包含 4 个元素 myArr3[0]、myArr3[1]、myArr3[2]、myArr3[3]，这 4 个元素值分别为 1、2、3、4。

13.4.2 数组对象的操作

1. 数组元素的长度

数组对象的属性非常少，最常用的属性 length 可以返回数组对象的长度，也就是数组中元素的个数。length 的取值随着数组元素的增减而变化，并且用户还可以修改 length 属性值。假设有一个长度为 4 的数组，那么数组对象的 length 属性值将会是 4，如果用户将 length 属性赋值为 3，那么数组中的最后一个数组元素将会被删除，并且数组的长度也会改为 3。如果将该数组的 length 属性值设置为 7，那么该数组的长度将会变成 7，而数组中的第 3 个、第 4 个和第 5 个元素的值为 undefined。因此，length 还具有快速添加和删除数组元素的功能，但是添加和删除只能从数组尾部进行，并且添加的元素值都为 undefined。例如，声明长度为 3 的数组对象 myArr，并赋值"a","b","c"，输出其长度，并将长度修改为 2，代码如下：

```
vvar myArr=new Array("a","b","c");   //创建数组
document.write("数组长度为: "+myArr.length);   //输出数组长度
myArr.length=2;  //修改长度为2
```

2. 访问数组

引用数组元素是通过数组的序列号。在 JavaScript 数组中的元素序列号是从 0 开始计算的，然后依次加 1。可以对数组元素赋值或取值，其语法规则如下：

```
数组变量[i]=值;   //为数组元素赋值
变量名=数组变量[i];  //使用数组元素为变量赋值
```

其中，i 为数组元素序列号。

例如，下面的例子创建长度为 3 的数组 myArr，并且对第 1 个元素赋值，分别输出第 1 个元素和第 2 个元素。

【例 13.6】（实例文件：ch13\13.6.html）

```
<!DOCTYPE html>
<html>
<head>
<title>创建日期对象</title>
<script>
var myArr=new Array(3);   //创建数组
myArr[0]=6;   //给下标为0的元素赋值
//输出第1个元素和第2个元素值
document.write("第1个元素值为: "+myArr[0]+"<br />第2个元素值为: "+myArr[1]);
</script>
</head>
<body>
</body>
```

```
</html>
```

程序段中为第 1 个元素赋值 6，第 2 个元素和第 3 个元素均为初始化，默认值为 undefined。网页预览效果如图 13-9 所示。

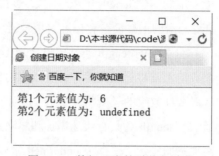

图 13-9   数组元素的赋值与读取

如果希望对数组对象的元素进行读取或赋值操作，即遍历数组，就可以使用前面学习的 for 语句或 for…in 语句。for 语句的使用请参阅前面章节，for…in 语句格式如下：

```
for(var 变量名 in 数组名){
    循环体语句
}
```

例如，分别使用 for…in 语句和 for 语句遍历数组元素并输出，代码如下：

```
var arr=new Array("good",3,-6.5,true);
/*使用for…in语句遍历数组元素*/
for(var s in arr)
{
    document.write(arr[s]+"<br/>");  //输出元素值
}
/*使用for语句遍历数组元素*/
for(var i=0;i<arr.length;i++)
{
    document.write(arr[i]+"<br/>");
}
```

上述代码中，使用 for…in 语句和 for 语句遍历数组元素的结果是一致的，但是 for 语句使用时，必须借助数组的 length 属性才能完成遍历。相对而言，for…in 语句在遍历数组时较 for 语句容易。

3. 添加数组元素

C#、Java 等语言定义的数组，其长度是固定不变的，而 JavaScript 语言与它们不相同，数组的长度可以随时修改。在 JavaScript 中，可以为数组随意增加元素，增加数组元素有两种方法。

（1）修改数组的 length 属性

假设现有数组的长度为 3，通过修改 length 属性为 5，会将数组增加 2 个元素。新增加的这 2 个元素值为 undefined。

（2）直接为元素赋值

假设现有数组 arr，长度为 3，那么它包含的元素是 arr[0]、arr[1]、arr[2]。如果增加代码 arr[4]=10，那么将为数组增加 2 个元素，arr[3]和 arr[4]，其中 arr[3]的值为 undefined、arr[4]的值为 10。

4. 删除数组元素

通过修改数组的 length 属性，可以从尾部删除数组元素。例如，假设有长度为 5 的数组，删除尾部 2 个元素，只需要将数组长度设置为 3 即可。

JavaScript 提供的 delete 运算符可以删除任意位置的数组元素。但是，该运算符并不是真正删除数组元素，而是将元素值修改成 undefined，数组的长度不会发生改变。假设一个数组中有 3 个元素，使用 delete 运算符删除第 2 个元素之后，数组的 length 属性还是会返回 3，只是第 2 个元素赋值为 undefined。下列代码实现了尾部元素的删除和非尾部元素的删除。

```
var myArr=new Array("a","b","c","d","e");  //创建数组
myArr.length=3;              //设置数组长度为3，即删除值为"d"和"e"的元素
document.write(myArr.length);  //输出数组长度，结果为3
delete myArr[1];              //删除下标为1的元素
document.write(myArr.length);  //输出数组长度，结果为3
document.write(myArr[1]);     //输出元素myArr[1]，结果为undefined
```

真正删除非尾部元素，需要借助 splice 函数，在下一节中会详细讲述。

13.4.3 数组对象的常用方法

在 JavaScript 中，有大量数组常用操作的方法，例如合并数组、删除数组元素、添加数组元素、数组元素排序等。数组对象的函数如表 13-7 所示。

表 13-7 数组对象的常用函数

函数	说明
concat(数组 2,数组 3，……)	合并数组
join(分割符)	将数组转换为字串
pop()	删除最后一个元素，返回最后一个元素
push (元素 1,元素 2，……)	添加元素，返回数组的长度
shift()	删除第一个元素，返回第一个元素

（续表）

函数	说明
unshift(元素 1,元素 2，……)	添加元素至数组开始处
slice(开始位置[,结束位置])	从数组中选择元素组成新的数组
splice(位置,多少[,元素 1,元素 2,……])	从数组中删除或替换元素
sort()	排序数组
reverse()	倒序数组
toString	返回一个字符串，该字符串包含数组中的所有元素，各个元素间用逗号分隔

1. 数组的合并及数组元素的增加、删除

JavaScript 提供的 concat 函数可以合并数组，pop 方法和 shift 方法可以删除元素，push 函数数和 unshift 函数可以增加数组元素。

【例 13.7】新建数组 MyArr 并赋值 "A" "B" "C"，新建数组 MyArr2 并赋值 "J" "K" "L"，将数组 MyArr 和 MyArr2 合并为 MyArr3 并输出 MyArr3 数据到页面，删除 MyArr3 中第一个元素和最后一个元素并输出 MyArr3 数据到页面。网页程序预览效果如图 13-10 所示。

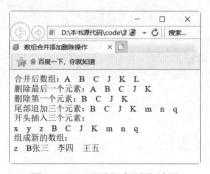

图 13-10　网页程序预览效果

具体操作步骤如下：

01 创建 HTML 文件，代码如下：

```
<!DOCTYPE html>
<html>
<head>
<title>数组合并添加删除操作</title>
</head>
<body>
</body>
</html>
```

02 新建 JavaScript 文件，保存文件名为 1.js，保存在与 HTML 文件相同的位置。在 1.js 文件中输入如下代码。

```javascript
var myArr=new Array("A","B","C");  //创建数组myArr
var myArr2=new Array("J","K","L"); //创建数组myArr2
var myArr3=new Array();            //创建数组myArr3
myArr3=myArr3.concat(myArr,myArr2);
//数组myArr和myArr2合并，并赋给数组myArr3
/*输出合并后数组myArr3的元素值*/
document.write("合并后数组：");
for(i in myArr3)
{
    document.write(myArr3[i]+"  ");
}
myArr3.pop();    //删除myArr3数组的最后一个元素
/*输出删除最后一个元素后的数组*/
document.write("<br />删除最后一个元素：");
for(i in myArr3)
{
    document.write(myArr3[i]+"  ");
}
myArr3.shift();    //删除myArr3数组的第一个元素
/*输出删除第一个元素后的数组*/
document.write("<br />删除第一个元素：");
for(i in myArr3)
{
    document.write(myArr3[i]+"  ");
}
myArr3.push("m","n","q");    //尾部追加三个元素
/*输出在尾部追加元素后的数组*/
document.write("<br />尾部追加三个元素：");
for(i in myArr3)
{
    document.write(myArr3[i]+"  ");
}
myArr3.unshift("x","y","z");  //数组开头添加三个元素
/*输出在开头添加元素后的数组*/
document.write("<br />开头插入三个元素： <br />");
for(i in myArr3)
{
    document.write(myArr3[i]+"  ");
}
var myArr4=myArr3.slice(2,4);
//在第二个位置删除4个数组元素，并将修改后的数组赋值给新数组myArr4
//输出组成的新数组
document.write("<br />组成新的数组： <br />");
var s=myArr4.join(" ");    //将数组转换成字符串，用空格分隔
document.write(s);    //输出字符串
var s2="张三,李四,王五";    //声明字符串
var myArr5=s2.split(",");    //用逗号将字符串s2分隔到数组myArr5
/*输出数组myArr5*/
for(i in myArr5)
```

```
{
    document.write(myArr5[i]+" ");
}
```

04 在 HTML 文件的 head 部分，输入 JavaScript 代码，如下所示。

```
<script src=1.js>
</script>
```

2. 排序数组和反转数组

JavaScript 提供了数组排序的方法 sort([比较函数名])，如果没有比较函数，元素按照 ASCII 字符顺序升序排列；如果给出比较函数，根据函数进行排序。

例如，下述代码使用 sort 函数对数组 arr 进行排序。

```
var arr=new Array(1,20,8,12,6,7);
arr.sort();
```

数组排序后将得到结果：1,12,20,6,7,8。

上面没有使用比较函数的 sort 方法，而是按字符的 ASCII 值排序的。先从第一个字符比较，如果第 1 个字符相等，再比较第 2 个字符，以此类推。

对于数值型数据，如果按字符比较，得到的结果并不是用户所需要的，因此需要借助比较函数。比较函数有两个参数，分别代表每次排序时的两个数组项。sort()排序时每次比较两个数组项都会执行这个参数，并把两个比较的数组项作为参数传递给这个函数。当函数返回值大于 0 的时候就交换两个数组的顺序，否则就不交换。也就是说，函数返回值小于 0，表示升序排列；函数返回值大于 0，表示降序排列。

【例 13.8】新建数组 x 并赋值"1,20,8,12,6,7"，使用 sort 方法排序数组并输出 x 数组到页面。网页程序预览效果如图 13-11 所示。

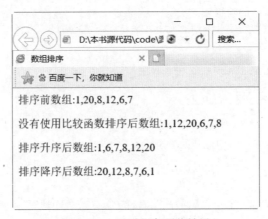

图 13-11　网页程序预览效果

具体操作步骤如下：

01 创建 HTML 文件，代码如下：

```
<!DOCTYPE html>
<html>
<head>
<title>数组排序</title>
</head>
<body>
</body>
</html>
```

02 新建 JavaScript 文件，保存文件名为 1.js，保存在与 HTML 文件相同的位置。在 1.js 文件中输入如下代码。

```
var x=new Array(1,20,8,12,6,7);   //创建数组
document.write("排序前数组:"+x.join(",")+"<p>"); //输出数组元素
x.sort();    //按字符升序排列数组
document.write("没有使用比较函数排序后数组:"+x.join(",")+"<p>");
//输出排序后数组
x.sort(asc);  //有比较函数的升序排列
/*升序比较函数*/
function asc(a,b)
{
    return a-b;
}
document.write("排序升序后数组:"+x.join(",")+"<p>");//输出排序后数组
x.sort(des);  //有比较函数的降序排列
/*降序比较函数*/
function des(a,b)
{
    return b-a;
}
document.write("排序降序后数组:"+x.join(","));//输出排序后数组
```

03 在 HTML 文件的 head 部分，输入 JavaScript 代码，如下所示。

```
<script src=1.js>
</script>
```

13.5　综合实例——随机验证码和动态时钟

网站为了防止用户利用机器人自动注册、登录、灌水，采用了验证码技术。所谓验证码，就是将一串随机产生的数字或符号生成一幅图片，再在图片里加上一些干扰像素（防止 OCR），

需要用户肉眼识别其中的验证码信息并输入表单提交网站验证，验证成功后才能使用某项功能。本例将产生一个由 n 位数字和大小写字母构成的验证码。

【例 13.9】随机产生一个由 n 位数字和字母组成的验证码，如图 13-12 所示。单击【刷新】按钮，重新产生验证码，如图 13-13 所示。

提示：使用数学对象中的随机数函数 random 和字符串的取字符函数 charAt。

 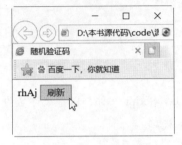

图 13-12　随机验证码　　　　　　图 13-13　刷新验证码

具体操作步骤如下：

01 创建 HTML 文件，并输入代码如下：

```html
<!DOCTYPE html>
<html>
<head>
<meta charset="utf-8" />
<title>随机验证码</title>
</head>
<body>
<span id="msg"></span>
<input type="button" value="刷新">
</body>
</html>
```

 <span>标记没有什么特殊的意义，它显示某行内的独特样式，在这里主要用于显示产生的验证码。为了保证后面程序的正常运行，一定不要省略 id 属性及修改取值。

02 新建 JavaScript 文件，保存文件名为 getCode.js，保存在与 HTML 文件相同的位置。在 getCode.js 文件中输入如下代码。

```javascript
/*产生随机数函数*/
function validateCode(n){
    /*验证码中可能包含的字符*/
    var
s="abcdefghijklmnopqrstuvwxyzABCDEFGHIJKLMNOPQRSTUVWXYZ0123456789";
    var ret="";  //保存生成的验证码
```

```
    /*利用循环，随机产生生验证码中的每个字符*/
    for(var i=0;i<n;i++)
    {
        var index=Math.floor(Math.random()*62); //随机产生一个0-62之间的数字
        ret+=s.charAt(index);
        //将随机产生的数字当作字符串的位置下标，在字符串s中取出该字符，并入ret中
    }
    return ret;    //返回产生的验证码
}

/*显示随机数函数*/
function show(){
    document.getElementById("msg").innerHTML=validateCode(4);
    //在id为msg的对象中显示验证码
}
window.onload=show;    //页面加载时执行函数show
```

在 getCode.js 文件中，validateCode 函数主要用于产生指定位数的随机数，并返回该随机数。函数 show 主要是调用 validateCode 函数，并在 id 为 msg 的对象中显示随机数。

在 show 函数中，document 的 getElementById("msg")函数是使用 DOM 模型获得对象，innerHTML 属性是修改对象的内容，后面会详细讲述。

03 在 HTML 文件的 head 部分，输入 JavaScript 代码，如下所示。

```
<script src="getCode.js" type="text/javascript"></script>
```

04 在 HTML 文件中，修改"刷新"按钮代码，修改<input type="button" value="刷新">这一行代码，如下所示。

```
<input type="button" value="刷新" onclick="show()"/>
```

05 保存网页后，即可查看最终效果。

在本例中，使用了两种方法为对象增加事件。在 HTML 代码中增加事件，即刷新按钮增加的 onclick 事件。在 JS 代码中增加事件，即在 JS 代码中为窗口增加 onload 事件。

【例 13.10】设计程序，实现动态显示当前时间，如图 13-14 所示。

提示：需要使用定时函数 setTimeOut，实现每隔一定时间调用函数。

图 13-14 动态时钟

具体操作步骤如下：

01 创建 HTML 文件，输入代码如下：

```html
<!DOCTYPE html>
<html>
<head>
<title>动态时钟</title>
</head>
<body>
<h1 id="date"></h1>
<span id="msg"></span>
</body>
</html>
```

 为了保证程序的正常运行，<h1>标记和<span>标记的 id 属性不能省略，并且取值也不要修改。如果修改，后面的代码中也应保持一致。

02 新建 JavaScript 文件，保存文件名为 clock.js，保存在与 HTML 文件相同的位置。在 clock.js 文件中输入如下代码。

```javascript
function showDateTime(){
var sWeek=new Array("日","一","二 ","三","四","五","六");//声明数组存储一周七天
var myDate=new Date();  // 当天的日期
var sYear=myDate.getFullYear();  // 年
var sMonth=myDate.getMonth()+1;  // 月
var sDate=myDate.getDate();    // 日
var sDay=sWeek[myDate.getDay()];  // 根据得到的数字星期，利用数组转换成汉字星期
var h=myDate.getHours();   //小时
var m=myDate.getMinutes();  //分钟
var s=myDate.getSeconds();  //秒钟

//输入日期和星期
document.getElementById("date").innerHTML=(sYear + "年" + sMonth + "月" +
sDate + "日" + " 星期" + sDay + "<br/>");
```

```
    h=formatTwoDigits(h)    //格式化小时，如果不足两位前补0
    m=formatTwoDigits(m)    //格式化分钟，如果不足两位前补0
    s=formatTwoDigits(s)    //格式化秒钟，如果不足两位前补0
    //显示时间
    document.getElementById("msg").innerHTML=(imageDigits(h) + "<img
src='images/dot.png'>" +
            imageDigits(m) + "<img src='images/dot.png'>"  +
            imageDigits(s) +  "<br/>");
    setTimeout("showDateTime()",1000);  //每秒执行一次showDateTime函数
    }
    window.onload=showDateTime;  //页面的加载事件执行时，调用函数

    //如果输入数是1位数，在十位数上补0
    function formatTwoDigits(s) {
      if (s<10) return "0"+s;
      else return s;
    }

    /*将数转换为图像，注意，在本文件的相同目录下已有0-9的图像文件，文件名为
0.png,1.png …… 以此类推*/
    function imageDigits(s) {
      var ret= "";
      var s= new String(s);
      for(var i=0; i<s.length; i++) {
      ret+= '<img src="images/' + s.charAt(i) + '.png">';
      }
      return ret;
    }
```

在 clock.js 文件中，showDateTime 函数主要用于产生日期和时间，并且对日期和时间进行格式化。formatTwoDigits 函数是将一位的日期或时间前面补 0 变成两位。imageDigits 是将数字用相应图片代替。

setTimeout 是 window 对象的方法，按照指定的时间间隔执行相应函数，详见第 15 章。

03 在 HTML 文件的 head 部分，输入 JavaScript 代码，如下所示。

```
<script src="clock.js"></script>
```

13.6 专家解惑

1. 如何产生指定范围内的随机整数？

答：在实际开发中，会经常使用指定范围内的随机整数。借助数学函数，总结以下两种指定范围内的随机整数产生方法。

（1）产生 0 至 n 之间的随机数：Math.floor(Math.random()*(n+1))。

（2）产生 n1 至 n2 之间的随机数：Math.floor(Math.random()*(n2-n1))+n1。

2. alert 弹出窗口内容的格式化。

答：使用 alert 弹出窗口时，窗口内容的显示格式可以借助转义字符进行格式化。如果希望窗口内容按指定位置换行，添加转义字符"\n"；如果希望转义字符间有制表位间隔，可使用转义字符"\t"，其他请借鉴转义字符部分。

3. 时间单位间的转换。

答：时间单位主要包括毫秒、秒、分钟、小时。时间的单位转换如下：

1000 毫秒=1 秒

60 秒=1 分钟

60 分钟=1 小时

4. JavaScript 中只有一维数组吗？

答：JavaScript 支持二维及二维以上数组。但是，在 JavaScript 中，二维及二维以上数组都需要先创建一维数组，然后把一维数组中的元素当作一个数组，依次嵌套，得到更多维数的数组。

第14章　JavaScript对象编程

JavaScript 是一种基于对象的语言，包含了许多对象，例如 date、window（窗口）和 document（文档）对象等，利用这些对象可以很容易地实现 JavaScript 编程速度并加强 JavaScript 程序功能。

14.1　文档对象模型

HTML DOM 是 HTML Document Object Model（文档对象模型）的缩写，HTML DOM 是专门适用于 HTML/XHTML 文档的对象模型。可以将 HTML DOM 理解为网页的 API，它将网页中的各个元素都看作一个对象，从而使网页中的元素也可以被计算机语言获取或者编辑。例如 JavaScript 就可以利用 HTML DOM 动态地修改网页。

14.1.1　文档对象模型概述

DOM 是 W3C 组织推荐的处理 HTML/XML 的标准接口。DOM 实际上是以面向对象的方式描述的对象模型，定义了表示和修改文档所需要的对象、这些对象的行为和属性以及这些对象之间的关系。

各种语言可以按照 DOM 规范去实现这些接口，给出解析文件的解析器。DOM 规范中所指的文件相当广泛，其中包括 XML 文件以及 HTML 文件。DOM 可以看作是一组 API（Application Program Interface，应用编程接口），把 HTML 文档、XML 文档等看作一个文档对象，在接口里面存放着大量方法，其功能是对这些文档对象中的数据进行存取，并且利用程序对数据进行相应处理。DOM 技术并不是首先用于 XML 文档，对于 HTML 文档来说，其早已可以使用 DOM 来读取里面的数据了。

DOM 可以由 JavaScript 实现，它们两者之间的结合非常紧密，甚至可以说如果没有 DOM，在使用 JavaScript 时遇到的困难是不可想象的，因为我们每解析一个节点一个元素都要耗费很多精力，DOM 本身是设计为一种独立的程序语言，以一致的 API 存取文件的结构表述。

在使用 DOM 进行解析 HTML 对象的时候，首先在内存中构建起一棵完整的解析树，借此实现对整个 XML 文档的全面、动态访问。也就是说，它的解析是有层次的，即将所有的 HTML 中的元素都解析成树上层次分明的节点，然后我们可以对这些节点执行添加、删除、修改及查看等操作。

目前 W3C 提出了三个 DOM 规范，分别是 DOM Level1、DOM Level2、DOM Level3。

14.1.2　在 DOM 模型中获得对象的方法

在 DOM 结构中，其根结点由 document 对象表示，对于 HTML 文档而言，实际上就是<html>元素。当使用 JavaScript 脚本语言操作 HTML 文档时，document 指向整个文档，<body>、<table>等结点类型即为 Element，Comment 类型的结点则是指文档的注释。在使用 DOM 操作 XML 和 HTML 文档时，经常要使用 document 对象。document 对象是一棵文档树的根，该对象可为我们提供对文档数据的最初（或最顶层）的访问入口。

【例 14.1】（实例文件：ch14\14.1.html）

```
<!DOCTYPE html>
<html>
<head>
<title>解析HTML对象</title>
<script type="text/javascript">
window.onload = function(){
  var zhwHtml = document.documentElement;
//通过docuemnt.documentElement获取根节点
  alert(zhwHtml.nodeName); //打印HTML节点名称
  var zhwBody = document.body; //获取body标签节点
  alert(zhwBody.nodeName); //打印BODY节点的名称
  var fH = zhwBody.firstChild; //获取body的第一个子节点
  alert(fH+"body的第一个子节点");
  var lH = zhwBody.lastChild; //获取body的最后一个子节点
  alert(lH+"body的最后一个子节点");
  var ht = document.getElementById("zhw"); //通过id获取<h1>
  alert(ht.nodeName);
  var text = ht.childNodes;
  alert(text.length);
  var txt = ht.firstChild;
  alert(txt.nodeName);
  alert(txt.nodeValue);
  alert(ht.innerHTML);
  alert(ht.innerText+"Text");
  }
</script>
</head>
<body>
<h1 id="zhw">我是一个内容节点</h1>
```

```
</body>
</html>
```

在上面的代码中，首先获取 HTML 文件的根节点，即使用"document.documentElement"语句获取，下面分别获取了 body 节点、body 的第一个节点、最后一个子节点。语句"document.getElementById("zhw")"表示获得指定节点，并输出节点名称和节点内容。

在 IE 11.0 中的浏览效果如图 14-1 所示，可以看到当页面显示的时候，JavaScript 程序会依次将 HTML 的相关节点输出，例如输出 HTML、Body 和 H1 等节点。

图 14-1　输入 DOM 对象中节点

14.1.3　事件驱动

JavaScript 是基于对象（Object Based）的语言。基于对象的基本特征就是采用事件驱动（Event Driver），它是在用图形界面的环境下使得一切输入变得简单化。通常鼠标或热键的动作称为事件（Event），而由鼠标或热键引发的一连串程序的动作称为事件驱动（Event Driver）。对事件进行处理程序或函数称为事件处理程序（Event Handler）。

要使事件处理程序能够启动，必须先告诉对象如果发生了什么事情需要启动什么处理程序，否则这个流程就不能进行下去。事件的处理程序可以是任意 JavaScript 语句，但是一般用特定的自定义函数（function）来处理事情。

事件定义了用户与页面交互时产生的各种操作，例如单击超链接或按钮时，就会产生一个单击（click）事件，click 事件触发标记中的 onclick 事件处理。浏览器在程序运行的大部分时间都等待交互事件的发生，并在事件发生时自动调用事件处理函数完成事件处理过程。

事件不但可以在用户交互过程中产生，而且浏览器自己的一些动作也可以产生。例如，当载入一个页面时就会发生 load 事件，卸载一个页面时就会发生 unload 事件。归纳起来，必须使用的事件有以下三大类：

● 引起页面之间跳转的事件，主要是超链接事件。

● 事件浏览器自己引起的事件。

● 事件在表单内部同界面对象的交互。

【例 14.2】（实例文件：ch14\14.2.html）

```html
<!DOCTYPE html>
<html>
<head>
<title>JavaScript事件驱动</title>
<script language="javascript">
function countTotal(){
var elements = document.getElementsByTagName("input");
window.alert("input类型节点总数是:" + elements.length);
}
function anchorElement(){
var element = document.getElementById("ss");
window.alert("按钮的value是:" + element.value);
}
</script>
</head>
<body>
<table width="364" border="1" cellpadding="0" cellspacing="0">
<form action="" name="form1" method="post">
<tr>
    <td width="20%"> 用户名</td>
    <td width="80%"> <input type="text" name="input1" value=""></td>
</tr>
<tr>
    <td> 密码</td>
    <td> <input type="password" name="password1" value=""></td>
</tr>
<tr>
    <td> </td>
    <td><input id="ss" type="submit" name="Submit" value="提交"></td>
</tr>
</form>
</table>
<a href="javascript:void(0);" onClick="countTotal();">
统计input子节点总数</a>
<a href="javascript:void(0);" onClick="anchorElement();">获取提交按钮内容
</a>
</body>
</html>
```

在上面的 HTML 代码中创建了两个超链接，并给这两个超链接添加了单击事件，即 onclick

事件。当单击超链接时会触发 countTotal 和 anchorElement()函数。在 JavaScript 代码中，创建了 countTotal 和 anchorElement()函数。countTotal 函数中使用"document.getElementsByTagName ("input");"语句获取节点名称为 input 的所有元素，并将它存储到一个数组中，然后将这个数组长度输出；在 anchorElement()函数中，使用"document.getElementById("submit")"获取按钮节点对象，并将此对象的值输出。

在 IE 11.0 中的浏览效果如图 14-2 所示，可以看到当页面显示的时候，当单击【统计 input 子节点总数】和【获取提交按钮内容】超链接时，会分别显示 input 的子节点数和提交按钮的 value 内容。从执行结果来看，当单击超级链接时，会触发事件处理程序，即调用 JavaScript 函数。JavaScript 函数执行时，会根据相应程序代码完成相关操作，例如本实例的统计节点数和获取按钮 value 内容等。

图 14-2　事件驱动显示

14.2　窗口对象

window 对象在客户端 JavaScript 中扮演重要的角色，既是客户端程序的全局（默认）对象，还是客户端对象层次的根。它是 JS 中最大的对象，描述的是一个浏览器窗口，一般要引用它的属性和方法时，不需要用"Window.XXX"这种形式，而是直接使用"XXX"。一个框架页面也是一个窗口。Window 对象表示浏览器中打开的窗口。

14.2.1　窗口概述

window 对象表示一个浏览器窗口或一个框架。在客户端 JavaScript 中，window 对象是全局对象，所有的表达式都在当前的环境中计算。也就是说，要引用当前窗口根本不需要特殊的语法，可以把那个窗口的属性作为全局变量来使用。例如，可以只写 document，而不必写 window.document。同样，可以把当前窗口对象的方法当作函数来使用，如只写 alert()，而不必写 window.alert()。

　　window 对象还实现了核心 JavaScript 所定义的所有全局属性和方法。window 对象的 window 属性和 self 属性引用的都是它自己。window 对象属性如表 14-1 所示。

表 14-1　window 对象属性

属性名称	说明
closed	一个布尔值，当窗口被关闭时此属性为 true，默认为 false
defaultStatus, status	一个字符串，用于设置在浏览器状态栏显示的文本
document	对 document 对象的引用，该对象表示在窗口中显示的 HTML 文件
frames[]	window 对象的数组，代表窗口的各个框架
history	对 history 对象的引用，该对象代表用户浏览器窗口的历史
innerHight, innerWidth, outerHeight, outerWidth	分别表示窗口的内外尺寸
location	对 location 对象的引用，该对象代表在窗口中显示的文档的 URL
locationbar,menubar, scrollbars,statusbar,toolbar	对窗口中各种工具栏的引用，像地址栏、工具栏、菜单栏、滚动条等。这些对象分别用来设置浏览器窗口中各个部分的可见性
name	窗口的名称，可被 HTML 标记<a>的 target 属性使用
opener	对打开当前窗口的 window 对象的引用。如果当前窗口被用户打开，则它的值为 null
pageXOffset, pageYOffset	在窗口中滚动到右边和下边的数量
parent	如果当前的窗口是框架，它就是对窗口中包含这个框架的引用
self	自引用属性，是对当前 window 对象的引用，与 window 属性相同
top	如果当前窗口是一个框架，那么它就是对包含这个框架顶级窗口的 window 对象的引用。注意，对于嵌套在其他框架中的框架来说，top 不等同于 parent
window	自引用属性，是对当前 window 对象的引用，与 self 属性相同

　　window 对象的常用函数如表 14-2 所示。

表 14-2　window 对象函数

函数名称	说明
close()	关闭窗口
find(), home(), print(), stop()	执行浏览器查找、主页、打印和停止按钮的功能，就像用户单击了窗口中这些按钮一样
focus(), blur()	请求或放弃窗口的键盘焦点。focus()函数还将把窗口置于最上层，使窗口可见
moveBy(), moveTo()	移动窗口
resizeBy(), resizeTo()	调整窗口大小
scrollBy(), scrollTo()	滚动窗口中显示的文档
setInterval(), clearInterval()	设置或者取消重复调用的函数，该函数在两次调用之间有指定的延迟
setTimeout(), clearTimeout()	设置或者取消在指定的若干秒后调用一次的函数

【例 14.3】（实例文件：ch14\14.3.html）

```
<!DOCTYPE html>
<html>
<head>
<title>window属性</title>
</head>
<body>
<script language="JavaScript">
function shutwin(){
window.close();
return;}
</script>
<a href="javascript:shutwin();">关闭本窗口</a>
</body>
</html>
```

在上面的代码中，创建一个超级链接并为超级链接添加了一个事件，即单击超级链接时会调用函数 shutwin。在函数 shutwin 中，使用了 window 对象的函数 close，关闭当前窗口。

在 IE 11.0 中的浏览效果如图 14-3 所示，当单击超级链接【关闭本窗口】时，会弹出一个对话框询问是否关闭当前窗口，单击【是】按钮会关闭当前窗口，否则不关闭当前窗口。

图 14-3　浏览效果

14.2.2　对话框

对话框的作用就是和浏览者进行交流，有提示、选择和获取信息的功能。JavaScript 提供了三个标准的对话框，分别是弹出对话框、选择对话框和输入对话框。这三个对话框都是基于window 对象产生的，即作为 window 对象的方法而使用的。

window 对象中的对话框如表 14-3 所示。

表 14-3　window 对象对话框

对话框	说明
alert()	弹出一个只包含【确定】按钮的对话框
confirm()	弹出一个包含【确定】和【取消】按钮的对话框，要求用户做出选择。用户如果单击【确定】按钮，就返回 true 值，如果单击【取消】按钮，就返回 false 值
Prompt()	弹出一个包含【确定】、【取消】按钮和一个文本框的对话框，要求用户在文本框中输入一些数据。用户如果单击【确定】按钮，就返回文本框里已有的内容；如果单击【取消】按钮，就返回 null 值；如果指定<初始值>，那么文本框里会有默认值

【例 14.4】（实例文件：ch14\14.4.html）

```
<!DOCTYPE html>
<html>
<head>
<script type="text/javascript">
function display_alert()
{
   alert("我是弹出对话框")
```

```
}
function disp_prompt()
{
  var name=prompt("请输入名称","")
  if (name!=null && name!="")
  {
    document.write("你好 " + name + "!")
  }
}
function disp_confirm()
{
  var r=confirm("按下按钮")
  if (r==true)
  {
    document.write("单击确定按钮")
  }
  else
  {
    document.write("单击返回按钮")
  }
}
</script>
</head>
<body>
<input type="button" onclick="display_alert()" value="弹出对话框" />
<input type="button" onclick="disp_prompt()" value="输入对话框" />
<input type="button" onclick="disp_confirm()"  value="选择对话框" />
</body>
</html>
```

在 HTML 代码中，创建了三个表单按钮，并分别为三个按钮添加了单击事件，即单击不同的按钮时调用不同的 JavaScript 函数。在 JavaScript 代码中，创建了三个 JavaScript 函数，这三个函数分别调用 window 对象的 alert、confirm 和 prompt 函数创建不同形式的对话框。

在 IE 11.0 中的浏览效果如图 14-4 所示，当单击三个按钮时会显示不同的对话框类型，例如弹出对话框、选择对话框和输入对话框。

图 14-4　对话框显示

14.2.3　窗口操作

上网的时候会遇到这样的情况，当进入首页或者按一个链接或按钮时，会弹出一个窗口，通常窗口里会显示一些注意事项、版权信息、警告、欢迎光顾之类的话或者其他需要特别提示的信息。实现弹出窗口非常简单，需要使用 window 对象的 open 函数。

open()函数提供了很多可供用户选择的参数，用法是：

```
open(<URL字符串>, <窗口名称字符串>, <参数字符串>);
```

其中，各个参数的含义如下：

- <URL 字符串> 指定新窗口要打开网页的 URL 地址，如果为空（''），则不打开任何网页。
- <窗口名称字符串> 指定被打开新窗口的名称（window.name），可以使用 "_top" "_blank" 等内置名称。这里的名称跟 "<a href="..."target="...">" 里的 "target" 属性是一样的。
- <参数字符串> 指定被打开新窗口的外观。如果只需要打开一个普通窗口，该字符串留空（''），如果要指定新窗口，就在字符串里写上一到多个参数，参数之间用逗号隔开。

open()函数第 3 个参数有如下几个可选值：

- top=0，窗口顶部离开屏幕顶部的像素数。
- left=0，窗口左端离开屏幕左端的像素数。
- width=400，窗口的宽度。
- height=100，窗口的高度。
- menubar=yes|no，窗口是否有菜单，取值 yes 或 no。
- toolbar= yes|no，窗口是否有工具栏，取值 yes 或 no。
- location= yes|no，窗口是否有地址栏，取值 yes 或 no。
- directories= yes|no，窗口是否有连接区，取值 yes 或 no。
- scrollbars=…，窗口是否有滚动条，取值 yes 或 no。
- status= yes|no，窗口是否有状态栏，取值 yes 或 no。
- resizable= yes|no，窗口是否可以调整大小，取值 yes 或 no。

例如，打开一个宽为 500、高为 200 的窗口，使用语句：

```
open('','_blank','width=500,height=200,menubar=no,toolbar=no,
location=no,directories=no,status=no,scrollbars=yes,resizable=yes')
```

【例 14.5】（实例文件：ch14\14.5.html）

```
<!DOCTYPE html>
<html>
<head>
<title>打开新窗口</title>
</head>
<body>
<script language="JavaScript">
<!—
function setWindowStatus()
{
window.status="Window对象的简单应用案例，这里的文本是由status属性设置的。";
}
function NewWindow() {
    msg=open("","DisplayWindow","toolbar=no,directories=no,menubar=no");
    msg.document.write("<HEAD><TITLE>新窗口</TITLE></HEAD>");
    msg.document.write("<CENTER><h2>这是由Window对象的Open方法所打开的新窗
口!</h2></CENTER>");
    }
</script>
<body onload="setWindowStatus()">
<input type="button" name="Button1" value="打开新窗口"
onclick="NewWindow()">
</body>
</html>
```

在代码中，使用 onload 加载事件，调用 JavaScript 函数 setWindowStatus 来设置状态栏的显示信息。创建了一个按钮并为按钮添加了单击事件，在 NewWindow 函数中使用 open 打开了一个新的窗口。

在 IE 11.0 中的浏览效果如图 14-5 所示，当单击页面中的【打开新窗口】按钮时，会显示新窗口。在新窗口中没有显示地址栏和菜单栏等信息。

图 14-5　使用 open 函数打开新窗口

14.3 文档对象

document 对象是客户端使用最多的 JavaScript 对象，除了常用的 write()函数之外，还定义了文档整体信息属性，如文档 URL、最后修改日期、文档要链接到的 URL、显示颜色等。

14.3.1 文档的属性

window 对象具有 document 属性，该属性表示在窗口中显示 HTML 文件的 document 对象。客户端 JavaScript 可以把静态 HTML 文档转换成交互式的程序，因为 document 对象提供交互访问静态文档内容的功能。除了提供文档整体信息的属性外，document 对象还有很多重要属性，这些属性提供文档内容的信息。

document 对象有很多函数，其中包括以前程序中经常看到的 document.write()，如表 14-4 所示。

表 14-4 document 对象函数

函数名称	说明
close()	关闭或结束 open()函数打开的文档
open()	产生一个新文档，并清除已有文档的内容
write()	输入文本到当前打开的文档
writeln()	输入文本到当前打开的文档，并添加一个换行符
document.createElement(Tag)	创建一个 html 标记对象
document.getElementById(ID)	获得指定 ID 值的对象
document.getElementsByName(Name)	获得指定 Name 值的对象

表 14-5 中列出了 document 对象中定义的常用属性。

表 14-5 document 对象属性

属性名称	说明
alinkColor , linkColor, vlinkColor	这些属性描述了超链接的颜色。linkColor 指未访问过的链接的正常颜色，vlinkColor 指访问过的链接的颜色，alinkColor 指被激活的链接的颜色。这些属性对应于 HTML 文档中 body 标记的 alink、link 和 vlink 属性
anchors[]	anchor 对象的一个数组，保存着代表文档中锚的集合
applets[]	applet 对象的一个数组，代表文档中的 Java 小程序
bgColor, fgColor	文档的背景色和前景色，这两个属性对应于 HTML 文档中 body 标记的 bgcolor 和 text 属性

（续表）

属性名称	说明
cookie	一个特殊属性，允许 JavaScript 脚本读写 HTTP cookie
domain	该属性使处于同一域中相互信任的 Web 服务器在网页间交互时能协同忽略某项案例性限制
forms[]	form 对象的一个数组，代表文档中 form 标记的集合
images[]	image 对象的一个数组，代表文档中<img>标记集合
lastModified	一个字符串，包含文档的最后修改日期
links[]	link 对象的一个数组，代表文档的链接<a>标记的集合
location	等价于属性 URL
referrer	文档的 URL，包含把浏览器带到当前文档的链接
title	当前文档的标题，即<title>和</title>之间的文本
URL	一个字符串。声明装载文件的 URL，除非发生了服务器重定向，否则该属性的值与 window 对象的 Location.href 相同

一个 HTML 文档中的每个<form>标记都会在 document 对象的 Forms[]数组中创建一个元素，同样，每个<img>标记也会创建一个 images[]数组的元素。同时，这一规则还适用于<a>和<applet>标记，它们分别对应于 Links[]和 applets[]数组的元素。

在一个页面中，document 对象具有 form、image 和 applet 子对象。通过在对应的 HTML 标记中设置 name 属性，就可以使用名字来引用这些对象。包含有 name 属性时，它的值将被用作 document 对象的属性名来引用相应的对象。

【例 14.6】（实例文件：ch14\14.6.html）

```
<!DOCTYPE html>
<html>
<head>
<title>使用document属性</title>
</head>
<body>
<div>
<H2>在文本框中输入内容，注意第二个文本框变化：</H2>
<form>
内容: <input type=text
onChange="document.my.elements[0].value=this.value;" >
</form>
<form name="my">
结果: <input type=text
```

```
onChange="document.forms[0].elements[0].value=this.value;">
</form>
</div>
</body>
</html>
```

在上面的代码中，document.forms[0]引用了当前文档中的第一个表单对象，document.my
则引用了当前文档中 name 属性为 my 的表单。完整的 document.forms[0].elements[0].value 引用
了第一个表单中第一个文本框的值，而 document.my.elements[0].value 引用了名为 my 的表单中
第一个文本框的值。

在 IE 11.0 中的浏览效果如图 14-6 所示。当在第一个文本框输入内容时，鼠标放到第二个
文本框时，会显示第一个文本框输入的内容。在第一个表单的文本框中输入内容，然后触发了
onChange 事件（当文本框的内容改变时触发），使第二个文本框中的内容与此相同。

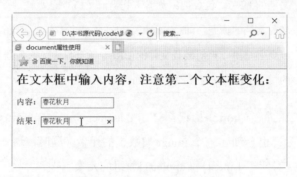

图 14-6　document 对象使用

14.3.2　文档中的图片

如果要使用 JavaScript 代码对文档中的图像标记<img>进行操作，需要使用到 document 对
象。document 对象提供了多种访问文档中标记的方法，下面以图像标记为例。

（1）通过集合引用

```
document.images          //对应页面上的<img>标记
document.images.length      //对应页面上<img>标记的个数
document.images[0]       //第1个<img>标记
document.images[i]       //第i-1个<img>标记
```

（2）通过 name 属性直接引用

```
<img name="oImage">
<script language="javascript">
document.images.oImage    //document.images.name属性
</script>
```

（3）引用图片的 src 属性

```
document.images.oImage.src  //document.images.name属性.src
```

【例 14.7】（实例文件：ch14\14.7.html）

```
<html>
<head>
<title>文档中的图片</title>
</head>
<body>
<p>下面显示了一张图片</p>
<img name=image1 width=200 height=120>
<script language="javascript">
   var image1
   image1=new image()
   document.images.image1.src="12.jpg"
</script>
</body>
</html>
```

在上面的代码中，首先创建了一个<img>标记，此标记没有使用 src 属性。在 JavaScript 代码中，创建了一个 image1 对象，该对象使用 new image 函数声明。然后使用 document 属性设置<img>标记的 src 属性。

在 IE 11.0 中的浏览效果如图 14-7 所示，显示一个图片和一段信息。

图 14-7　在文档中设置图片

14.3.3　文档中的超链接

文档对象 document 中有一个 links 属性，该属性返回页面中所有链接标记所组成的数组，同样可以用于进行一些通用的链接标记处理。例如，在 Web 标准的 strict 模式下，链接标记的

target 属性是被禁止的，若使用则无法通过 W3C 关于网页标准的验证。若要在符合 strict 标准的页面中能让链接在新建窗口中打开，则可使用如下代码。

```
var links=document.links;
for(var i=0;i<links.length;i++){
links[i].target="_blank";
}
```

【例 14.8】（实例文件：ch14\14.8html）

```
<!DOCTYPE html>
<html>
<head>
<title>显示页面的所有链接</title>
<script language="JavaScript1.2">
function extractlinks(){
var links=document.all.tags("A")
var links=document.links;
var total=links.length
var win2=window.open("","","menubar,scrollbars,toolbar")
win2.document.write("<font size='2'>一共有"+total+"个链接</font><br />")
for(i=0;i<total;i++){
win2.document.write("<font size='2'>"+links[i].outerHTML+"</font><br
/>")
}
}
</script>
</head>
<body>
<input type="button" onclick="extractlinks()" value="显示所有的链接">
<p>  </p>
<p><a target="_blank" href="http://www.sohu.com/">搜狐</a></p>
<p><a target="_blank" href="http://www.sina.com/">新浪</a></p>
<p><a target="_blank" href="http://www.163.com/">163</a></p>
<p>链接1</p>
<p>链接1</p>
<p>链接1</p>
<p>链接1</p>
</body>
</html>
```

在 HTML 代码中，创建了多个标记，例如表单标记 input、段落标记和三个超链接标记。在 JavaScript 函数中，函数 extractlinks 的功能就是获取当前页面中的所有超链接，并在新窗口中输出。其中，"document.links"就是获取当前页面所有链接并存储到数组中，其功能和语句"document. all.tags("A")"功能相同。

在 IE 11.0 中的浏览效果如图 14-8 所示，在页面中单击【显示所有的链接】按钮，会弹出一个新的窗口，并显示原来窗口中所有的超链接，如图 14-9 所示。单击按钮时就触发了一个按钮单击事件，并调用了事件处理程序，即函数。

图 14-8　获取所有链接

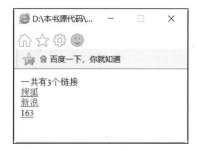

图 14-9　超级链接新窗口

14.4　表单对象

每一个 form 对象都对应着 HTML 文档中的一个<form>标记。通过 form 对象可以获得表单中的各种信息，也可以提交或重置表单。由于表单中还包括了很多表单元素，因此，form 对象的子对象还可以对这些表单元素进行引用，以完成更具体的应用。

14.4.1　form 对象

form 对象代表一个 HTML 表单。在 HTML 文档中<form>标记每出现一次，form 对象就会被创建。在使用单独的表单 form 对象之前，首先要引用 form 对象。form 对象由网页中的<form></form> 标记对创建。相似的，form 里边的元素也是由 <input> 等标记创建的，它们被存放在数组 elements 中。

一个表单隶属于一个文档，对于表单对象的引用可以通过使用隶属文档的表单数组进行引用，即使在只有一个表单的文档中，表单也是一个数组的元素，其引用形式如下：

```
Document.forms(0)
```

需要注意的是，表单数组引用采用的是 form 的复数形式 forms，数组的下标总是从 0 开始。

在对表单命名后，也可以简单地通过名称进行引用，比如表单的名称是 MForm，则引用形式如下：

```
Document.MForm
```

【例 14.9】（实例文件：ch14\14.9html）

```
<!DOCTYPE html>
<html>
<head>
<title>form表单长度</title>
</head>
<body>
<form id="myForm" method="get">
名称: <input type="text" size="20" value="" /><br />
密码: <input type="text" size="20" value="" />
<input type=submit value="登录">
</form>
<script type="text/javascript">
document.write("表单中所包含的子元素");
document.write(document.getElementById('myForm').length);
</script>
</body>
</html>
```

在上面的 HTML 代码中，创建了一个表单对象，其 ID 名称为"myForm"。在 JavaScript 程序代码中，使用"document.getElementById('myForm')"语句获取当前的表单对象，最后使用 length 属性显示表单元素长度。

在 IE 11.0 中的浏览效果如图 14-10 所示，会显示一个表单信息，表单中包含两个文本输入框和一个按钮。在表单的下面有一个段落，该段落显示表单元素中包含的子元素。

图 14-10   使用 form 属性

14.4.2   form 对象属性与方法

表单允许客户端的用户以标准格式向服务器提交数据。表单的创建者为了收集所需数据，使用了各种控件设计表单，如 input 或 select。查看表单的用户只需填充数据并单击提交按钮即可向服务器发送数据，服务器上的脚本会处理这些数据。

表单元素的常用属性如表 14-6 所示。

表 14-6　form 对象常用属性

属性	说明
action	设置或返回表单的 action 属性
enctype	设置或返回表单用来编码内容的 MIME 类型
id	设置或返回表单的 id
length	返回表单中的元素数目
method	设置或返回将数据发送到服务器的 HTTP 方法
name	设置或返回表单的名称
target	设置或返回表单提交结果的 Frame 或 Window 名

表单元素的常用方法如表 14-7 所示。

表 14-7　form 对象常用方法

方法	说明
reset()	把表单的所有输入元素重置为它们的默认值
submit()	提交表单

【例 14.10】（实例文件：ch14\14.10html）

```
<!DOCTYPE html>
<html>
<head>
<script type="text/javascript">
function formSubmit()
{
  document.getElementById("myForm").submit()
}
</script>
</head>
<body>
<form id="myForm" action="1.jsp" method="get">
姓名: <input type="text" name="name" size="20"><br />
住址: <input type="text" name="address" size="20"><br />
<br />
<input type="button" onclick="formSubmit()" value="提交">
</form>
</body>
</html>
```

在 HMTL 代码中，创建了一个表单，其 ID 名称为"myForm"，其中包含了文本域和按钮。在 JavaScript 程序中，使用"document.getElementById("myForm")"语句获取当前表单对象，并利用表单方法 submit 执行提交操作。

在 IE 11.0 中的浏览效果如图 14-11 所示，在页面中的表单里输入相关信息后，单击【提交】按钮，会将文本域信息提交给服务器程序。通过表单的按钮触发了 JavaScript 的提交事件。

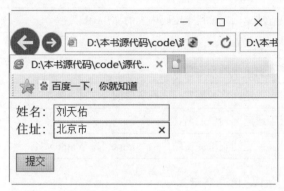

图 14-11   form 表单提交

14.4.3   单选与复选的使用

在表单元素中，单选按钮是常用的元素之一。在浏览器对象中，可以将单选按钮对象看作是一个对象。radio 对象代表 HTML 表单中的单选按钮。在 HTML 表单中，<input type="radio"> 每出现一次，一个 radio 对象就会被创建。单选按钮表示一组互斥选项按钮中的一个。当一个按钮被选中后，之前选中的按钮就变为非选中的。当单选按钮被选中或不选中时，该按钮就会触发 onclick 事件句柄。

同样，表单元素中的复选框在 JavaScript 程序中也可以作为一个对象处理，即 checkbox 对象。checkbox 对象代表一个 HTML 表单中的选择框。在 HTML 文档中，<input type="checkbox"> 每出现一次，checkbox 对象就会被创建。可以通过遍历表单的 elements[] 数组或者使用 document.getElementById() 来访问某个选择框。

在 JavaScript 程序中，单项按钮、复选框对象常用的方法属性和 HTML 标记 radio、checkbox 的方法属性一致，这里就再不重复介绍了。

【例 14.11】（实例文件：ch14\14.11html）

```
<!DOCTYPE html>
<html>
<head>
<script type="text/javascript">
function check(){
  document.getElementById("check1").checked=true
}
function uncheck(){
  document.getElementById("check1").checked=false
```

```
}
function setFocus(){
  document.getElementById('male').focus()
}
function loseFocus(){
  document.getElementById('male').blur()
}
</script>
</head>
<body>
<form>
男: <input id="male" type="radio" name="Sex" value="男" />
女: <input id="female" type="radio" name="Sex" value="女" /><br />
<input type="button" onclick="setFocus()" value="设置焦点" />
<input type="button" onclick="loseFocus()" value="失去焦点" />
<br /><hr>
<input type="checkbox" id="check1"/>
<input type="button" onclick="check()" value="选中复选框" />
<input type="button" onclick="uncheck()" value="取消复选框" />
</form>
</body>
</html>
```

在上面的 JavaScript 代码中，创建了四个 JavaScript 函数，用于设置单选按钮和复选框的属性。前两个函数使用 checked 属性设置复选框状态。后两个函数使用 focus 和 blur 方法设置单选按钮的行为。

在 IE 11.0 中的浏览效果如图 14-12 所示，在该页面中可以通过按钮来控制单选按钮和复选框的相关状态，例如使用【设置焦点】和【失去焦点】设置单选按钮的焦点，使用【选中复选框】和【取消复选框】设置复选框的选中状态。上述操作都是使用 JavaScript 程序完成的。

图 14-12　设置单选按钮和复选框状态

14.4.4　使用下拉菜单

表单中下拉菜单是表单中必不可少的元素之一，在浏览器对象中，下拉菜单可以看作是一个 select 对象，每一个 select 对象代表 HTML 表单中的一个下拉列表。在 HTML 表单中，<select> 标记每出现一次，一个 select 对象就会被创建。可通过遍历表单的 elements[] 数组来访问某个

select 对象，或者使用 document.getElementById()。Select 对象常用的方法属性和<select>标记的属性一样，这里就不再介绍了。

【例 14.12】（实例文件：ch14\14.12html）

```html
<!DOCTYPE html>
<html>
<head>
<script type="text/javascript">
function getIndex()
  {
  var x=document.getElementById("mySelect")
  alert(x.selectedIndex)
  }
</script>
</head>
<body>
<form>
选择自己喜欢的水果：
<select id="mySelect">
  <option>苹果</option>
  <option>香蕉</option>
  <option>橘子</option>
  <option>梨</option>
</select>
<br /><br />
<input type="button" onclick="getIndex()"
value="弹出选择项的序号">
</form>
</body>
</html>
```

在 HTML 代码中，创建了一个下拉菜单，其 ID 名称为 mySelect。当单击按钮时，会调用 getIndex 函数。在 getIndex 函数中，使用语句"document.getElementById("mySelect")"获取下拉菜单对象，然后使用 selectedIndex 属性显示当前选中项的索引。

在 IE 11.0 中的浏览效果如图 14-13 所示，单击【弹出选择项的序号】按钮，可以显示下拉菜单中当前被选中项的索引，例如页面中的提示对话框。注意：这里的序号是从 0 开始的。

图 14-13　获取下拉菜单选中项的序号

14.5 综合实例 1——表单注册与表单验证

如果要成为一个网站会员，不可避免的就是要进行注册、向网站服务器提交个人信息。当用户填写完注册信息后，为了保证这些信息的合法性，还应该对这些信息进行验证。对注册信息的合法性进行验证，可以应用 JavaScript 实现。虽然服务器代码也可以实现，但是使用 JavaScript 代码实现，其速度和安全性比较高。

具体步骤如下所示。

01 分析需求

如果要实现一个表单注册页面，首先需要确定需要浏览者提交何种信息，例如用户名、密码、电子邮件、住址和身份证号等，这些信息确定后，就可以动手创建 HTML 表单了。然后利用表格对表单进行限制，从而完成局部布局，使表单显示样式更加漂亮。最后，使用 JavaScript 代码对表单元素验证，例如不为空、电子邮件格式不正确等。

02 创建 HTML，实现基本表单

在 HTML 页面中，首先创建一个表单对象，表单对象中包括用户名、性别、密码、确认密码、密码问题、问题答案、Email、联系电话和职业等元素对象，这里涉及文本框、下拉菜单和单选按钮等，其代码如下所示。

```
<!DOCTYPE html>
<html>
<head>
<title>表单注册和验证</title>
</head>
<body>
<form name="form1" id="form1" method="post" action="reg2.jsp">
<B>用 户 名</B>:
<INPUT maxLength="10" size=30  name="uid" type="text">
<B>性    别</B>:
<input type=radio CHECKED value="boy" name="gender">
男孩
<input type=radio value="girl"  name="gender">
女孩
<B>密    码</B>:
<input name="psw1"  type="password" size=32>
<tr>
<B>确认密码</B>:
<td ><input name="psw2" type="password" size=32>
<B>密码问题</B>:
<input type=text size=30 name="question" type="text">
```

```
<B>问题答案</B>:
<input type=text size=30 name="answer" type="text">
<B>Email</B>:
<input maxLength=50 size=30 name="email" type="text">
<B>联系电话</B>:
<input maxLength=50 size=30 name="tel" type="text">
    <b>职    业</b>:
    <select name="career" class="input1" />
    <option value="student" selected="selected">学生</option>
<option value="worker" >工人</option>
<option value="teacher" >老师</option>
<option value="famer" >农民</option>
<option value="business" >商人</option>
<input type=submit value="注 册" name=Submit onclick="return check()">
<input type=reset value="清 除" name=Submit2>
</form>
</body>
</html>
```

在 IE 11.0 中的浏览效果如图 14-14 所示，网页中显示了一个表单对象，并包含多个子元素对象，其布局样式混乱。

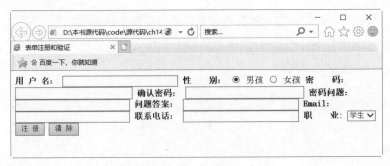

图 14-14　表单显示

03 添加 table 表格，实现表单的基本布局

在 HTML 表单中，加入 table 表格，用表格来控制和定位表单元素对象的位置。其代码如下所示。

```
<form name="form1" id="form1" method="post" action="reg2.jsp">
<table border=1 align=center width=350>
<tr align=middle><Th colSpan=2 height=24>新用户注册</th></tr>
<tr>
<td width="40%" >
<b>用 户 名</b>: </td>
<td width="60%" ><input maxLength="10" size=30  name="uid"
type="text"></td>
</tr>
```

```html
<tr>
<td ><b>性    别</b>: </td>
<td><input type=radio checked value="boy" name="gender">
男孩
<input type=radio value="girl"  name="gender">
女孩</td>
</tr>
<tr>
<td ><b>密    码</b>:
</td>
<td><input name="psw1"  type="password" size=32></td>
<tr>
<td><b>确认密码</b>: </td>
<td ><input name="psw2" type="password" size=32></td>
<tr>
<td ><b>密码问题</b>: </td>
<td>
<input type=text size=30 name="question" type="text">
</td></tr>
<tr>
<td ><b>问题答案</b>: </td>
<td>
<input type=text size=30 name="answer" type="text">
</td></tr>
<tr>
<td><b>Email</b>: </td>
<td>
<input maxLength=50 size=30 name="email" type="text"></td>
</tr>
<tr>
<td><b>联系电话</b>: </td>
<td>
<input maxLength=50 size=30 name="tel" type="text"></td></tr>
    <tr>
    <td><b>职    业</b>:</td>
    <td><select name="career" class="input1" />
    <option value="student" selected="selected">学生</option>
<option value="worker" >工人</option>
<option value="teacher" >老师</option>
<option value="famer" >农民</option>
<option value="business" >商人</option>
    </td>
    </tr><tr>
<td></td><td><input type=submit value="注 册" name=Submit onclick="return
check()">
    <input type=reset value="清 除" name=Submit2>
    </td>
    </tr>
```

```
</table>
</form>
</body>
```

在 IE 11.0 中的浏览效果如图 14-15 所示，可以看到网页中表单元素都嵌套在 table 单元格中，并且长度和宽度都保持一致。

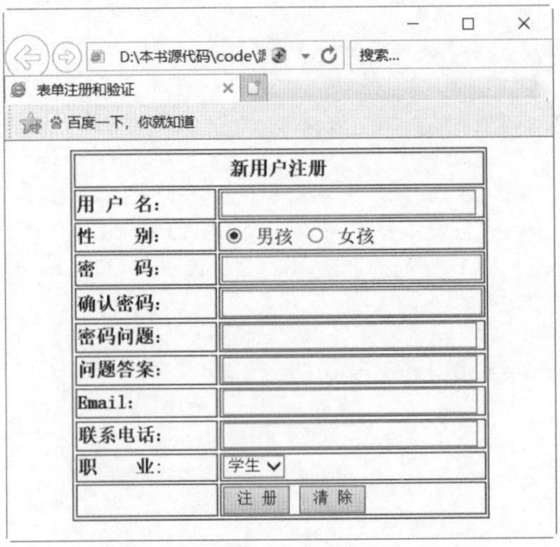

图 14-15　浏览效果

04 添加 JavaScript 代码，实现非空验证

在<head>标记中间，添加 JavaScript 代码，实现对表单元素对象的非空验证，例如验证用户名、密码和确认密码是否为空等，其代码如下所示。

```
<script language="JavaScript">
function check()
{
 fr = document.form1;
 if(fr.uid.value=="")//用户名不能为空
 {
alert("用户ID必须要填写! ");
fr.uid.focus();
 return false;
 }
 if((fr.psw1.value!="")||(fr.psw2.value!=""))//两次密码输入必须一致
 {
if(fr.psw1.value!=fr.psw2.value)
 {
 alert("密码不一致,请重新输入并验证密码! ");
fr.psw1.focus();
 return false;
 }
 }
 else{//密码也不能为空
alert("密码不能为空! ");
fr.psw1.focus();
```

```
 return false;
 }
if(fr.gender.value =="")//性别必须填写
 {
alert("性别必须要填写! ");
fr.name.focus();
 return false;
 }
 fr.submit();
 }
</script>
```

在 IE 11.0 中的浏览效果如图 14-16 所示，如果不在【用户名】文本框中输入信息，当单击
【注册】按钮时，会弹出一个对话框并提示用户名必须填写。这是一个 JavaScript 的非空验证，
其实现使用了 form 对象的属性。例如，在 "fr.uid.value" 语句中，fr 表示 form 对象，uid 表示
用户名，value 表示用户名的文本值。

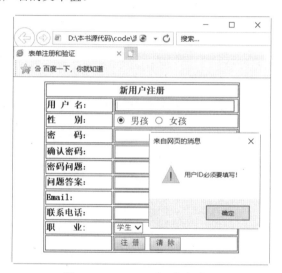

图 14-16　JavaScript 非空验证

05 添加 JavaScript 代码，实现电子邮件地址验证

如果要实现电子邮件地址验证，需要完成两个部分，一个是在 check 函数中加入对 Email
地址的格式获取，另外一个是创建一个函数 isEmail 对输入地址进行判断。

```
if(fr.email.value != "")//验证email的格式
 {
if(!isEmail(fr.email.value)) {
 alert("请输入正确的邮件名称! ");
fr.email.focus();
 return false;
 }
 }
```

```
function isEmail(theStr){
  var atindex=theStr.indexOf('@');
  var dotindex=theStr.indexOf('.',atindex);
  var flag=true;
  thesub=theStr.substring(0,dotindex+1);

if((atindex<1)||(atindex!=theStr.lastIndexOf('@'))||(dotindex<atindex+2)||(
theStr.length<=thesub.length)){
    flag=false;
  }else{
    flag=true;
  }
  return(flag);
}
```

在 IE 11.0 中的浏览效果如图 14-17 所示，当在表单中输入信息后，如果电子邮件地址不符合格式，就会弹出相应对话框，提示邮件地址格式不正确。

图 14-17　验证电子邮件地址

14.6　综合实例 2——省市联动效果

在网页注册时，有时为了增加页面效果和减少浏览者输入的工作量，往往会使用一个菜单的级联效果，即第一个下拉菜单内容改变，此时第二个下拉菜单内容改变；如果第二个下拉菜单改变则第三个下拉菜单内容改动。本实例实现一个省市联动效果：当选择省时，显示该省的市；选择市时，会显示不同的区。

具体实现步骤如下所示。

01 分析需求

实现一个省市联动效果。首先需要确定下拉菜单的个数，这里设定了三个菜单个数，即省、市和区。然后为三个菜单添加相应的数据项，最后使用 JavaScript 完成级联效果。

02 创建 HTML 页面，实现基本下拉菜单

创建 HTML 页面，在里面实现三个下拉菜单，这三个下拉菜单都包含在一个表单中。其代码如下所示。

```
<!DOCTYPE html>
<html>
<head>
<title>省市联动</title>
</head>
<body>
<div align="center">省市联动</div>
<div align="center">
<form name="isc">
<table border="0" cellspacing="0" cellpadding="0">
<tr align="center">
<td nowrap height="11">
<select name="example" size="1"
onChange="redirect(this.options.selectedIndex)">
<option selected>请选择</option>
<option>河南省</option>
<option>山东省</option>
</select>
<br />
 <select name="stage2" size="1"
onChange="redirect1(this.options.selectedIndex)">
<option value=" " selected>所在市</option>
</select>
<br />
<select name="stage3" size="1">
<option value=" " selected>所在区</option>
</select></table>
</form></div>
</body>
</html>
```

在 IE 11.0 中的浏览效果如图 14-18 所示，页面上显示了三个下拉菜单，其中第一个下拉菜单可以选择，其他两个没有相关数据项选择。

图 14-18　设定下拉菜单

03 添加 JavaScript 代码，实现级联效果

下拉菜单实现后，需要为下面两个菜单添加相应的数据选项，并且还需要实现相应级联效果，即在第一个下拉菜单选择后则第二个下拉菜单内容改变，其代码如下所示。

```
<script language="JavaScript">
var groups=document.isc.example.options.length;
var group=new Array(groups);
for(i=0; i<groups;i++)
  group[i]=new Array()
  group[0][0]=new Option("所在市"," ");
  group[1][0]=new Option("请选择河南省的所在市","");
  group[1][1]=new Option("郑州","11");
  group[1][2]=new Option("新乡","12");
  group[1][3]=new Option("开封","13");
  group[2][0]=new Option("请选择山东省所在市","");
  group[2][1]=new Option("青岛","21");
  group[2][2]=new Option("济南","22");
  var temp=document.isc.stage2
function redirect(x)
{
  for(m=temp.options.length-1;m>0;m--)
  temp.options[m]=null;
  for(i=0;i<group[x].length;i++)
  {
  temp.options[i]=new Option(group[x][i].text,group[x][i].value);
  }
  temp.options[0].selected=true;
  redirect1(0);
}
var secondGroups=document.isc.stage2.options.length;
var secondGroup=new Array(groups);
for(i=0; i<groups;i++)
{
  secondGroup[i]=new Array(group[i].length);
  for(j=0; j<group[i].length;j++)
```

```
    {
    secondGroup[i][j]=new Array();
    }
  }
  secondGroup[0][0][0]=new Option("所在区"," ");
  secondGroup[1][0][0]=new Option("所在区"," ");
  secondGroup[1][1][0]=new Option("郑州"," ");
  secondGroup[1][1][1]=new Option("管城区","111");
  secondGroup[1][1][2]=new Option("金水区","112");
  secondGroup[1][1][3]=new Option("二七区","113");
  secondGroup[1][2][0]=new Option("新乡"," ");
  secondGroup[1][2][1]=new Option("红旗区","121");
  secondGroup[1][2][2]=new Option("牧野区","122");
  secondGroup[1][2][3]=new Option("凤泉区","123");
  secondGroup[1][3][0]=new Option("开封"," ");
  secondGroup[1][3][1]=new Option("龙亭区","131");
  secondGroup[1][3][2]=new Option("鼓楼区","132");
  secondGroup[2][0][0]=new Option("所在区"," ");
  secondGroup[2][1][0]=new Option("青岛"," ");
  secondGroup[2][1][1]=new Option("崂山区","211");
  secondGroup[2][1][2]=new Option("四方区","212");
  secondGroup[2][1][3]=new Option("城阳区","213");
  secondGroup[2][2][0]=new Option("济南"," ");
  secondGroup[2][2][1]=new Option("天桥区","221");
  secondGroup[2][2][2]=new Option("长清区","222");
  var temp1=document.isc.stage3;
  function redirect1(y)
  {
    for(m=temp1.options.length-1;m>0;m--)
    temp1.options[m]=null;

for(i=0;i<secondGroup[document.isc.example.options.selectedIndex][y].length
;i++)
    {
    temp1.options[i]=new
Option(secondGroup[document.isc.example.options.selectedIndex][y][i].text,s
econdGroup
    [document.isc.example.options.selectedIndex][y][i].value);
    }
    temp1.options[0].selected=true;
  }
  </script>
```

在 IE 11.0 中的浏览效果如图 14-19 所示，选择第一个菜单选项，第二个会发生变化；选择第二个下拉菜单内容，第三个下拉菜单内容发生变化。

图 14-19　级联效果实现

14.7　专家解惑

1. 在 IE 中可以通过 showModalDialog 和 showModelessDialog 打开模态和非模态窗口，但是 Firefox 不支持。

解决办法：直接使用 window.open(pageURL,name,parameters)方式打开新窗口。如果需要传递参数，可以使用 frame 或者 iframe。

2. 在 JavaScript 中定义各种对象变量名时，尽量使用 id，避免使用 name。

在 IE 中，HTML 对象的 id 可以作为 document 的下属对象变量名直接使用。在 Firefox 中不能，所以在平常使用时尽量使用 id，避免只使用 name 不使用 id 的情况。

第15章 JavaScript操纵CSS3

　　JavaScript 和 CSS 有一个共同特点，二者都是在浏览器上解析并运行的。CSS 可以设置网页上的样式和布局，增加网页静态特效。JavaScript 是一种脚本语言，可以直接在网页上被浏览器解释运行。如果将 JavaScript 的程序和 CSS 的静态效果二者结合起来，可以创建出大量的动态特效。

15.1　DHTML 简介

　　DHTML 又称为动态 HTML，并不是一门独立的新语言，实际上是 JavaScript、HTML DOM、CSS 以及 HTML/XHTML 的结合应用。可以说 DHTML 是一种制作网页的方式，而不是一种网络技术（就像 JavaScript 和 ActiveX），也不是一个标记、一个插件或者一个浏览器。它可以通过 JavaScript、VBScript、HTML DOM、Layers 或者 CSS 来实现。这里需要注意的是，同一效果 DHTML 在不同的浏览器被实现的方式是不同的。

　　下面将着重介绍 DHTML 三部分的内容。

　　（1）客户端脚本语言

　　使用客户端脚本语言（例如 JavaScript 和 VBScript）来改变 HTML 代码有很长一段时间了。当用户把鼠标指针放在一幅图片上时，该幅图片改变显示效果，那么它就是一个 DHTML 例子。Microsoft 和 Netscape 浏览器都允许用户使用脚本语言去改变 HTML 语言中大多数的元素，而这些能够被脚本语言改变的页面元素叫作文本对象模型（Document Object Model）。

　　（2）DOM

　　DOM 是 DHTML 中的核心内容，使得 HTML 代码能够被改变。DOM 包括一些有关环境的信息，例如当前时间和日期、浏览器版本号、网页 URL 以及 HTML 中元素标记（例如<p>标记、<div>标记或者表格标记）。通过开放这些 DOM 给脚本语言，浏览器就允许用户来改变这些元素了。相对来说，还有一些元素不能被直接被改变，但是用户能通过使用脚本语言改变其他元素来改变它们。

在 DOM 中有一部分内容专门用来指定什么元素能够改变，这就是事件模型。所谓事件，就是把鼠标指针放在一个页面元素上（onmouseover）、加载一个页面（onload）、提交一个表单（onsubmit）、在表单文字的输入部分、用鼠标单击一下（onfocus）等。

（3）CSS

脚本语言能够改变 CSS 中的一些属性。通过改变 CSS，使用户能够改变页面中的许多显示效果。这些效果包括颜色、字体、对齐方式、位置以及大小。

15.2　前台动态网页效果

JavaScript 和 CSS 的结合运用，是喜爱网页特效的浏览者的一大喜讯。作为一个网页设计者，通过对 JavaScript 和 CSS 的学习，可以创作出大量的网页特效，例如动态内容、动态样式等。

15.2.1　动态内容

JavaScript 和 CSS 相结合，可以动态改变 HTML 页面元素内容和样式，这种效果是 JavaScript 常用的功能之一。其实现也比较简单，需要利用 innerHTML 属性。

对于 innerHTML 属性，几乎所有的元素都有 innerHTML 属性，它是一个字符串，用来设置或获取位于对象起始和结束标记内的 HTML。

【例 15.1】（实例文件：ch15\15.1.html）

```
<!DOCTYPE html>
<html>
<head>
<title>改变内容</title>
<script type="text/javascript">
function changeit(){
    var html=document.getElementById("content");
    var html1=document.getElementById("content1");
    var t=document.getElementById("tt");
var temp="<br /><style>#abc
{color:red;font-size:36px;}</style>"+html.innerHTML;
    html1.innerHTML=temp;
}
</script>
</head>
<body>
<div id="content">
<div id="abc">
祝祖国生日快乐！
</div>
</div>
<div id="content1">
```

```
</div>
<input type="button" onclick="changeit()" value="改变HTML内容">
</body>
</html>
```

在上面的 HTML 代码中，创建了几个 DIV 层，层下面有一个按钮并且为按钮添加了一个
单击事件，即调用 changeit 函数。在 JavaScript 程序函数 changeit 中，首先使用 getElementById
方法获取 HTML 对象。下面使用 innerHTML 属性设置 html1 层的显示内容。

在 IE 11.0 中的浏览效果如图 15-1 所示，在显示页面中，有一个段落和按钮。当单击按钮
时，会显示如同 15-2 所示的窗口，会发现段落内容和样式发生变化，即增加了一个段落，并
且字体变大，颜色为红色。

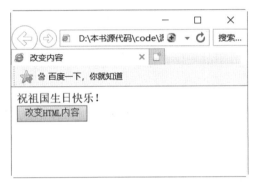

图 15-1　动态内容显示前

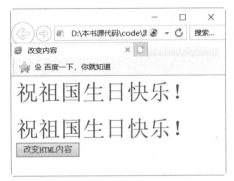

图 15-2　动态内容显示后

15.2.2　动态样式

JavaScript 不仅可以改变动态内容，还可以根据需要改变动态 HTML 元素的显示样式，例
如显示大小、颜色和边框等。要动态改变 HTML 元素动态样式，首先需要获取到要改变的 HTML
对象，然后利用对象的相关样式属性设定不同的显示样式。

在实现过程中，需要利用到 styleSheets 属性，它表示当前 HTML 网页上的样式属性集合，
可以以数组形式获取；属性 rules 表示是第几个选择器；属性 cssRules 表示是第几条规则。

【例 15.2】（实例文件：ch15\15.2.html）

```
<!DOCTYPE html>
<html>
<head>
<link rel="stylesheet" type="text/css" href="15.2.css" />
<script>
function fnInit(){
// 访问 styleSheet 中的一条规则，修改backgroundColor 的值
var oStyleSheet=document.styleSheets[0];
var oRule=oStyleSheet.rules[0];
oRule.style.backgroundColor="#D2B48C";
```

```
oRule.style.width="200px";
oRule.style.height="120px";
}
</script>
<title>动态样式</title>
</head>
<body>
</head>
<div class="class1">
我会改变颜色
</div>
<a href=# onclick="fnInit()">改变背景色</a>
<body>
</html>
```

在上面的 HTML 代码中，定义了一个 DIV 层，其样式规则为 class1，后面创建了一个超级链接，并且为超级链接定义了一个单击事件，当被单击时会调用 fnInit 函数。在 JavaScript程序的 fnInit 函数中，首先使用"document.styleSheets[0]"语句获取当前的样式规则集合，接着使用"rules[0]"获取第一条样式规则元素，最后使用"oRule.style"样式对象分别设置背景色、宽度和高度样式。

【例 15.2】（实例文件：ch15\15.2.css）

```
.class1
{
width:100px;
background-color:#9BCD9B;
height:80px;
}
```

此选择器比较简单，定义了宽度、高度和背景色。

在 IE 11.0 中的浏览效果如图 15-3 所示，网页显示了一个 DIV 层和超链接。当单击超链接时，会显示如图 15-4 所示的页面，此时 DIV 层背景色发生了变化，并且层高度和宽度变大。

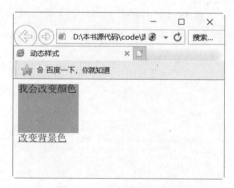

图 15-3　动态样式改变前

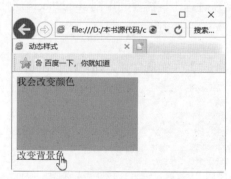

图 15-4　动态样式改变后

15.2.3 动态定位

JavaScript 程序结合 CSS 样式属性可以动态地改变 HTML 元素所在的位置。如果动态改变 HTML 元素的坐标位置，需要重新设定当前 HTML 元素的坐标位置。此时需要使用新的元素属性 pixelLeft 和 pixelTop，其中 pixelLeft 属性返回定位元素左边界偏移量的整数像素值，因为属性的非像素值返回的是包含单位的字符串，例如 30px。利用这个属性可以单独处理以像素为单位的数值，pixelTop 属性以此类推。

【例 15.3】（实例文件：ch15\15.3.html）

```html
<!DOCTYPE html>
<html>
<head>
<style type="text/css">
#d1{
position: absolute;
width: 300px;
height: 300px;
visibility: visible;
color: #fff;
background: #EE6363;
}
#d2{
position: absolute;
width: 300px;
height: 300px;
visibility: visible;
color: #fff;
background: #EED2EE;
}
#d3{
position: absolute;
width: 150px;
height: 150px;
visibility: visible;
color: #fff;
background: #9AFF9A;
}
</style>
<script>
var d1,d2,d3,w,h;
window.onload=function(){
d1=document.getElementById('d1');
d2=document.getElementById('d2');
d3=document.getElementById('d3');
w=window.innerWidth;
```

```
h=window.innerHeight;
}
function divMoveTo(d,x,y){
d.style.pixelLeft=x;
d.style.pixelTop=y;
}
function divMoveBy(d,dx,dy){
d.style.pixelLeft +=dx;
d.style.pixelTop +=dy;
}
</script>
</head>
<body id="bodyId">
<form name="form1">
<h3>移动定位</h3>
<p>
<input type="button" value="移动d2" onclick="divMoveBy(d2,100,100)"><br />
<input type="button" value="移动d3到d2(0,0)"
onclick="divMoveTo(d3,0,0)"><br />
<input type="button" value="移动d3到d2(75,75)"
onclick="divMoveTo(d3,75,75)"><br />
</p>
</form>
<div id="d1">
<b>d1</b>
</div>
<div id="d2">
<b>d2</b><br /><br />
d2包含d3
<div id="d3">
<b>d3</b><br /><br />
d3是d2的子层
</div>
</div>
</body>
</html>
```

在 HTML 代码中，定义了三个按钮，并为三个按钮添加了不同的单击事件，即可以调用不同的 JavaScript 函数。下面定义了三个 DIV 层，分别为 d1、d2 和 d3，d3 是 d2 的子层。在 <style>标记中，分别使用 ID 选择器定义了三个层的显示样式，例如绝对定位、是否显示、背景色、宽度和高度。在 JavaScript 代码中，使用 "window.onload = function()" 语句表示页面加载时执行这个函数，函数内使用语句 "getElementById" 获取不同的 DIV 对象。在 divMoveTo 函数和 divMoveBy 函数内都重新定义了新的坐标位置。

在 IE 11.0 中的浏览效果如图 15-5 所示，页面显示了三个按钮，每个按钮执行不同的定位操作。下面显示了三个层，其中 d2 层包含 d3 层。当单击第二个按钮时，可以重新动态定位 d3

的坐标位置，其显示效果如图 15-6 所示。其他按钮，有兴趣的读者可以自行测试。

图 15-5　动态定位前

图 15-6　动态定位后

15.2.4　显示与隐藏

有的网站有时根据需要会自动或手动隐藏一些层，从而为其他层节省显示空间。要实现手动隐藏或展开层，需要将 CSS 代码和 JavaScript 代码相结合。实现该实例需要使用到 display 属性，通过该属性值可以设置元素以块显示或者不显示。

【例 15.4】（实例文件：ch15\15.4.html）

```
<!DOCTYPE html>
<html>
<head>
<title>隐藏和显示</title>
<script language="JavaScript" type="text/JavaScript">
function toggle(targetid){
   if(document.getElementById){
     target=document.getElementById(targetid);
       if(target.style.display=="block"){
         target.style.display="none";
       } else{
         target.style.display="block";
       }
   }
}
</script>
<style type="text/css">
.div{ border:1px #06F solid;height:50px;width:150px;display:none;}
a {width:100px; display:block}
</style>
</head>
<body>
```

```
<a href="#" onclick="toggle('div1')">显示/隐藏</a>
<div id="div1" class="div">
<img src=11.jpg>
<p>市场价: 390元</p>
<p>购买价: 190元</p>
</div>
</body>
</html>
```

在代码中，创建了一个超链接和一个 DIV 层 div1，DIV 层中包含了图片和段落信息。在类选择器 div 中定义了边框样式、高度和宽带，并使用 display 属性设定层不显示。JavaScript 代码首先根据 ID 名称 targetid 判断 display 的当前属性值，如果值为 block，就设置为 none，如果值为 none，就设置为 block。

在 IE 11.0 中的浏览效果如图 15-7 所示，页面显示了一个超链接。当单击【显示/隐藏】超链接时，会显示如图 15-8 所示的效果，此时显示一个 DIV 层，层里面包含了图片和段落信息。

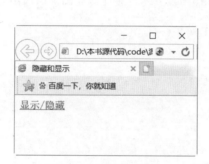

图 15-7　动态显示前

图 15-8　动态显示后

15.3　综合实例 1——JS 控制表单背景色和文字提示

在 CSS 样式规则中，可以使用鼠标悬浮特效来定义超链接的显示样式。利用这个特效还可以定义表单的显示样式，即当鼠标指针放在表单元素的上面时可以实现表单背景色和文字提示，这里不是使用鼠标悬浮特效完成，而是使用 JavaScript 语句完成。

具体实现步骤如下所示。

01 分析需求

要实现鼠标指针放在表单元素上时其样式发生变化，需要使用 JavaScript 事件完成，即鼠标 onmouseover 事件，当触发了这个事件后就可以定义指定元素的显示样式。

02 创建 HTML，实现基本表单

```
<!DOCTYPE html>
<html>
<head>
<title>鼠标移上背景变色和文字提示
</title>
</head>
<body>
<h1 align=center>密码修改页面</h1>
<ol id="need">
<li><label class="old_password">原始密码: </label> <input name=''
type='password' id='' /></li>
<li><label class="new_password">新的密码: </label> <input name=''
type='password' id='' /><dfn>（密码长度为6~20字节。不想修改请留空）</dfn></li>
<li><label class="rePassword">重复密码: </label> <input name=''
type='password' id='' /></li>
<li><label class="email">邮箱设置: </label> <input name='' type='text' id=''
/><dfn>（承诺绝不会给您发送任何垃圾邮件。）</dfn></li>
</ol>
</body>
</html>
```

在上面的代码中，创建一个无序列表，在无序列表中包含一个表单，表单中则包含了多个表单元素。

在 IE 11.0 中的浏览效果如图 15-9 所示，可以看到页面显示了四个输入文本框，每个文本框前面都带有序号，其中第二个和第四个文本框后带有注解。

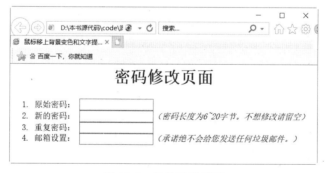

图 15-9　表单元素显示

03 添加 CSS 代码，完成各种样式设置

```
<style>
#need{margin: 20px auto 0;width: 610px;}
```

```
    #need li{height: 26px;width: 600px;font: 12px/26px Arial, Helvetica,
sans-serif;background: #FFD;border-bottom: 1px dashed #E0E0E0;display:
block;cursor: text;padding: 7px 0px 7px 10px!important;padding: 5px 0px 5px
10px;}
    #need li:hover,#need li.hover {background: #FFE8E8;}
    #need input{line-height: 14px;background: #FFF;height: 14px;width:
200px;border: 1px solid #E0E0E0;vertical-align: middle;padding: 6px;}
    #need label{padding-left: 30px;}
    #need label.old_password{background-position: 0 -277px;}
    #need label.new_password{background-position: 0 -1576px;}
    #need label.rePassword{background-position: 0 -1638px;}
    #need label.email{background-position: 0 -429px;}
    #need dfn{display: none;}
    #need li:hover dfn, #need li.hover dfn {display:inline;margin-left:
7px;color: #676767;}
    </style>
```

上面的 CSS 代码定义了表单元素的显示样式，例如表单基本样式、有序列表中的列表项、鼠标悬浮时、表单元素等显示样式。

在 IE 11.0 中的浏览效果如图 15-10 所示，页面表单元素带有背景色，并且有序列表的前面序号被 CSS 代码去掉，表单元素后面的注解也去掉了。

图 15-10　CSS 样式定义表单

04 添加 JavaScript 代码，控制页面背景色

```
<script type="text/javascript">
function suckerfish(type, tag, parentId){
    if(window.attachEvent){
    window.attachEvent("onload", function(){
    var sfEls=
(parentId==null)?document.getElementsByTagName(tag):document.getElementById
(parentId).getElementsByTagName(tag);
    type(sfEls);
    });
```

```
}
}
hover=function(sfEls){
for(var i=0; i<sfEls.length; i++){
sfEls[i].onmouseover=function(){
this.className+=" hover";
}
sfEls[i].onmouseout=function(){
this.className=this.className.replace(new RegExp(" hover\\b"), "");
}
}
}
suckerfish(hover, "li");
</script>
```

上面的 JavaScript 代码定义鼠标放到表单上时表单背景色和提升信息发生变化。这些变化都是使用 JavaScript 事件完成的，此处调用了 onload 加载事件、ommouseover 事件等。

在 IE 11.0 中的浏览效果如图 15-11 所示，可以看到当鼠标指针放到第二个输入文本框上时，其背景色变为浅红色，并且在文本框后会出现注解。

图 15-11　JavaScript 实现表单特效

15.4　综合实例 2——实现即时验证效果

在使用 JavaScript 验证数据时，有的 HTML 元素要求立即显示验证效果，即在激活下一个 HTML 元素时就会显示验证效果，例如对电子邮件、数据的验证。完成表单元素的即时验证，需要利用 JavaScript 事件完成。此实例主要判断数据是否带有两个小数点，如果没有就不允许输入。

具体实现步骤如下所示。

01 分析需求

实现数据的即时验证，需要利用 onblur 事件，即当前文本框失去焦点时就会触发验证处理程序对当前数据验证。首先获取输入数据，然后利用 if 条件语句判断当前数据格式，最后判断数据是否符合格式。

02 创建 HTML，实现基本表单元素

```
<!DOCTYPE html>
<html>
<head>
<title>数字即时验证</title>
</head>
<body >
 <h3>数字即时验证</h3>
<form name="myForm">
金额：
<input type="text" id="aaa" name="aaa" value="0.00"
onblur="checkDecimal(this);"><br /></br>
合计：
<input type="text" id="bbb" name="bbb" ><br /></br>
</form>
</body>
</html>
```

在 HTML 代码中，创建了一个表单，表单中包含两个文本输入框，其中第一个文本输入框定义了 onblur 事件，即失去焦点事件。

在 IE 11.0 中的浏览效果如图 15-12 所示，页面中显示了一个表单，包括两个文本域。此时在第一个文本框输入信息，无任何提示。

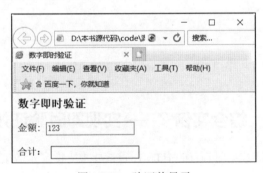

图 15-12 验证前显示

03 添加 JavaScript，实现基本数据验证

```
<script type="text/javascript">
function checkDecimal(element){
var tmp=element.value.split(".")
if(!isNaN(element.value)){
  if(tmp.length!=2||tmp[1].length!=2){
```

```
    document.myForm.aaa.focus();
    //document.getElementByName("name").focus();
    alert("输入金额请保留2位小数！");
    document.getElementById('aaa').value='0.00';
    return false;
    }
}
else{
    alert("输入金额必须是数字类型！");
    document.getElementById('aaa').focus();
    document.getElementById('aaa').value='0.00';
    return false;
    }
}
</script>
```

在上面的代码中，函数 checkDecimal 的第一个语句 "element.value.split(".")" 表示获取当前的第一个 HTML 元素输入值，并将这个值进行拆分，其分隔符为 "."。下面使用 if 语句判断第一个 HTML 元素输入值是否为数字，如果不为数字，就提示重新输入，焦点保留在一个文本框中。如果为数字，就判断 temp 数组的值，即 temp[1]的值长度是否为 2，若长度为 2 则格式正确，否则提示重新输入。

在 IE 11.0 中的浏览效果如图 15-13 所示，可以看到在第一个文本框输入值 123 后，如果鼠标指针放到第二个文本框就会弹出一个对话框，提示当前输入值不符合格式。

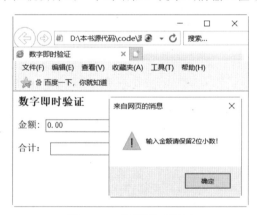

图 15-13　数据即时验证

15.5　专家解惑

1. 试说明 JS 中 innerHTML 与 innerText 的用法与区别。

假设现在有一个 DIV 层，如下所示。

```
<div id="test">
  <span style="color:red">test1</span> test2
```

```
</div>
```

innerText 属性表示从起始位置到终止位置的内容，但它去除 HTML 标记。例如，上面示例的 innerText 的值也就是"test1 test2"，其中 span 标记去除了。

innerHTML 属性除了全部内容外，还包含对象标记本身。例如，上面示例的 text.outerHTML 的值就是<div id="test"><span style="color:red">test1</span> test2</div>。

2. JS 如何控制换行？

无论使用哪种引号创建字符串，字符串中间都不能包含强制换行符。

```
var temp='<h2 class="a">A list</h2>
    <ol>
    </ol>';
```

上面的写法是错误的。正确写法是使用反斜杠来转义换行符。

```
var temp='<h2 class="a">A list</h2>\
<ol>\
</ol>'
```

第16章 HTML5绘制图形

HTML5呈现了很多新特性，这在之前的HTML中是见不到的。其中一个最值得提及的特性就是HTML的\<canvas\>标记，可以对2D或位图进行动态、脚本的渲染。canvas是一个矩形区域，使用JavaScript可以控制其每一个像素。

16.1　canvas 概述

canvas是一个新的HTML元素，可以被Script语言（通常是JavaScript）用来绘制图形。例如，可以用它来画图、合成图像或做简单的动画。

16.1.1　添加canvas元素

\<canvas\>标记是一个矩形区域，包含width和height两个属性，分别表示矩形区域的宽度和高度。这两个属性都是可选的，并且都可以通过CSS来定义，其默认值是300px和150px。

canvas在网页中的常用形式如下：

```
<canvas id="myCanvas" width="300" height="200" style="border:1px solid
#c3c3c3;">
Your browser does not support the canvas element.
</canvas>
```

在上面的示例代码中，id表示画布对象名称，width和height分别表示宽度和高度；最初的画布是不可见的，此处为了观察这个矩形区域，使用CSS样式，即\<style\>标记。style表示画布的样式。如果浏览器不支持画布标记，就会显示画布中间的提示信息。

画布canvas本身不具有绘制图形的功能，只是一个容器，如果读者对于Java语言有所了解，就会发现HTML5的画布和Java中的Panel面板非常相似，都可以在容器中绘制图形。既然canvas画布元素放好了，就可以使用脚本语言JavaScript在网页上绘制图像。

使用canvas结合JavaScript绘制图形，一般情况下需要下面几个步骤。

01 JavaScript使用id来寻找canvas元素，即获取当前画布对象。

```
var c=document.getElementById("myCanvas");
```

02 创建 context 对象

```
var cxt=c.getContext("2d");
```

getContext 函数返回一个指定 contextId 的上下文对象，如果指定的 id 不被支持，就返回 null。当前唯一被强制必须支持的是 2D，也许在将来会有 3D。注意，指定的 id 是大小写敏感的。对象 cxt 建立之后，就可以拥有多种绘制路径、矩形、圆形、字符以及添加图像的方法。

03 绘制图形

```
cxt.fillStyle="#FF0000";
cxt.fillRect(0,0,150,75);
```

fillStyle 函数将其染成红色。fillRect 函数规定了形状、位置和尺寸，这两行代码绘制一个红色的矩形。

16.1.2　绘制矩形

单独的一个<canvas>标记只是在页面中定义了一块矩形区域，并无特别之处，开发人员只有配合使用 JavaScript 脚本才能够完成各种图形、线条以及复杂的图形变换操作。与基于 SVG 来实现同样绘图效果来比较，canvas 绘图是一种像素级别的位图绘图技术，而 SVG 则是一种矢量绘图技术。

使用 canvas 和 JavaScript 绘制一个矩形，可能会涉及一个或多个函数，这些函数如表 16-1 所示。

表 16-1　绘制函数

函数	功能
fillRect	绘制一个矩形，这个矩形区域没有边框，只有填充色。这个函数有四个参数，前两个表示左上角的坐标位置，第三个参数为长度，第四个参数为高度
strokeRect	函数绘制一个带边框的矩形。该方法的四个参数的解释同上
clearRect	清除一个矩形区域，被清除的区域将没有任何线条。该函数的四个参数的解释同上

【例 16.1】（实例文件：ch16\16.1.html）

```
<!DOCTYPE html>
<html>
<body>
<canvas id="myCanvas" width="300" height="200" style="border:1px solid
blue">
```

```
Your browser does not support the canvas element.
</canvas>
<script type="text/javascript">
var c=document.getElementById("myCanvas");
var cxt=c.getContext("2d");
cxt.fillStyle="rgb(0,0,200)";
cxt.fillRect(10,20,100,100);
</script>
</body>
</html>
```

在上面的代码中，首先定义一个画布对象，其 id 名称为 myCanvas，其高度和宽度分别为 200px 和 300px，并定义了画布边框显示样式。在 JavaScript 代码中，首先获取画布对象，然后使用 getContext 获取当前 2d 的上下文对象，并使用 fillRect 绘制一个矩形。其中涉及一个 fillStyle 属性，fillstyle 用于设定填充的颜色、透明度等，如果设置为"rgb(200,0,0)"，就表示一个颜色，不透明；如果设为"rgba(0,0,200,0.5)"，就表示一个颜色，透明度为 50%。

在 IE 11.0 中的浏览效果如图 16-1 所示，在一个蓝色边框中显示了一个蓝色矩形。

图 16-1 绘制矩形

16.2 绘制基本形状

画布 canvas 结合 JavaScript 不仅可以绘制简单的矩形，还可以绘制一些其他的常见图形，例如直线、圆等。

16.2.1 绘制圆形

基于 canvas 的绘图并不是直接在<canvas>标记所创建的绘图画面上进行各种绘图操作，而是依赖画面所提供的渲染上下文（Rendering Context），所有的绘图命令和属性都定义在渲染上下文当中。在通过 canvas id 获取相应的 DOM 对象之后首先要做的事情就是获取渲染上下文对象。渲染上下文与 canvas 一一对应，无论对同一 canvas 对象调用几次 getContext()函数，都将返回同一个上下文对象。

在画布中绘制圆形，可能要涉及表 16-2 所示的几个函数。

表 16-2　绘制函数

函数	功能
beginPath()	开始绘制路径
arc(x,y,radius,startAngle, endAngle,anticlockwise)	x 和 y 定义的是圆的原点，radius 定义的是圆的半径；startAngle 和 endAngle 是弧度，不是度数；anticlockwise 是用来定义画圆的方向，值是 true 或 false
closePath()	结束路径的绘制
fill()	进行填充
stroke()	方法设置边框

路径是绘制自定义图形的好方法，在 canvas 中通过 beginPath()函数开始绘制路径，这时就可以绘制直线、曲线等，绘制完成后调用 fill()和 stroke()完成填充和设置边框，通过 closePath()函数结束路径的绘制。

【例 16.2】（实例文件：ch16\16.2.html）

```
<!DOCTYPE html>
<html>
<body>
<canvas id="myCanvas" width="200" height="200" style="border:1px solid
blue">
Your browser does not support the canvas element.
</canvas>
<script type="text/javascript">
var c=document.getElementById("myCanvas");
var cxt=c.getContext("2d");
cxt.fillStyle="#FFaa00";
cxt.beginPath();
cxt.arc(70,18,15,0,Math.PI*2,true);
cxt.closePath();
cxt.fill();
</script>
</body>
</html>
```

在上面的 JavaScript 代码中，使用 beignPath 函数开启一个路径，然后绘制一个圆形，下面关闭这个路径并填充。

在 IE 11.0 中的浏览效果如图 16-2 所示，在矩形边框中显示了一个黄色的圆。

图 16-2　绘制椭圆

16.2.2　使用 moveTo 与 lineTo 绘制直线

在每个 canvas 实例对象中都拥有一个 path 对象，创建自定义图形的过程就是不断对 path 对象操作的过程。每当开始一次新的图形绘制任务，都需要先使用 beginPath() 函数来重置 path 对象至初始状态，进而通过一系列对 moveTo/lineTo 等画线函数的调用绘制期望的路径。其中，moveTo(x, y) 函数设置绘图起始坐标，lineTo(x,y) 等画线函数可以从当前起点绘制直线、圆弧以及曲线到目标位置。最后一步，也是可选的步骤，即调用 closePath() 函数将自定义图形进行闭合。该函数将自动创建一条从当前坐标到起始坐标的直线。

绘制直线常用的函数是 moveTo 和 lineTo，其含义如表 16-3 所示。

表 16-3　绘制函数

函数或属性	功能
moveTo(x,y)	不绘制，只是将当前位置移动到新目标坐标（x,y），并作为线条开始点
lineTo(x,y)	绘制线条到指定的目标坐标(x,y)，并且在两个坐标之间画一条直线。不管调用哪一个，都不会真正画出图形，因为还没有调用 stroke（绘制）和 fill（填充）函数。当前，只是在定义路径的位置，以便后面绘制时使用
strokeStyle	指定线条的颜色
lineWidth	设置线条的粗细

【例 16.3】（实例文件：ch16\16.3.html）

```
<!DOCTYPE html>
<html>
<body>
```

```
<canvas id="myCanvas" width="200" height="200" style="border:1px solid
blue">
Your browser does not support the canvas element.
</canvas>
<script type="text/javascript">
var c=document.getElementById("myCanvas");
var cxt=c.getContext("2d");
cxt.beginPath();
cxt.strokeStyle="rgb(0,182,0)";
cxt.moveTo(10,10);
cxt.lineTo(150,50);
cxt.lineTo(10,50);
cxt.lineWidth=14;
cxt.stroke();
cxt.closePath();
</script>
</body>
</html>
```

在上面的代码中，使用 moveTo 函数定义一个坐标位置（10,10），以此坐标位置为起点绘制两条不同的直线，并使用 lineWidth 设置直线的宽带、使用 strokeStyle 设置直线的颜色、使用 lineTo 设置两个不同直线的结束位置。

在 IE 11.0 中的浏览效果如图 16-3 所示，网页中绘制了两个直线，这两个直线在某一点交叉。

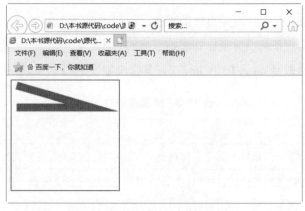

图 16-3　绘制直线

16.2.3　使用 bezierCurveTo 绘制贝塞尔曲线

在数学的数值分析领域中，贝塞尔曲线（Bézier 曲线）是电脑图形学中相当重要的参数曲线。更高维度的广泛化贝塞尔曲线就称作贝塞尔曲面，其中贝塞尔三角是一种特殊的实例。

bezierCurveTo()表示为一个画布的当前子路径添加一条三次贝塞尔曲线。这条曲线的开始点是画布的当前点，结束点是 (x, y)。两条贝塞尔曲线控制点 (cpX1, cpY1) 和 (cpX2, cpY2) 定义了曲线的形状。当这个方法返回的时候，当前的位置为 (x, y)。

方法 bezierCurveTo 的具体格式如下所示。

```
bezierCurveTo(cpX1, cpY1, cpX2, cpY2, x, y)
```

其参数的含义如表 16-4 所示。

表 16-4　参数的含义

参数	描述
cpX1, cpY1	和曲线的开始点（当前位置）相关联的控制点的坐标
cpX2, cpY2	和曲线的结束点相关联的控制点的坐标
x, y	曲线的结束点的坐标

【例 16.4】（实例文件：ch16\16.4.html）

```
<!DOCTYPE html>
<html>
<head>
<title>贝塞尔曲线</title>
<script>
    function draw(id)
    {
        var canvas=document.getElementById(id);
        if(canvas==null)
        return false;
        var context=canvas.getContext('2d');
        context.fillStyle="#eeeeff";
        context.fillRect(0,0,400,300);
        var n=0;
        var dx=150;
        var dy=150;
        var s=100;
        context.beginPath();
        context.globalCompositeOperation='and';
        context.fillStyle='rgb(100,255,100)';
        context.strokeStyle='rgb(0,0,100)';
        var x=Math.sin(0);
        var y=Math.cos(0);
        var dig=Math.PI/15*11;
        for(var i=0;i<30;i++)
        {
            var x=Math.sin(i*dig);
            var y=Math.cos(i*dig);
context.bezierCurveTo(dx+x*s,dy+y*s-100,dx+x*s+100,dy+y*s,dx+x*s,dy+y*s
```

```
);
            }
        context.closePath();
        context.fill();
        context.stroke();
    }
</script>
</head>
<body onload="draw('canvas');">
<h1>绘制元素</h1>
<canvas id="canvas" width="400" height="300" />
</body>
</html>
```

在上面的函数 draw 中，首先使用语句 "fillRect(0,0,400,300)" 绘制了一个矩形，大小和画布相同，填充颜色为浅青色；接着定义几个变量，用于设定曲线的坐标位置，在 for 循环中使用 bezierCurveTo 绘制贝塞尔曲线。

在 IE 11.0 中的浏览效果如图 16-4 所示，在网页中显示了一个贝塞尔曲线。

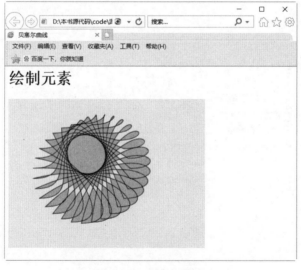

图 16-4　贝塞尔曲线

16.3　绘制渐变图形

渐变是两种或更多颜色的平滑过渡，是指在颜色集上使用逐步抽样算法，并将结果应用于描边样式和填充样式中。canvas 的绘图上下文支持两种类型的渐变：线性渐变和放射性渐变，其中放射性渐变也称为径向渐变。

16.3.1　绘制线性渐变

创建一个简单的渐变非常容易，比使用 Photoshop 还要快，使用渐变需要三个步骤。

01 创建渐变对象

```
var gradient=cxt.createLinearGradient(0,0,0,canvas.height);
```

02 为渐变对象设置颜色，指明过渡方式

```
gradient.addColorStop(0,'#fff');
gradient.addColorStop(1,'#000');
```

03 在 context 上为填充样式或者描边样式设置渐变

```
cxt.fillStyle=gradient;
```

要设置显示颜色，在渐变对象上使用 addColorStop 函数即可。除了可以变换成其他颜色外，还可以为颜色设置 alpha 值（例如透明），并且 alpha 值也是可以变化的。为了达到这样的效果，需要使用颜色值的另一种表示方法，例如内置 alpha 组件的 CSSrgba 函数。

绘制线性渐变会使用到表 16-5 所示的几个函数。

表 16-5　绘制函数

函数	功能
addColorStop	函数允许指定两个参数：颜色和偏移量。颜色参数是指开发人员希望在偏移位置描边或填充时所使用的颜色。偏移量是一个 0.0 到 1.0 之间的数值，代表沿着渐变线渐变的距离有多远
createLinearGradient(x0,y0,x1,x1)	沿着直线从（x0,y0)至(x1,y1)绘制渐变

【例 16.5】（实例文件：ch16\16.5.html）

```
<!DOCTYPE html>
<html>
<head>
<title>线性渐变</title>
</head>
<body>
<h1>绘制线性渐变</h1>
<canvas id="canvas" width="400" height="300" style="border:1px solid red"/>
<script type="text/javascript">
var c=document.getElementById("canvas");
var cxt=c.getContext("2d");
var gradient=cxt.createLinearGradient(0,0,0,canvas.height);
gradient.addColorStop(0,'#fff');
gradient.addColorStop(1,'#000');
```

```
cxt.fillStyle=gradient;
cxt.fillRect(0,0,400,400);
</script>
</body>
</html>
```

上面的代码使用 2D 环境对象产生了一个线性渐变对象，渐变的起始点是（0，0），渐变的结束点是（0，canvas.height），下面使用 addColorStop 函数设置渐变颜色，最后将渐变填充到上下文环境的样式中。

在 IE 11.0 中的浏览效果如图 16-5 所示，在网页中创建了一个垂直方向上的渐变，从上到下颜色逐渐变深。

图 16-5　线性渐变

16.3.2　绘制径向渐变

除了线性渐变以外，HTML5 Canvas API 还支持放射性渐变。所谓放射性渐变，就是颜色会介于两个指定圆间的锥形区域平滑变化。放射性渐变和线性渐变使用的颜色终止点是一样的。如果要实现放射性渐变，即径向渐变，需要使用函数 createRadialGradient。

createRadialGradient(x0,y0,r0,x1,y1,r1)函数表示沿着两个圆之间的锥面绘制渐变。其中，前三个参数代表开始圆的圆心为（x0,y0），半径为 r0；最后三个参数代表结束圆的圆心为(x1,y1)，半径为 r1。

【例 16.6】（实例文件：ch16\16.6.html）

```
<!DOCTYPE html>
<html>
<head>
<title>径向渐变</title>
</head>
<body>
<h1>绘制径向渐变</h1>
<canvas id="canvas" width="400" height="300" style="border:1px solid red"/>
```

```
<script type="text/javascript">
var c=document.getElementById("canvas");
var cxt=c.getContext("2d");
var
gradient=cxt.createRadialGradient(canvas.width/2,canvas.height/2,0,canvas.w
idth/2,canvas.height/2,150);
gradient.addColorStop(0,'#fff');
gradient.addColorStop(1,'#000');
cxt.fillStyle=gradient;
cxt.fillRect(0,0,400,400);
</script>
</body>
</html>
```

在上面的代码中，首先创建渐变对象 gradient，此处使用方法 createRadialGradient 创建了一个径向渐变，下面使用 addColorStop 添加颜色，最后将渐变填充到上下文环境中。

在 IE 11.0 中的浏览效果如图 16-6 所示，从圆的中心亮点开始，向外逐步发散，形成了一个径向渐变。

图 16-6　径向渐变

16.4　绘制变形图形

画布 canvas 不但可以使用 moveTo 这样的方法来移动画笔、绘制图形和线条，还可以使用变换来调整画笔下的画布。变换的方法包括旋转、缩放、变形和平移等。

16.4.1　变换原点坐标

平移（translate）即将绘图区相对于当前画布的左上角进行平移，如果不进行变形，绘图区原点和画布原点是重叠的，绘图区相当于画图软件里的热区或当前层。如果进行变形，则坐标位置会移动到一个新位置。

如果要对图形实现平移，需要使用函数 translate（x，y），该函数表示在平面上平移，即以原来的原点为参考，然后以偏移后的位置作为坐标原点。也就是说，原来坐标在（100,100），然后 translate（1，1），则新的坐标原点在（101,101），而不是（1,1）。

【例 16.7】（实例文件：ch16\16.7.html）

```
<!DOCTYPE html>
<html>
<head>
<title>绘制坐标变换</title>
<script>
    function draw(id)
    {
        var canvas=document.getElementById(id);
        if(canvas==null)
        return false;
        var context=canvas.getContext('2d');
        context.fillStyle="#eeeeff";
        context.fillRect(0,0,400,300);
        context.translate(200,50);
        context.fillStyle='rgba(255,0,0,0.25)';
        for(var i=0;i<50;i++){
            context.translate(25,25);
            context.fillRect(0,0,100,50);
        }
    }
</script>
</head>
<body onload="draw('canvas');">
<h1>变换原点坐标</h1>
<canvas id="canvas" width="400" height="300" />
</body>
</html>
```

在 draw 函数中，使用 fillRect 函数绘制了一个矩形，然后使用 translate 函数平移到一个新位置，并从新位置开始使用 for 循环连续移动多次坐标原点，即多次绘制矩形。

在 IE 11.0 中的浏览效果如图 16-7 所示，从坐标位置（200,50）开始绘制矩形，并且每次以指定的平移距离绘制矩形。

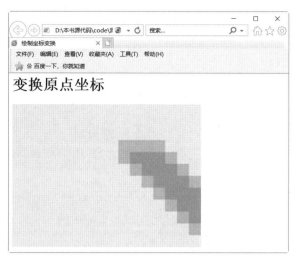

图 16-7　变换坐标原点

16.4.2　图形缩放

对于变形图形来说，其中最常用的方式就是对图形进行缩放，即以原来的图形为参考，放大或者缩小图形，从而增加效果。

如果要实现图形缩放，就需要使用 scale(x,y)函数。该函数带有两个参数，分别代表在 x,y 两个方向上的值。每个参数在 canvas 显示图像的时候，向其传递在本方向轴上图像要放大（或者缩小）的量。如果 x 值为 2，就代表所绘制图像中的全部元素都会变成两倍宽。如果 y 值为 0.5，绘制出来的图像全部元素都会变成之前的一半高。

【例 16.8】（实例文件：ch16\16.8.html）

```
<!DOCTYPE html>
<html>
<head>
<title>绘制图形缩放</title>
<script>
    function draw(id)
    {
        var canvas=document.getElementById(id);
        if(canvas==null)
        return false;
        var context=canvas.getContext('2d');
        context.fillStyle="#eeeeff";
        context.fillRect(0,0,400,300);
        context.translate(200,50);
        context.fillStyle='rgba(255,0,0,0.25)';
        for(var i=0;i<50;i++){
            context.scale(3,0.5);
```

```
                context.fillRect(0,0,100,50);
            }
        }
    </script>
    </head>
    <body onload="draw('canvas');">
    <h1>图形缩放</h1>
    <canvas id="canvas" width="400" height="300" />
    </body>
    </html>
```

在上面的代码中，实现缩放操作是放在 for 循环中完成的。在此循环中，以原来的图形为参考物，使其在 x 轴方向增加为 3 倍宽、y 轴方向减少为原来的一半。

在 IE 11.0 中的浏览效果如图 16-8 所示，在一个指定方向上绘制了多个矩形。

图 16-8　图形缩放

16.4.3　旋转图形

变换操作并不限于缩放和平移，还可以使用函数 context.rotate(angle)来旋转图像，甚至可以直接修改底层变换矩阵以完成一些高级操作，如剪裁图像的绘制路径。例如，context.rotate(1.57)表示旋转角度参数以弧度为单位。

rotate()函数默认从左上端的（0,0）开始旋转，通过指定一个角度，改变了画布坐标和 Web 浏览器中的<canvas>元素像素之间的映射，使得任意后续绘图在画布中都显示为旋转的。它并没有旋转<canvas>元素本身。注意，这个角度是用弧度指定的。

【例 16.9】（实例文件：ch16\16.9.html）

```
<!DOCTYPE html>
```

```
<html>
<head>
<title>绘制旋转图像</title>
<script>
    function draw(id)
    {
        var canvas=document.getElementById(id);
        if(canvas==null)
        return false;
        var context=canvas.getContext('2d');
        context.fillStyle="#eeeeff";
        context.fillRect(0,0,400,300);
        context.translate(200,50);
        context.fillStyle='rgba(255,0,0,0.25)';
        for(var i=0;i<50;i++){
            context.rotate(Math.PI/10);
            context.fillRect(0,0,100,50);
        }
    }
</script>
</head>
<body onload="draw('canvas');">
<h1>旋转图形</h1>
<canvas id="canvas" width="400" height="300" />
</body>
</html>
```

在上面的代码中，使用 rotate 函数在 for 循环中对多个图形进行了旋转，且旋转角度相同。

在 IE 11.0 中的浏览效果如图 16-9 所示，在显示页面上多个矩形以中心弧度为原点进行旋转。

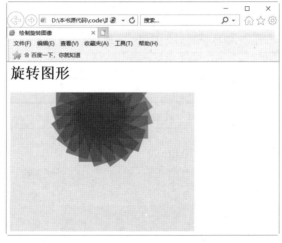

图 16-9　旋转图形

16.5　图形组合

在前面介绍的章节中，可以将一个图形画在另一个图形之上，但是大多数情况下这样是不够的，会受制于图形的绘制顺序。不过，我们可以利用 globalCompositeOperation 属性来改变这些做法，不仅可以在已有图形后面再画新图形，还可以用来遮盖、清除（比 clearRect 函数方便得多）某些区域。

其语法格式如下所示。

```
globalCompositeOperation = type
```

上述语句表示设置不同形状的组合类型。其中，type 表示方的图形是已经存在的 canvas 内容、圆的图形是新的形状，其默认值为 source-over，表示在 canvas 内容上面画新的形状。

属性值 type 具有 12 个含义，其具体含义如表 16-6 所示。

表 16-6　属性值 type 的含义

属性值	说明
source-over(default)	这是默认设置，新图形会覆盖在原有内容之上
destination-over	会在原有内容之下绘制新图形
source-in	新图形会仅仅出现与原有内容重叠的部分，其他区域都变成透明的
destination-in	原有内容中与新图形重叠的部分会被保留，其他区域都变成透明的
source-out	结果是只有新图形中与原有内容不重叠的部分会被绘制出来
destination-out	原有内容中与新图形不重叠的部分会被保留
source-atop	新图形中与原有内容重叠的部分会被绘制，并覆盖于原有内容之上
destination-atop	原有内容中与新内容重叠的部分会被保留，并会在原有内容之下绘制新图形
lighter	对两个图形中重叠的部分做加色处理
darker	对两个图形中重叠的部分做减色处理
xor	重叠的部分会变成透明
copy	只有新图形会被保留，其他都被清除掉

【例 16.10】（实例文件：ch16\16.10.html）

```
<!DOCTYPE html>
<html>
<head>
<title>绘制图形组合</title>
<script>
function draw(id)
```

```
{
 var canvas=document.getElementById(id);
   if(canvas==null)
  return false;
   var context=canvas.getContext('2d');
   var oprtns=new Array(
    "source-atop",
    "source-in",
    "source-out",
    "source-over",
    "destination-atop",
    "destination-in",
    "destination-out",
    "destination-over",
    "lighter",
    "copy",
    "xor"
   );
  var i=10;
   context.fillStyle="blue";
  context.fillRect(10,10,60,60);
   context.globalCompositeOperation=oprtns[i];
  context.beginPath();
   context.fillStyle="red";
  context.arc(60,60,30,0,Math.PI*2,false);
   context.fill();
}
</script>
</head>
<body onload="draw('canvas');">
<h1>图形组合</h1>
<canvas id="canvas" width="400" height="300" />
</body>
</html>
```

在上面的代码中，首先创建了一个 oprtns 数组，用于存储 type 的 12 个值，然后绘制了一个矩形，并使用 content 上下文对象设置了图形的组合方式，即采用新图形显示其他被清除的方式，最后使用 arc 绘制了一个圆。

在 IE 11.0 中的浏览效果如图 16-10 所示，在显示页面上绘制了一个矩形和圆，但矩形和圆接触的地方以空白显示。

图 16-10　图形组合

16.6　绘制带阴影的图形

在画布 canvas 上绘制带有阴影效果的图形非常简单，只需要设置几个属性即可。这几个属性分别为 shadowOffsetX、shadowOffsetY、shadowBlur 和 shadowColor。其中，属性 shadowColor 表示阴影颜色，其值和 CSS 颜色值一致；shadowBlur 表示设置阴影模糊程度，此值越大，阴影越模糊；shadowOffsetX 和 shadowOffsetY 属性表示阴影的 x 和 y 偏移量，单位是像素。

【例 16.11】（实例文件：ch16\16.11.html）

```
<!DOCTYPE html>
<html>
  <head>
  <title>绘制阴影效果图形</title>
  </head>
  <body>
     <canvas id="my canvas" width="200" height="200" style="border:1px
solid #ff0000"></canvas>
     <script type="text/javascript">
         var elem = document.getElementById("my canvas");
         if (elem && elem.getContext)  {
             var context = elem.getContext("2d");
             //shadowOffsetX 和 shadowOffsetY：阴影的 x 和 y 偏移量，单位是像素。
             context.shadowOffsetX = 15;
             context.shadowOffsetY = 15;
             /*hadowBlur：设置阴影模糊程度。此值越大，阴影越模糊。其效果和 Photoshop
的高斯模糊滤镜相同。 */
             context.shadowBlur  = 10;
             //shadowColor：阴影颜色。其值和 CSS 颜色值一致。
             /*context.shadowColor  = 'rgba(255, 0, 0, 0.5)';  或下面的十六
进制的表示方法*/
             context.shadowColor = '#f00';
             context.fillStyle  = '#00f';
             context.fillRect(20, 20, 150, 100);
         }
     </script>
  </body>
</html>
```

在 IE 11.0 中的浏览效果如图 16-11 所示，在页面上显示了一个蓝色矩形，其阴影为红色矩形。

图 16-11 带有阴影的图形

16.7 使用图像

画布 canvas 有一项可以引入图像的功能，可以用于图片合成或者制作背景等，目前却仅可以在图像中加入文字。只要是 Geck 支持的图像（如 PNG，GIF，JPEG 等）都可以引入到 canvas 中，而且其他的 canvas 元素也可以作为图像的来源。

16.7.1 绘制图像

要在画布 canvas 上绘制图像，需要先有一个图片。这个图片可以是已经存在的<img>元素，或者通过 JS 创建。无论采用哪种方式，都需要在绘制 canvas 之前完全加载这张图片。浏览器通常会在页面脚本执行的同时异步加载图片。如果试图在图片未完全加载之前就将其呈现到 canvas 上，那么 canvas 将不会显示任何图片。

捕获和绘制图形完全是通过 drawImage 函数完成的，它可以接受不同的 HTML 参数，具体含义如表 16-7 所示。

表 16-7 drawImage 函数

函数	说明
drawIamge(image,dx,dy)	接受一个图片，并将之画到 canvas 中。给出的坐标（dx,dy）代表图片的左上角。例如，坐标（0，0）将把图片画到 canvas 的左上角。
drawIamge(image,dx,dy,dw,dh)	接受一个图片，将其缩放为宽度为 dw、高度为 dh，然后画到 canvas 上的(dx,dy)位置
drawIamge(image,sx,sy,sw,sh, dx,dy,dw,dh)	接受一个图片，通过参数（sx,sy,sw,sh）指定图片裁剪的范围，缩放到(dw,dh)的大小，最后把它画到 canvas 上的(dx,dy)位置

【例 16.12】（实例文件：ch16\16.12.html）

```
<!DOCTYPE html>
<html>
<head><title>绘制图像</title></head>
<body>
<canvas id="canvas" width="300" height="200" style="border:1px solid blue">
Your browser does not support the canvas element.
</canvas>
<script type="text/javascript">
window.onload=function(){
  var ctx=document.getElementById("canvas").getContext("2d");
  var img=new Image();
  img.src="01.jpg";
  img.onload=function(){
    ctx.drawImage(img,0,0);
  }
}
</script>
</body>
</html>
```

在上面的代码中，使用窗口的 onload 加载事件，即页面被加载时执行函数。在函数中创建上下文对象 ctx，并创建 Image 对象 img；然后使用 img 对象的属性 src 设置图片来源，最后使用 drawImage 画出当前的图像。

在 IE 11.0 中的浏览效果如图 16-12 所示，在页面上绘制了一个图像并在画布中显示。

图 16-12　绘制图像

16.7.2　图像平铺

使用画布 canvas 绘制图像有很多种用处，其中一个用处就是将绘制的图像作为背景图片使用。在做背景图片时，如果显示图片的区域大小不能直接设定，通常将图片以平铺的方式显示。

HTML5 Canvas API 支持图片平铺，此时需要调用 createPattern 函数，即调用 createPattern 函数来替代之前的 drawImage 函数。函数 createPattern 的语法格式如下所示。

```
createPattern(image,type)
```

其中，image 表示要绘制的图像，type 表示平铺的类型（如表 16-8 所示）。

表 16-8　平铺类型

参数值	说明
no-repeat	不平铺
repeat-x	横方向平铺
repeat-y	纵方向平铺
repeat	全方向平铺

【例 16.13】（实例文件：ch16\16.13.html）

```
<!DOCTYPE html>
<html>
<head>
<title>绘制图像平铺</title>
</head>
<body onload="draw('canvas');">
<h1>图形平铺</h1>
<canvas id="canvas" width="400" height="300"></canvas>
<script>
    function draw(id){
        var canvas=document.getElementById(id);
        if(canvas==null){
            return false;
        }
        var context=canvas.getContext('2d');
        context.fillStyle="#eeeeff";
        context.fillRect(0,0,400,300);
        image=new Image();
        image.src="01.jpg";
        image.onload=function(){
            var ptrn=context.createPattern(image,'repeat');
            context.fillStyle=ptrn;
            context.fillRect(0,0,400,300);
        }
    }
</script>
</body>
</html>
```

在上面的代码中，首先使用 fillRect 创建了一个宽度为 400、高度为 300、左上角坐标位置为（0，0）的矩形，然后创建了一个 Image 对象，用 src 连接一个图像源，然后使用 createPattern 绘制一个图像，方式是完全平铺，并将这个图像作为一个模式填充到矩形中，最后绘制这个矩形，大小完全覆盖原来的图形。

在 IE 11.0 中的浏览效果如图 16-13 所示，在页面上绘制了一个图像，其图像以平铺的方式充满整个矩形。

图 16-13　图像平铺

16.7.3　图像裁剪

在处理图像时经常会遇到裁剪这种需求，即在画布上裁剪出一块区域，这块区域是在裁剪动作 clip 之前由绘图路径设定的，可以是方形、圆形、星形和其他任何可以绘制的轮廓形状。裁剪路径其实就是绘图路径，只不过这个路径不是拿来绘图的，而是设定显示区域和遮挡区域的一个分界线。

完成对图像的裁剪，可能要用到 clip 函数。clip 函数表示给 canvas 设置一个剪辑区域，在调用 clip 函数之后的代码只对这个设定的剪辑区域有效，不会影响其他地方，这个函数在进行局部更新时很有用。默认情况下，剪辑区域是一个左上角在(0, 0)、宽和高分别等于 canvas 元素的宽和高的矩形。

【例 16.14】（实例文件：ch16\16.14.html）

```
<!DOCTYPE html>
< html>
```

```
<head>
<title>绘制图像裁剪</title>
<script type="text/javascript" src="script.js"></script>
</head>
<body onload="draw('canvas');">
<h1>图像裁剪实例</h1>
<canvas id="canvas" width="400" height="300"></canvas>
<script>
    function draw(id){
        var canvas=document.getElementById(id);
        if(canvas==null){
            return false;
        }
        var context=canvas.getContext('2d');
        var gr=context.createLinearGradient(0,400,300,0);
        gr.addColorStop(0,'rgb(255,255,0)');
        gr.addColorStop(1,'rgb(0,255,255)');
        context.fillStyle=gr;
        context.fillRect(0,0,400,300);
        image=new Image();
        image.onload=function(){
            drawImg(context,image);
        };
        image.src="01.jpg";
    }
    function drawImg(context,image){
        create8StarClip(context);
        context.drawImage(image,-50,-150,300,300);
    }
    function create8StarClip(context){
        var n=0;
        var dx=100;
        var dy=0;
        var s=150;
        context.beginPath();
        context.translate(100,150);
        var x=Math.sin(0);
        var y=Math.cos(0);
        var dig=Math.PI/5*4;
        for(var i=0;i<8;i++){
            var x=Math.sin(i*dig);
            var y=Math.cos(i*dig);
            context.lineTo(dx+x*s,dy+y*s);
        }
        context.clip();
    }
</script>
</body>
```

```
</html>
```

在上面的代码中，创建了三个 JavaScript 函数。其中，create8StarClip 函数完成多边图形的创建，并以此图形作为裁剪的依据；drawImg 函数表示绘制一个图形，其图形带有裁剪区域；draw 函数完成对画布对象的获取，并定义一个线性渐变，然后创建一个 Image 对象。

在 IE 11.0 中的浏览效果如图 16-14 所示，在显示页面上绘制一个五边形，并将图像作为五边形的背景，从而实现对象图像的裁剪。

图 16-14   图像裁剪

16.7.4   像素处理

在电脑屏幕上可以看到色彩斑斓的图像，其实这些图像都是由一个个像素点组成的。一个像素对应着内存中一组连续的二进制位，由于是二进制位，因此每位上的取值只能是 0 或者 1。这组连续的二进制位可以由 0 和 1 排列组合出很多种情况，每一种排列组合就决定了这个像素的一种颜色。通常，每个像素点由四个字节组成。

这四个字节代表的含义分别是，第一个字节决定像素的红色值；第二个字节决定像素的绿色值；第三个字节决定像素的蓝色值；第四个字节决定像素的透明度值。

在画布中，可以使用 ImageData 对象来保存图像像素值，有 width、height 和 data 三个属性。其中，data 属性就是一个连续数组，保存着图像的所有像素值。

data 属性保存像素值的方法如下：

```
imageData.data[index*4 +0]
imageData.data[index*4 +1]
imageData.data[index*4 +2]
imageData.data[index*4 +3]
```

上面取出了 data 数组中连续相邻的四个值,这四个值分别代表图像中第 index+1 个像素的红色、绿色、蓝色和透明度值的大小。需要注意的是,index 从 0 开始,图像中总共有 width×height 个像素,数组中总共保存 width×height×4 个数值。

画布对象有三个函数用来创建、读取和设置 ImageData 对象,如表 16-9 所示。

表 16-9　画布对象函数

函数	说明
createImageData(width, height)	在内存中创建一个指定大小的 ImageData 对象(像素数组),对象中的像素点都是黑色透明的,即 rgba(0,0,0,0)
getImageData(x, y, width, height)	返回一个 ImageData 对象,这个 ImageData 对象中包含指定区域的像素数组
putImageData(data, x, y)	将 ImageData 对象绘制到屏幕的指定区域上

【例 16.15】(实例文件:ch16\16.15.html)

```
<!DOCTYPE html>
<html>
<head>
<title>图像像素处理</title>
<script type="text/javascript" src="script.js"></script>
</head>
<body onload="draw('canvas');">
<h1>像素处理示例</h1>
<canvas id="canvas" width="400" height="300"></canvas>
<script>
    function draw(id){
        var canvas=document.getElementById(id);
        if(canvas==null){
            return false;
        }
        var context=canvas.getContext('2d');
        image=new Image();
        image.src="01.jpg";
        image.onload=function(){
            context.drawImage(image,0,0);
            var
imagedata=context.getImageData(0,0,image.width,image.height);
            for(var i=0,n=imagedata.data.length;i<n;i+=4){
                imagedata.data[i+0]=255-imagedata.data[i+0];
                imagedata.data[i+1]=255-imagedata.data[i+2];
                imagedata.data[i+2]=255-imagedata.data[i+1];

            }
            context.putImageData(imagedata,0,0);
        };
```

```
        }
    </script>
    </body>
    </html>
```

在上面的代码中，使用 getImageData 函数获取一个 ImageData 对象并包含相关的像素数组，在 for 循环中对像素值重新赋值，最后使用 putImageData 将处理过的图像在画布上绘制出来。

在 IE 11.0 中的浏览效果如图 16-15 所示，在页面上显示了一个图像，明显是经过像素处理的，没有原来的清晰。

图 16-15 像素处理

16.8 绘制文字

在画布中绘制字符串（文字）的方式与操作其他路径对象的方式相同，既可以描绘文本轮廓和填充文本内部，同时又能将所有能够应用于其他图形的变换和样式都应用于文本。

文本绘制功能的常用函数如表 16-10 所示。

表 16-10 文本绘制函数

函数	说明
fillText(text,x,y,maxwidth)	绘制带 fillStyle 填充的文字、文本参数以及用于指定文本位置的坐标参数。maxwidth 是可选参数，用于限制字体大小，会将文本字体强制收缩到指定尺寸
trokeText(text,x,y,maxwidth)	绘制只有 strokeStyle 边框的文字，其参数含义和上一个方法相同
measureText	该函数会返回一个度量对象，其包含了在当前 context 环境下指定文本的实际显示宽度

为了保证文本在各浏览器下都能正常显示，在绘制上下文里有以下字体属性。

font 可以是 CSS 字体规则中的任何值，包括字体样式、字体变种、字体大小与粗细、行高和字体名称。

textAlign 控制文本的对齐方式，类似于（但不完全相同）CSS 中的 text-align，可能的取值为 start、end、left、right 和 center。

textBaseline 控制文本相对于起点的位置，可能的取值有 top、hanging、middle、alphabetic、ideographic 和 bottom。对于简单的英文字母，可以放心地使用 top、middle 或 bottom 作为其文本基线。

【例 16.16】（实例文件：ch16\16.16.html）

```
<!DOCTYPE html>
<html>
  <head>
    <title>Canvas</title>
  </head>
  <body>
    <canvas id="my_canvas" width="200" height="200" style="border:1px
solid #ff0000"></canvas>
    <script type="text/javascript">
        var elem = document.getElementById("my_canvas");
        if (elem && elem.getContext) {
            var context = elem.getContext("2d");
            context.fillStyle = '#00f';
            //font: 文字字体，同 CSSfont-family 属性
            context.font = 'italic  30px 微软雅黑';//斜体 30像素 微软雅黑字体
            /*textAlign: 文字水平对齐方式。可取属性值: start, end, left,right,
center。默认值:start。*/
            context.textAlign = 'left';
            /*文字竖直对齐方式。可取属性值: top, hanging, middle,alphabetic,
ideographic, bottom。默认值: alphabetic*/
            context.textBaseline = 'top';
            /*要输出的文字内容、文字位置坐标，第四个参数为可选选项——最大宽度。如果
需要的话，浏览器会缩减文字以让它适应指定宽度*/
            context.fillText  ('祖国生日快乐!', 0, 0,50);  //有填充
            context.font    = 'bold 30px sans-serif';
            context.strokeText('祖国生日快乐!', 0, 50,100);  //只有文字边框
        }
    </script>
  </body>
</html>
```

在 IE 11.0 中的浏览效果如图 16-16 所示，在页面上显示一个画布边框，画布中显示两个不同的字符串，第一个字符串以斜体显示，其颜色为蓝色；第二个字符串字体颜色为浅黑色，加粗显示。

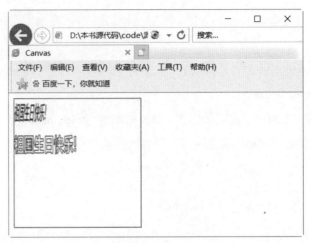

图 16-16　绘制文字

16.9　图形的保存与恢复

在用画布对象绘制图形或图像时，可以对这些图形或者图形的状态进行改变，即永久保存图形或图像。

16.9.1　保存与恢复状态

在画布对象中，由两个函数管理绘制状态的当前栈：save 函数把当前状态压入栈中，restore 函数从栈顶弹出状态。绘制状态不会覆盖对画布所做的每件事情。其中，save 函数用来保存 canvas 的状态。save 之后，可以调用 Canvas 的平移、放缩、旋转、错切、裁剪等操作。restore 函数用来恢复 Canvas 之前保存的状态。防止 save 后对 Canvas 执行的操作对后续的绘制有影响。save 和 restore 要配对使用（restore 可以比 save 少，但不能多），如果 restore 调用次数比 save 多，就会引发 Error。

【例 16.17】（实例文件：ch16\16.17.html）

```
<!DOCTYPE html>
<html>
<head><title>保存与恢复</title></head>
<body>
<canvas id="myCanvas" width="500" height="400" style="border:1px solid
blue">
Your browser does not support the canvas element.
</canvas>
<script type="text/javascript">
var c=document.getElementById("myCanvas");
var ctx=c.getContext("2d");
ctx.fillStyle = "rgb(0,0,255)";
ctx.save();
```

```
ctx.fillRect(50,50,100,100);
ctx.fillStyle = "rgb(255,0,0)";
ctx.save();
ctx.fillRect(200,50,100,100);
ctx.restore()
ctx.fillRect(350,50,100,100);
ctx.restore();
ctx.fillRect(50, 200, 100, 100);
</script>
</body>
</html>
```

在上面的代码中，绘制了四个矩形。在第一个绘制之前，定义当前矩形的显示颜色，并将此样式加入到栈中，然后创建一个矩形。在第二个矩形绘制之前，重新定义了矩形显示颜色，并使用 save 将此样式压入栈中，然后创建一个矩形。在第三个矩形绘制之前，使用 restore 恢复当前显示颜色，即调用栈中的最上层颜色，再绘制矩形。在第四个矩形绘制之前，继续使用 restore 函数，调用最后一个栈中元素定义矩形颜色。

在 IE 11.0 中的浏览效果如图 16-17 所示，在页面上绘制四个矩形，第一个和第四个矩形显示为蓝色，第二个和第三个矩形显示为红色。

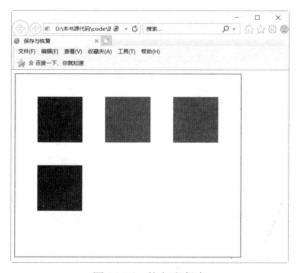

图 16-17　恢复和保存

16.9.2　保存文件

当绘制出漂亮的图形后需要保存这些劳动成果，这时可以将画布元素（而不是 2D 环境）的当前状态导出到数据 URL。导出很简单，可以利用 toDataURL 函数完成。它可以以不同的图片格式来调用。目前，png 格式是规范定义的格式。通常，浏览器也支持其他的格式。

目前 Firefox 和 Opera 浏览器只支持 png 格式，Safari 支持 gif、png 和 jpg 格式。大多数浏

览器支持读取 base64 编码内容。URL 的格式如下：

```
data:image/png;base64,iVBORw0KGgoAAAANSUhEUgAAAfQAAAH0CAYAAADL1t
```

以一个 data 开始，然后是 mine 类型，之后是编码和 base64，最后是原始数据。这些原始数据就是画布元素所要导出的内容，并且浏览器能够将数据编码为真正的资源。

【例 16.18】（实例文件：ch16\16.18.html）

```html
<!DOCTYPE html>
<html>
<body>
<canvas id="myCanvas" width="500" height="500" style="border:1px solid
blue">
Your browser does not support the canvas element.
</canvas>
<script type="text/javascript">
var c=document.getElementById("myCanvas");
var cxt=c.getContext("2d");
cxt.fillStyle='rgb(0,0,255)';
cxt.fillRect(0,0,cxt.canvas.width,cxt.canvas.height);
cxt.fillStyle="rgb(0,255,0)";
cxt.fillRect(10,20,50,50);
window.location=cxt.canvas.toDataURL(image/png');
</script>
</body>
</html>
```

在上面的代码中，使用 canvas.toDataURL 语句将当前绘制图像保存到 URL 数据中。在 Firefox 62.0 中的浏览效果如图 16-18 所示，在页面中无任何数据显示，并且提示无法显示该页面。此时需要注意的是鼠标指向的位置，即地址栏中的 URL 数据。

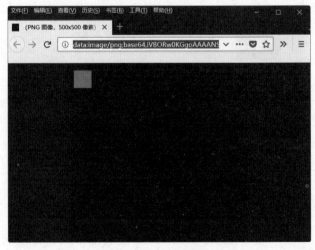

图 16-18　保存图形

16.10　综合实例 1——绘制商标

绘制商标是 canvas 画布的用途之一。这里将绘制类似 nike 的商标。nike 的图标比 adidas 的复杂得多，adidas 都是由直线组成的，nike 的多了曲线。实现本实例的步骤如下：

01 分析需求

绘制两条曲线，首先需要找到曲线的参考点（参考点决定了曲线的曲率），要慢慢地移动，然后看效果，反复操作。quadraticCurveTo(30,79,99,78)函数有两组坐标：第一组坐标为控制点，决定曲线的曲率；第二组坐标为终点。

02 构建 HTML，实现 canvas 画布

```
<!DOCTYPE html>
<html>
<head>
<title>绘制商标</title>
</head>
<body>
<canvas id="adidas" width="375px" height="132px" style="border:1px solid
#000;"></canvas>
</body>
</html>
```

在 IE 11.0 中的浏览效果如图 16-19 所示，此时只显示一个画布边框，其内容还没有绘制。

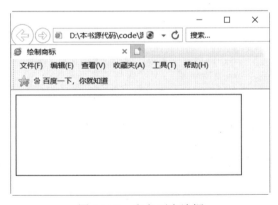

图 16-19　定义画布边框

03 JS 实现基本图形

```
<script>
function drawAdidas(){
    //取得canvas元素及其绘图上下文
```

```
    var canvas=document.getElementById('adidas');
    var context=canvas.getContext('2d');
    //保存当前绘图状态
    context.save();
    //开始绘制打勾的轮廓
    context.beginPath();
    context.moveTo(53,0);
    //绘制上半部分曲线，第一组坐标为控制点，决定曲线的曲率，第二组坐标为终点
    context.quadraticCurveTo(30,79,99,78);
    context.lineTo(371,2);
    context.lineTo(74,134);
    context.quadraticCurveTo(-55,124,53,0);
    //用红色填充
    context.fillStyle="#da251c";
    context.fill();
    //用3像素深红线条描边
    context.lineWidth=3;
    //连接处平滑
    context.lineJoin='round';
    context.strokeStyle="#d40000";
    context.stroke();
    //恢复原有绘图状态
    context.restore();
}
window.addEventListener("load",drawAdidas,true);
</script>
```

在 IE 11.0 中的浏览效果如图 16-20 所示，页面中显示一个商标图案，颜色为红色。

图 16-20　绘制商标

16.11　综合实例 2——绘制火柴棒人物

漫画中最常见的一种图形就是火柴棒人，通过简单的几个笔画就可以绘制一个传神的动漫人物。使用 canvas 和 JavaScript 同样可以绘制一个火柴棒人物，具体步骤如下：

01 分析需求

一个火柴棒人由一个脸部和一个身躯组成。脸部是一个圆形，其中包括眼睛和嘴；身躯由几条直线组成，包括手和腿等。实际上此案例就是绘制圆形、弧度和直线的组合。

02 实现 HTML 页面，定义画布 canvas

```
<!DOCTYPE html>
<html>
<title>绘制火柴棒人</title>
<body>
<canvas id="myCanvas" width="500" height="300" style="border:1px solid
blue">
Your browser does not support the canvas element.
</canvas>
</body>
</html>
```

在 IE 11.0 中的浏览效果如图 16-21 所示，页面中显示了一个画布边框。

图 16-21　定义画布边框

03 实现头部轮廓绘制

```
<script type="text/javascript">
var c=document.getElementById("myCanvas");
var cxt=c.getContext("2d");
cxt.beginPath();
cxt.arc(100,50,30,0,Math.PI*2,true);
cxt.fill();
</script>
```

这会产生一个实心的、填充的头部，即圆形。在 arc 函数中，x 和 y 的坐标为（100，50），半径为 30px，后面两个参数为弧度的开始和结束，第 6 个参数表示绘制弧形的方向，即顺时针

/逆时针方向。

在 IE 11.0 中的浏览效果如图 16-22 所示，页面中显示了一个实心圆，其颜色为黑色。

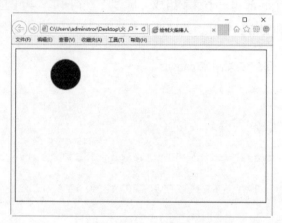

图 16-22　绘制头部轮廓

04 用 JS 绘制笑脸

```
cxt.beginPath();
cxt.strokeStyle='#c00';
cxt.lineWidth=3;
cxt.arc(100,50,20,0,Math.PI,false);
cxt.stroke();
```

此处使用 beginPath 方法表示重新绘制，并设定线条宽度，然后绘制一个弧形（是从嘴部开始的）。

在 IE 11.0 中的浏览效果如图 16-23 所示，页面中显示了一个漂亮的半圆式的笑脸。

图 16-23　绘制笑脸

05 用 JS 绘制眼睛

```
cxt.beginPath();
```

```
cxt.fillStyle="#c00";
cxt.arc(90,45,3,0,Math.PI*2,true);
cxt.fill();
cxt.moveTo(113,45);
cxt.arc(110,45,3,0,Math.PI*2,true);
cxt.fill();
cxt.stroke();
```

首先填充弧线，创建一个实体样式的眼睛（首先用 arc 绘制左眼，然后使用 moveTo 绘制右眼）。在 IE 11.0 中的浏览效果如图 16-24 所示，页面中显示了一双眼睛。

图 16-24　绘制眼睛

06 绘制身躯

```
cxt.moveTo(100,80);
cxt.lineTo(100,150);
cxt.moveTo(100,100),
cxt.lineTo(60,120);
cxt.moveTo(100,100);
cxt.lineTo(140,120);
cxt.moveTo(100,150);
cxt.lineTo(80,190);
cxt.moveTo(100,150);
cxt.lineTo(140,190);
cxt.stroke();
```

上面的代码以 moveTo 作为开始坐标、以 lineTo 为终点来绘制不同的直线，这些直线的坐标位置需要在不同地方汇集，两只手在坐标位置（100，100）交叉，两只脚在坐标位置（100,150）交叉。

在 IE 11.0 中的浏览效果如图 16-25 所示，页面中显示了一个火柴棒人。相较于上一个图形，多了一个身躯。

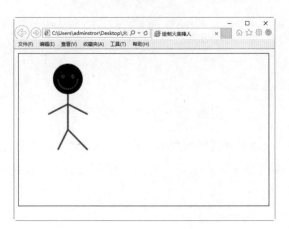

图 16-25　定义身躯

16.12　综合实例 3——绘制时钟

利用容器画布 canvas 这个新的特性，可以在网页创建一个类似于钟表的特效。本实例将创建一个时钟特效，具体步骤如下：

01 分析需求

在画布上绘制时钟，需要绘制几个必要的图形：表盘、时针、分针、秒针和中心圆。将上面几个图形组合起来就可以构成一个时钟界面，然后使用 JS 代码根据时间确定秒针、分针和时针的位置。

02 创建 HTML 页面

```
<!DOCTYPE html>
<html>
<head>
<title>制作动态页面时钟</title>
</head>
<body>
<canvas id="canvas" width="200" height="200" style="border:1px solid
#000;">您的浏览器不支持Canvas。</canvas>
</body>
</html>
```

上面代码创建了一个画布，其宽度为 200 像素、高度为 200 像素，带有边框，颜色为黑色，样式为直线型。在 IE 11.0 中的浏览效果如图 16-26 所示，页面中显示了一个带有黑色边框的画布，画布中没有任何信息。

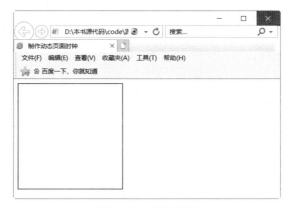

图 16-26 定义画布

03 添加 JavaScript，绘制不同图形

```
<script type="text/javascript" language="javascript" charset="utf-8">
var canvas = document.getElementById('canvas');
var ctx = canvas.getContext('2d');
if(ctx){
 var timerId;
 var frameRate = 60;
 function canvObject(){
  this.x = 0;
  this.y = 0;
  this.rotation = 0;
  this.borderWidth = 2;
  this.borderColor = '#000000';
  this.fill = false;
  this.fillColor = '#ff0000';
  this.update = function(){
   if(!this.ctx)throw new Error('您没有指定ctx对象。');
   var ctx = this.ctx
   ctx.save();
   ctx.lineWidth = this.borderWidth;
   ctx.strokeStyle = this.borderColor;
   ctx.fillStyle = this.fillColor;
   ctx.translate(this.x, this.y);
   if(this.rotation)ctx.rotate(this.rotation * Math.PI/180);
   if(this.draw)this.draw(ctx);
   if(this.fill)ctx.fill();
   ctx.stroke();
   ctx.restore();
  }
 };
 function Line(){};
 Line.prototype = new canvObject();
 Line.prototype.fill = false;
 Line.prototype.start = [0,0];
```

```
Line.prototype.end = [5,5];
Line.prototype.draw = function(ctx){
 ctx.beginPath();
 ctx.moveTo.apply(ctx,this.start);
 ctx.lineTo.apply(ctx,this.end);
 ctx.closePath();
};

function Circle(){};
Circle.prototype = new canvObject();
Circle.prototype.draw = function(ctx){
 ctx.beginPath();
 ctx.arc(0, 0, this.radius, 0, 2 * Math.PI, true);
 ctx.closePath();
};

var circle = new Circle();
circle.ctx = ctx;
circle.x = 100;
circle.y = 100;
circle.radius = 90;
circle.fill = true;
circle.borderWidth = 6;
circle.fillColor = '#ffffff';

var hour = new Line();
hour.ctx = ctx;
hour.x = 100;
hour.y = 100;
hour.borderColor = "#000000";
hour.borderWidth = 10;
hour.rotation = 0;
hour.start = [0,20];
hour.end = [0,-50];

var minute = new Line();
minute.ctx = ctx;
minute.x = 100;
minute.y = 100;
minute.borderColor = "#333333";
minute.borderWidth = 7;
minute.rotation = 0;
minute.start = [0,20];
minute.end = [0,-70];

var seconds = new Line();
seconds.ctx = ctx;
seconds.x = 100;
```

```
seconds.y = 100;
seconds.borderColor = "#ff0000";
seconds.borderWidth = 4;
seconds.rotation = 0;
seconds.start = [0,20];
seconds.end = [0,-80];

var center = new Circle();
center.ctx = ctx;
center.x = 100;
center.y = 100;
center.radius = 5;
center.fill = true;
center.borderColor = ' green ';

for(var i=0,ls=[],cache;i<12;i++){
 cache = ls[i] = new Line();
 cache.ctx = ctx;
 cache.x = 100;
 cache.y = 100;
 cache.borderColor = " green ";
 cache.borderWidth = 2;
 cache.rotation = i * 30;
 cache.start = [0,-70];
 cache.end = [0,-80];
}

timerId = setInterval(function(){
 // 清除画布
 ctx.clearRect(0,0,200,200);
 // 填充背景色
 ctx.fillStyle = 'green';
 ctx.fillRect(0,0,200,200);
 // 表盘
 circle.update();
 // 刻度
 for(var i=0;cache=ls[i++];)cache.update();
 // 时针
 hour.rotation = (new Date()).getHours() * 30;
 hour.update();
 // 分针
 minute.rotation = (new Date()).getMinutes() * 6;
 minute.update();
 // 秒针
 seconds.rotation = (new Date()).getSeconds() * 6;
 seconds.update();
 // 中心圆
 center.update();
```

```
    },(1000/frameRate)|0);
    }else{
    alert('您的浏览器不支持Canvas无法预览时钟！');
    }
</script>
```

由于篇幅比较长，上面只显示了部分代码。上面的代码首先绘制不同类型的图形，例如时针、秒针和分针等。然后在将其组合在一起，并根据时间定义时针等指向。在 IE 11.0 中的浏览效果如图 16-27 所示，页面中出现了一个时钟，其秒针在不停地移动。

图 16-27　最终特效

16.13　专家解惑

1. 定义 canvas 宽度和高度时，是否可以在 CSS 属性中定义呢？

在添加一个 canvas 标记的时候，会在 canvas 的属性里填写要初始化的 canvas 的高度和宽度：

```
<canvas width="500" height="400">Not Supported!</canvas>
```

如果把高度和宽度写在了 CSS 里面，那么在绘图的时候坐标获取会出现差异，canvas.width 和 canvas.height 分别是 300 和 150，和预期的不一样。这是因为 canvas 要求这两个属性必须和 canvas 标记一起出现。

2. 画布中 stroke 和 fill 二者的区别是什么？

HTML5 中将图形分为两大类：第一类称作 stroke，就是轮廓、勾勒或者线条，总之图形是由线条组成的；第二类称作 fill，就是填充区域。上下文对象中有两个绘制矩形的函数，可以让我们很好地理解这两大类图形的区别：一个是 strokeRect，还有一个是 fillRect。

第17章 HTML5中的音频和视频

目前，在网页上没有关于音频和视频的标准，多数音频和视频都是通过插件来播放的。为此，HTML5 新增了音频和视频的标记。本章将讲述音频和视频的基本概念、常用属性、解码器和浏览器的支持情况。

17.1 <audio>标记

目前，大多数音频是通过插件来播放音频文件的，例如常见的播放插件为 Flash，这就是为什么用户在用浏览器播放音乐时常常需要安装 Flash 插件的原因。但是并不是所有的浏览器都拥有同样的插件。

和 HTML4 相比，HTML5 新增了<audio>标记，规定了一种包含音频的标准方法。

17.1.1 <audio>标记概述

<audio>标记主要是定义播放声音文件或者音频流的标准。支持 3 种音频格式，分别为 ogg、mp3 和 wav。

如果需要在 HTML5 网页中播放音频，输入的基本格式如下：

```
<audio src="song.mp3" controls="controls">
</audio>
```

其中，src 属性用于规定要播放的音频的地址，controls 属性用于提供添加播放、暂停和音量的控件。

另外，在<audio>与</audio>之间插入的内容是不支持 audio 元素浏览器显示的。

【例 17.1】（实例文件：ch17\17.1.html）

```
<!DOCTYPE html>
<html>
<head>
<title>audio</title>
```

```
<head>
<body>
  <audio src="song.mp3" controls="controls">
您的浏览器不支持audio标记！
</audio>
</body>
</html>
```

如果用户的浏览器是 IE 8.0 或以前的版本，浏览效果如图 17-1 所示，可见目前 IE 浏览器还不支持<audio>标记。

在 IE 11.0 中的浏览效果如图 17-2 所示，可以通过加载的音频控制条听到加载的音频文件。

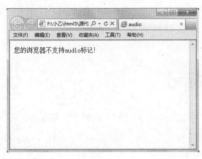

图 17-1　不支持<audio>标记的效果　　　　图 17-2　支持<audio>标记的效果

17.1.2　<audio>标记的属性

<audio>标记的常见属性和含义如表 17-1 所示。

表 17-1　<audio>标记常见属性

属性	值	描述
autoplay	Autoplay（自动播放）	音频在就绪后马上播放
controls	Controls（控制）	向用户显示控件，比如播放按钮
loop	Loop（循环）	每当音频结束时重新开始播放
preload	Preload（加载）	音频在页面加载时进行加载，并预备播放。如果使用 autoplay，就忽略该属性
src	url（地址）	要播放的音频的 URL 地址
autoplay	Autoplay（自动播放）	音频在就绪后马上播放

另外，<audio>标记可以通过 source 属性添加多个音频文件，具体格式如下：

```
<audio controls="controls">
<source src="123.ogg" type="audio/ogg">
```

```
<source src="123.mp3" type="audio/mpeg">
</audio>
```

17.1.3　音频解码器

音频解码器定义了音频数据流编码和解码的算法。其中，编码器主要是对数据流进行编码操作，用于存储和传输。音频播放器主要是对音频文件进行解码，然后进行播放操作。目前，使用较多的音频解码器是 Vorbis 和 ACC。

17.1.4　<audio>标记浏览器的支持情况

目前，不同的浏览器对<audio> 标记支持也不同。表 17-2 列出应用最为广泛的浏览器对<audio>标记的支持情况。

表 17-2　<audio>标记的浏览器支持情况

浏览器 音频格式	Firefox 3.5 及 更高版本	IE 9.0 及 更高版本	Opera 10.5 及 更高版本	Chrome 3.0 及 更高版本	Safari 3.0 及 更高版本
Ogg Vorbis	支持		支持	支持	
MP3		支持		支持	支持
Wav	支持		支持		支持

17.2　<video>标记

和音频文件播放方式一样，大多数视频文件在网页上也是通过插件来播放的，例如常见的播放插件为 Flash。由于不是所有的浏览器都拥有同样的插件，因此需要一种统一的包含视频的标准方法。为此，和 HTML4 相比，HTML5 新增了<video>标记。

17.2.1　<video>标记概述

video 标签主要是定义播放视频文件或者视频流的标准，支持 3 种视频格式，分别为 Ogg、WebM 和 MPEG4。

如果需要在 HTML5 网页中播放视频，输入的基本格式如下：

```
<video src="123.mp4" controls="controls">
</ video >
```

另外，在< video >与</ video >之间插入的内容是供不支持 video 元素的浏览器显示的。

【例 17.2】（实例文件：ch17\17.2.html）

```
<!DOCTYPE html>
<html>
<head>
<title>video</title>
<head>
<body>
<video src="123.mp4" controls="controls">
您的浏览器不支持video标记！
</video>
</body>
</html>
```

如果用户的浏览器是 IE 11.0 以前的版本，浏览效果如图 17-3 所示，可见 IE 11.0 以前的版本浏览器不支持<video>标记。

在 IE 11.0 中的浏览效果如图 17-4 所示，可以看到加载的视频控制条界面。单击【播放】按钮，即可查看视频的内容。

图 17-3　不支持<video>标记的效果

图 17-4　支持<video>标记的效果

17.2.2　<video>标记的属性

<video>标记的常见属性和含义如表 17-3 所示。

表 17-3　<video>标记常见属性

属性	值	描述
autoplay	autoplay	视频在就绪后马上播放
controls	controls	向用户显示控件，比如播放按钮
loop	loop	每当视频结束时重新开始播放
preload	preload	视频在页面加载时进行加载，并预备播放如果使用 "autoplay"，就忽略该属性

（续表）

属性	值	描述
src	url	要播放的视频的 URL
width	宽度值	设置视频播放器的宽度
height	高度值	设置视频播放器的高度
poster	url	当视频未响应或缓冲不足时，该属性值链接到一个图像。该图像将以一定比例被显示出来

由表 17-3 可知，用户可以自定义视频文件显示的大小。例如，想让视频以 320 像素×240 像素显示，可以加入 width 和 height 属性。具体格式如下：

```
<video width="320" height="240" controls src="123.mp4" >
</video>
```

另外，<video>标记可以通过 source 属性添加多个视频文件，具体格式如下：

```
<video controls="controls">
<source src="123.ogg" type="video/ogg">
<source src="123.mp4" type="video/mp4">
</video>
```

17.2.3　视频解码器

视频解码器定义了视频数据流编码和解码的算法。其中，编码器主要是对数据流进行编码操作，用于存储和传输。视频播放器主要是对视频文件进行解码，然后进行播放操作。

目前，在 HTML5 中，使用比较多的视频解码文件是 Theora、H.264 和 VP8。

17.2.4　<video>标记浏览器的支持情况

目前，不同的浏览器对<video>标记支持也不同。表 17-4 列出应用最为广泛的浏览器对<video>标记的支持情况。

表 17-4　<video>标记的浏览器支持情况

浏览器 视频格式	Firefox 4.0 及更高版本	IE 9.0 及更高版本	Opera 10.6 及更高版本	Chrome 6.0 及更高版本	Safari 3.0 及更高版本
Ogg	支持		支持	支持	
MPEG 4		支持		支持	支持
WebM	支持		支持	支持	

17.3　音频和视频中的方法

在 HTML5 网页中，操作音频或视频文件的常用方法包括 canPlayType()方法、load()方法、play()方法和 pause()方法。

17.3.1　canPlayType()方法

canPlayType()方法用于检测浏览器是否能播放指定的音频或视频类型。canPlayType()方法返回值包含如下内容。

（1）probably：浏览器全面支持指定的音频或视频类型。

（2）maybe：浏览器可能支持指定的音频或视频类型。

（3）" "（空字符串）：浏览器不支持指定的音频或视频类型。

注意：目前，所有主流浏览器都支持 canPlayType()方法。Internet Explorer 8 及之前的版本不支持该方法。

【例 17.3】（实例文件：ch17\17.3.html）

```
<!DOCTYPE html>
<html>
<head>
<title>canPlayType()方法</title>
</head>
<body>
<p>浏览器可以播放 MP4视频吗?<span>
<button onclick="supportType(event,'video/mp4','avc1.42E01E,
mp4a.40.2')" type="button">检查</button>
</span></p>
<p>浏览器可以播放 OGG 音频吗?<span>
<button onclick="supportType(event,'audio/ogg','theora, vorbis')"
type="button">检查</button>
</span></p>

<script>
function supportType(e,vidType,codType)
{
  myVid=document.createElement('video');
  isSupp=myVid.canPlayType(vidType+';codecs="'+codType+'"');
  if (isSupp=="")
  {
    isSupp="不支持";
  }
  e.target.parentNode.innerHTML="检查结果: " + isSupp;
}
```

```
</script>
</body>
</html>
```

在 IE 11.0 中的浏览效果如图 17-5 所示。单击【检查】按钮，即可查看浏览器对音频和视频的支持情况，如图 17-6 所示。

图 17-5　预览效果

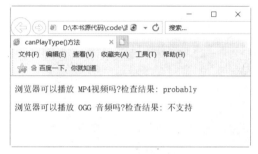

图 17-6　查看浏览器对音频和视频的支持情况

17.3.2　load()方法

load()方法用于重新加载音频或视频文件。load()方法的语法格式如下：

```
audio|video.load()
```

【例 17.4】（实例文件：ch17\17.4.html）

```
<!DOCTYPE html>
<html>
<head>
<title>load()方法</title>
</head>
<body>
<button onclick="changeSource()" type="button">更改加载视频</button>
<br />
<video id="video1" controls="controls" autoplay="autoplay">
  <source id="mp4_src" src="123.mp4" type="video/mp4">
  <source id="mp4_src" src="124.mp4" type="video/mp4">
  您的浏览器不支持 HTML5 video  标签。
</video>

<script>
function changeSource()
{
  document.getElementById("mp4_src").src="movie.mp4";
  document.getElementById("mp4_src").src="movie.mp4";
  document.getElementById("video1").load();
}
</script>
```

```
</body>
</html>
```

在 IE 11.0 中的浏览效果如图 17-7 所示。单击【更改加载视频】按钮，即可重新加载视频文件，如图 17-8 所示。

图 17-7　预览效果　　　　　　　　图 17-8　重新加载视频文件

17.3.3　play()方法和 pause()方法

play()方法开始播放音频或视频文件。pause()方法用于暂停当前播放的音频或视频文件。

【例 17.5】（实例文件：ch17\17.5.html）

```
<!DOCTYPE html>
<html>
<head>
<title> play()方法</title>
</head>
<body>
<button onclick="playVid()" type="button">播放视频</button>
<button onclick="pauseVid()" type="button">暂停视频</button>
<br />
<video id="video1">
  <source src="124.mp4" type="video/mp4">
  您的浏览器不支持 HTML5 video  标签。
</video>
<script>
var myVideo=document.getElementById("video1");
function playVid()
{
  myVideo.play();
}
```

```
function pauseVid()
{
  myVideo.pause();
}
</script>
</body>
</html>
```

在 IE 11.0 中的浏览效果如图 17-9 所示。单击【播放视频】按钮，开始播放视频；单击【暂停视频】按钮，暂停播放视频。

图 17-9　预览效果

17.4　音频和视频中的属性

在 HTML5 的网页中，关于音频和视频中的属性非常多，本节将挑选几个最常用的进行讲解。

17.4.1　autoplay 属性

autoplay 属性设置或返回音频或视频是否在加载后立即开始播放。

设置 autoplay 属性的语法格式如下：

```
audio|video.autoplay=true|false
```

返回 autoplay 属性的语法格式如下：

```
audio|video.autoplay
```

其中，autoplay 属性的取值包括 true 和 false。

（1）true：设置音频或视频在加载后立即开始播放。

（2）false：默认值。设置音频或视频在加载后不立即开始播放。

【例 17.6】（实例文件：ch17\17.6.html）

```
<!DOCTYPE html>
<html>
<head>
<title> autoplay属性</title>
</head>
<body>
<button onclick="enableAutoplay()" type="button">启动自动播放</button>
<button onclick="disableAutoplay()" type="button">禁用自动播放</button>
<button onclick="checkAutoplay()" type="button">检查自动播放状态</button>
<br />
<video id="video1" controls="controls">
  <source src="mov_bbb.mp4" type="video/mp4">
  您的浏览器不支持 HTML5 video标签。
</video>
<script>
myVid=document.getElementById("video1");
function enableAutoplay()
{
  myVid.autoplay=true;
  myVid.load();
}
function disableAutoplay()
{
  myVid.autoplay=false;
  myVid.load();
}
function checkAutoplay()
{
  alert(myVid.autoplay);
}
</script>
</body>
</html>
```

在 IE 11.0 中的浏览效果如图 17-10 所示。单击【启动自动播放】按钮，然后单击【检查自动播放状态】按钮，即可看到此时 autoplay 属性为 true。

图 17-10　预览效果

17.4.2　buffered 属性

buffered 属性返回 TimeRanges 对象。TimeRanges 对象表示用户的音频或视频缓冲范围。缓冲范围指的是已缓冲音频或视频的时间范围。如果用户在音频或视频中跳跃播放，就会得到多个缓冲范围。

返回 buffered 属性的语法格式如下：

```
audio|video.buffered
```

【例 17.7】（实例文件：ch17\17.7.html）

```
<!DOCTYPE html>
<html>
<head>
<title> buffered 属性</title>
</head>
<body>
<button onclick="getFirstBuffRange()" type="button">获得视频的第一段缓冲范围
</button>
<br />
<video id="video1" controls="controls">
  <source src="mov bbb.mp4" type="video/mp4">
  您的浏览器不支持 HTML5 video  标签。
</video>
<script>
myVid=document.getElementById("video1");
function getFirstBuffRange()
{
  alert("开始: " + myVid.buffered.start(0) + "结束: " +
myVid.buffered.end(0));
}
</script>
```

```
</body>
</html>
```

在 IE 11.0 中的浏览效果如图 17-11 所示。播放一段视频后，单击【获得视频的第一段缓冲范围】按钮，即可看到此时视频的缓冲范围。

图 17-11　预览效果

17.4.3　controls 属性

controls 属性设置或返回浏览器应当显示标准的音频或视频控件。标准的音频或视频控件包括播放、暂停、进度条、音量、全屏切换、字幕和轨道。

设置 controls 属性的语法格式如下：

```
audio|video.controls=true|false
```

返回 controls 属性的语法格式如下：

```
audio|video.controls
```

其中，controls 属性的取值包括 true 和 false。

（1）true：设置显示控件。

（2）false：默认值。设置不显示控件。

【例 17.8】（实例文件：ch17\17.8.html）

```
<!DOCTYPE html>
<html>
<head>
<title>controls 属性</title>
```

```
</head>
<body>
<button onclick="enableControls()" type="button">启动控件</button>
<button onclick="disableControls()" type="button">禁用控件</button>
<button onclick="checkControls()" type="button">检查控件状态</button>
<br>
<video id="video1">
  <source src="124.mp4" type="video/mp4">
  您的浏览器不支持 HTML5 video 标签。
</video>
<script>
myVid=document.getElementById("video1");
function enableControls()
{
  myVid.controls=true;
  myVid.load();
}
function disableControls()
{
  myVid.controls=false;
  myVid.load();
}
function checkControls()
{
  alert(myVid.controls);
}
</script>
</body>
</html>
```

在 IE 11.0 中的浏览效果如图 17-12 所示。单击【启动控件】按钮，然后单击【检查控件状态】按钮，即可看到此时 controls 属性为 true。

图 17-12　预览效果

17.4.4　currentSrc 属性

currentSrc 属性返回当前音频或视频的 URL。如果未设置音频或视频，就返回空字符串。
返回 currentSrc 属性的语法格式如下：

```
audio|video.currentSrc
```

【例 17.9】（实例文件：ch17\17.9.html）

```
<!DOCTYPE html>
<html>
<head>
<title> currentSrc属性</title>
</head>
<body>

<button onclick="getVid()" type="button">获得当前视频的URL</button>
<br>
<video id="video1" controls="controls">
  <source src="124.mp4" type="video/mp4">
  您的浏览器不支持 HTML5 video  标签。
</video>
<script>
myVid=document.getElementById("video1");
function getVid()
{
  alert(myVid.currentSrc);
}
</script>
</body>
</html>
```

在 IE 11.0 中的浏览效果如图 17-13 所示。单击【获得当前视频的 URL】按钮，即可看到
当前视频的 URL 路径。

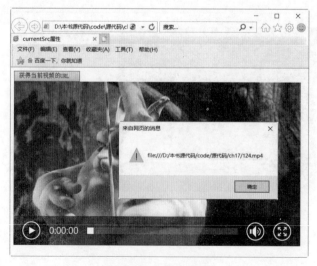

图 17-13　预览效果

17.5 专家解惑

1. 在 HTML5 网页中添加所支持格式的视频，不能在 Firefox 8.0 浏览器中正常播放，为什么？

目前，HTML5 的<video>标记对视频的支持不仅仅有视频格式的限制，还有对解码器的限制。规定如下：

（1）如果视频是 Ogg 格式的文件，就需要带有 Thedora 视频编码和 Vorbis 音频编码的视频。

（2）如果视频是 MPEG4 格式的文件，就需要带有 H.264 视频编码和 AAC 音频编码的视频。

（3）如果视频是 WebM 格式的文件，就需要带有 VP8 视频编码和 Vorbis 音频编码的视频。

2. 在 HTML5 网页中添加 mp4 格式的视频文件，为什么在不同的浏览器中视频控件显示的外观不同？

在 HTML5 中，规定用 controls 属性来控制视频文件的播放、暂停、停止和调节音量的操作。controls 是一个布尔属性，所以需要赋予任何值。一旦添加了此属性，就等于告诉浏览器需要显示播放控件并允许用户操作。

因为每一个浏览器负责内置视频控件的外观不同，所以在不同的浏览器中将显示不同的视频控件外观。

第18章 地理定位、离线Web应用 和Web存储

在 HTML5 中，由于地理定位、离线 Web 应用和 Web 存储技术的出现，用户可以查找网站访问者的当前位置。在线时可以快速存储网站的相关信息，当用户再次访问网站时，将大大提升访问的速度，即使网站脱机，也仍然可以访问站点。本章主要讲述上述新技术的原理和使用方法。

18.1 获取地理位置

在 HTML5 网页代码中，通过一些有用的 API 可以查找访问者当前的位置。下面将详细讲述地理位置获取的方法。

18.1.1 地理定位的原理

访问者浏览网站的方式不同，可以通过下列方式确定其位置。

（1）如果网站浏览者使用电脑上网，可通过获取浏览者的 IP 地址来确定其具体位置。

（2）如果网站浏览者通过手机上网，可通过获取浏览者的手机信号接收塔来确定其具体位置。

（3）如果网站浏览者的设备上具有 GPS 硬件，可通过获取 GPS 发出的载波信号来获取其具体位置。

（4）如果网站浏览者通过无线上网，可通过无线网络连接来获取其具体位置。

 API 是应用程序的编程接口，是一些预先定义的函数，目的是提供应用程序与开发人员基于某软件或硬件以访问一组例程的能力，而又无须访问源码、理解内部工作机制的细节。

18.1.2　地理定位的函数

通过地理定位，可以确定用户的当前位置，并能获取用户地理位置的变化情况。其中，最常用的就是 API 中的 getCurrentposition 函数。

getCurrentposition 函数的语法格式如下：

```
void getCurrentPosition(successCallback, errorCallback, options);
```

其中，successCallback 参数是指在位置成功获取时用户想要调用的函数名称；errorCallback 参数是指在位置获取失败时用户想要调用的函数名称；options 参数指出地理定位时的属性设置。

访问用户位置是耗时的操作，同时出于隐私问题，还要取得用户的同意。

如果地理定位成功，那么新的 Position 对象将调用 displayOnMap 函数，显示设备的当前位置。

Position 对象的含义是什么呢？作为地理定位的 API，Position 对象包含位置确定时的时间戳（timestamp）和包含位置的坐标（coords），具体语法格式如下：

```
Interface position
{
readonly attribute Coordinates cords;
readonly attribute DOMTimeStamp timestamp;
};
```

18.1.3　指定纬度和经度坐标

对地理定位成功后，将调用 displayOnMap 函数。此函数如下：

```
function displayOnMap(position)
{
var latitude=positon.coords.latitude;
var longitude=postion.coords.longitude;
}
```

其中，第一行函数从 Position 对象获取 coordinates 对象，主要由 API 传递给程序调用；第三行和第四行中定义了两个变量，latitude 和 longitude 属性存储在定义的两个变量中。

为了在地图上显示用户的具体位置，可以利用地图网站的 API。下面以使用百度地图为例进行讲解，则需要使用 Baidu Maps Javascript API。在使用此 API 前，需要在 HTML5 页面中添加一个引用，具体代码如下：

```
<--baidu maps API>
<script type= "text/javascript" scr=
```

```
"http://api.map.baidu.com/api?key=*&v=1.0&services=true" >
</script>
```

其中，*号代码注册到 key。注册 key 的方法为：在"http://openapi.baidu.com/map/index.html"网页中，注册百度地图 API，然后输入需要内置百度地图页面的 URL 地址，生成 API 密钥，然后将 key 文件复制保存。

虽然已经包含了 Baidu Maps Javascript API，但是页面中还不能显示内置的百度地图，还需要添加 HTML 语言，然后地图从程序转化为对象还需要加入以下源代码。

```
01 <script
type="text/javascript"scr="http://api.map.baidu.com/api?key=*&v=1.0&service
s=true">
02 </script>
03 <div style="width:600px;height:220px;border:1px solid
gary;margin-top:15px;" id="container">
04 </div>
05 <script type="text/javascript">
06 var map=new BMap.Map("container");
07 map.centerAndZoom(new BMap.Point(***,***),17);
08 map.addControl(new BMap.NavigationControl());
09 map.addControl(new BMap.ScaleControl());
10 map.addControl(new BMap.OverviewMapControl());
11 var local=new BMap.LocalSearch(map,
12 {
13 enderOptions:{map: map}
14 }
15 );
16 local.search("输入搜索地址");
17 </script>
```

上述代码分析如下：

（1）前 2 行主要是把 baidu map API 程序植入源码中。

（2）第 3 行在页面中设置一个标记，包括宽度和长度，用户可以自己调整；border=1px 定义外框的宽度为 1 个像素，solid 为实线，gray 为边框显示颜色，margin-top 为该标记距离与上部的距离。

（3）第 7 行为地图中自己位置的坐标。

（4）第 8 到 10 行为植入地图缩放控制工具。

（5）第 11 到 16 行为地图中自己的位置，只需在 local search 后填入自己的位置名称即可。

18.1.4　目前浏览器对地理定位的支持情况

不同的浏览器版本对地理定位技术的支持情况是不同的。表 18-1 是常见浏览器对地理定位的支持情况。

表 18-1　浏览器支持情况

浏览器名称	支持 Web 存储技术的版本
Internet Explorer	Internet Explorer 9 及更高版本
Firefox	Firefox 3.5 及更高版本
Opera	Opera 10.6 及更高版本
Safari	Safari 5 及更高版本
Chrome	Chrome 5 及更高版本
Android	Android 2.1 及更高版本

18.2　HTML5 离线 Web 应用

为了能在离线的情况下访问网站，可以采用 HTML5 的离线 Web 功能。下面来学习 Web 应用程序如何缓存。

18.2.1　新增的本地缓存

在 HTML5 中新增了本地缓存（也就是 HTML 离线 Web 应用），主要是通过应用程序缓存整个离线网站的 HTML、CSS、JavaScript、网站图像和资源。当服务器没有和 Internet 建立连接的时候，也可以利用本地缓存中的资源文件来正常运行 Web 应用程序。

另外，如果网站发生了变化，应用程序缓存将重新加载变化的数据文件。

18.2.2　本地缓存的管理者——manifest 文件

那么客户端的浏览器是如何知道应该缓存哪些文件的呢？这就需要依靠 manifest 文件来管理。manifest 文件是一个简单文本文件，在该文件中以清单的形式列举了需要被缓存或不需要被缓存的资源文件的文件名称以及这些资源文件的访问路径。

Manifest 文件把指定的资源文件类型分为 3 类，分别是"CACHE""NETWORK"和"FALLBACK"。这 3 类的含义分别如下：

（1）CACHE 类别：该类别指定需要被缓存在本地的资源文件。这里需要特别注意的是：为某个页面指定需要本地缓存的资源文件时，不需要把这个页面本身指定在 CACHE 类型中，因为如果一个页面具有 manifest 文件，浏览器就会自动对这个页面进行本地缓存。

（2）NETWORK 类别：该类别为不进行本地缓存的资源文件，这些资源文件只有当客户端与服务器端建立连接的时候才能访问。

（3）FALLBACK 类别：该类别中指定两个资源文件，其中一个资源文件为能够在线访问时使用的资源文件，另一个资源文件为不能在线访问时使用的备用资源文件。

以下是一个简单的 manifest 文件的内容。

```
CACHE MANIFEST
#文件的开头必须是CACHE MANIFEST
CACHE:
123.html
myphoto.jpg
12.php
NETWORK:
http://www.baidu.com/xxx
feifei.php
FALLBACK:
online.js locale.js
```

上述代码含义的分析如下：

（1）指定资源文件，文件路径可以是相对路径，也可以是绝对路径。指定时每个资源文件为独立的一行。

（2）第一行必须是 CACHE MANIFEST，此行的作用告诉浏览器需要对本地缓存中的资源文件进行具体设置。

（3）每一个类型都是必须出现，而且同一个类别可以重复出现。如果文件开头没有指定类别而直接书写资源文件，那么浏览器将把这些资源文件视为 CACHE 类别。

（4）在 manifest 文件中，注释行以"#"开始，主要用于进行一些必要的说明或解释。

为单个网页添加 manifest 文件时，需要在 Web 应用程序页面上 html 元素的 manifest 属性中指定 manifest 文件的 URL 地址。具体的代码如下：

```
<html manifest="123.manifest">
</html>
```

添加上述代码后，浏览器就能够正常地阅读该文本文件。

用户可以为每一个页面单独指定一个 mainifest 文件，也可以对整个 Web 应用程序指定一个总的 manifest 文件。

上述操作完成后，即可实现资源文件缓存到本地。当要对本地缓存区的内容进行修改时，只需要修改 manifest 文件。文件被修改后，浏览器可以自动检查 manifest 文件，并自动更新本地缓存区中的内容。

18.2.3 浏览器网页缓存与本地缓存的区别

浏览器网页缓存与本地缓存的主要区别如下：

（1）浏览器网页缓存主要是为了加快网页加载的速度，所以会对每一个打开的网页都进行缓存操作，而本地缓存是为整个 Web 应用程序服务的，只缓存那些指定缓存的网页。

（2）在网络连接的情况下，浏览器网页缓存一个页面的所有文件，一旦离线，用户单击链接时就会得到一个错误消息。本地缓存在离线时仍然可以正常访问。

（3）对于网页浏览者而言，浏览器网页缓存了哪些内容和资源、这些内容是否安全可靠等都不知道；而本地缓存的页面是编程人员指定的内容，所以在安全方面相对可靠了许多。

18.2.4 目前浏览器对 Web 离线应用的支持情况

不同的浏览器版本对 Web 离线应用技术的支持情况是不同的。表 18-2 是常见浏览器对 Web 离线应用的支持情况。

表 18-2 浏览器支持情况

浏览器名称	支持 Web 存储技术的版本情况
Internet Explorer	Internet Explorer 9 及更低版本目前尚不支持
Firefox	Firefox 3.5 及更高版本
Opera	Opera 10.6 及更高版本
Safari	Safari 4 及更高版本
Chrome	Chrome 5 及更高版本
Android	Android 2.0 及更高版本

18.3 Web 存储

在 HTML5 标准之前，Web 存储信息需要 Cookie 来完成，但是 Cookie 不适合大量数据的存储，因为它们由每个对服务器的请求来传递，这使得 Cookie 速度很慢而且效率也不高。为此，在 THML5 中，Web 存储 API 为用户如何在计算机或设备上存储用户信息做了数据标准的定义。

18.3.1　本地存储和 Cookies 的区别

本地存储和 Cookies 扮演着类似的角色，但是它们有根本的区别。

（1）本地存储仅存储在用户的硬盘上并等待用户读取，而 Cookies 是在服务器上读取的。

（2）本地存储仅供客户端使用，如果需要服务器端根据存储数值做出反应，就应该使用 Cookies。

（3）读取本地存储不会影响到网络带宽，但是使用 Cookies 将会发送到服务器，这样会影响到网络带宽，无形中增加了成本。

（4）从存储容量上看，本地存储可存储多达 5MB 的数据，而 Cookies 最多只能存储 4KB 的数据信息。

18.3.2　在客户端存储数据

在 HTML5 标准中，提供了以下两种在客户端存储数据的新函数。

（1）sessionStorage：针对一个 session 的数据存储，也被称为会话存储。让用户跟踪特定窗口中的数据，即使同时打开两个窗口是同一站点，每个窗口也有自己独立的存储对象，但是用户会话的持续时间只是限定在用户打开浏览器窗口的时间，一旦关闭浏览器窗口，用户会话就将结束。

（2）localStorage：没有时间限制的数据存储，也被称为本地存储，和会话存储不同，本地存储将在用户计算机上永久保持数据信息。关闭浏览器窗口后，如果再次打开该站点，将可以检索所有存储在本地上的数据。

在 HTML5 中，数据不是由每个服务器请求传递的，而是只有在请求时使用数据，这样的话存储大量数据时不会影响网站性能。对于不同的网站，数据存储于不同的区域，并且一个网站只能访问其自身的数据。

 HTML5 使用 JavaScript 来存储和访问数据，为此，建议用户多了解一下 JavaScript 的基本知识。

18.3.3　sessionStorage 函数

sessionStorage 函数针对一个 session 进行数据存储。用户关闭浏览器窗口后，数据会被自动删除。

创建一个 sessionStorage 函数的基本语法格式如下：

```
<script type="text/javascript">
sessionStorage.abc="  ";
</script>
```

【例 18.1】（实例文件：ch18\18.1.html）

```
<!DOCTYPE HTML>.
<html>
<body>
<script type="text/javascript">
sessionStorage.name="我们的公司是:英达科技文化公司";
document.write(sessionStorage.name);
</script>
</body>
</html>
```

在 Firefox 62.0 中的浏览效果如图 18-1 所示，sessionStorage 函数创建的对象内容显示在网页中。

图 18-1 sessionStorage 函数创建对象的效果

下面继续使用 sessionStorage 函数来做一个实例，主要制作记录用户访问网站次数的计数器。

【例 18.2】（实例文件：ch18\18.2.html）

```
<!DOCTYPE HTML>
<html>
<body>
<script type="text/javascript">
if(sessionStorage.count)
{
sessionStorage.count=Number(sessionStorage.count)+1;
}
else
{
sessionStorage.count=1;
}
document.write("您访问该网站的次数为: "+sessionStorage.count);
</script>
</body>
</html>
```

在 Firefox 62.0 中的浏览效果如图 18-2 所示。用户刷新一次页面，计数器的数值将加 1。

图 18-2　sessionStorage 方法创建计数器效果

如果用户先关闭浏览器窗口，再重新打开该网页，计数器将重置为1。

18.3.4　localStorage 函数

与 seessionStorage 函数不同，localStorage 函数存储的数据没有时间限制。也就是说网页浏览者关闭网页很长一段时间后，再次打开此网页时，数据依然可用。

创建一个 localStorage 函数的基本语法格式如下：

```
<script type="text/javascript">
localStorage.abc="  ";
</script>
```

【例 18.3】（实例文件：ch18\18.3.html）

```
<!DOCTYPE HTML>
<html>
<body>
<script type="text/javascript">
localStorage.name="学习HTML5最新的技术：Web存储";
document.write(localStorage.name);
</script>
</body>
</html>
```

在 Firefox 62.0 中的浏览效果如图 18-3 所示，localStorage 函数创建的对象内容显示在网页中。

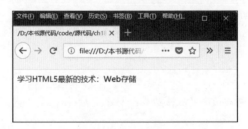

图 18-3　localStorage 函数创建对象的效果

下面仍然使用 localStorage 函数来制作记录用户访问网站次数的计数器。用户可以清楚地看到 localStorage 函数和 sessionStorage 函数的区别。

【例 18.4】（实例文件：ch18\18.4.html）

```
<!DOCTYPE HTML>
<html>
<body>
<script type="text/javascript">
if (localStorage.count)
{
localStorage.count=Number(localStorage.count)+1;
}
else
{
localStorage.count=1;
}
document.write("您访问该网站的次数为："+localStorage.count");
</script>
</body>
</html>
```

在 IE 11.0 中的浏览效果如图 18-4 所示。用户刷新一次页面，计数器的数值将进行加 1 操作；用户先关闭浏览器窗口，再打开该网页，计数器会继续上一次计数，而不会重置为 1。

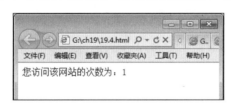

图 18-4　localStorage 函数创建计数器效果

18.3.5　目前浏览器对 Web 存储的支持情况

不同的浏览器版本对 Web 存储技术的支持情况是不同的。表 18-3 是常见浏览器对 Web 存储的支持情况。

表 18-3　浏览器支持情况

浏览器名称	支持 Web 存储技术的版本
Internet Explorer	Internet Explorer 8 及更高版本
Firefox	Firefox 3.6 及更高版本
Opera	Opera 10.0 及更高版本
Safari	Safari 4 及更高版本
Chrome	Chrome 5 及更高版本
Android	Android 2.1 及更高版本

18.4　专家解惑

1. 不同的浏览器可以读取同一个 Web 中存储的数据吗？

在 Web 存储时，不同的浏览器将存储在不同的 Web 存储库中。例如，用户使用的是 IE 浏览器，所有数据将存储在 IE 的 Web 存储库中，如果用户使用火狐浏览器访问该站点，就不能读取 IE 浏览器存储的数据，可见每个浏览器的存储是分开并独立工作的。

2. 离线存储站点时是否需要浏览者同意？

和地理定位类似，在网站使用 manifest 文件时，浏览器会提供一个权限提示，提示用户是否将离线设为可用，但是不是每一个浏览器都支持这样的操作。

第19章 使用jQuery Mobile设计移动页面

使用HTML5不仅可以设计PC端网页,还可以设计移动网页。HTML5需要和函数库jQuery Mobile 一起开发动移动网站,以解决不同移动设备上显示界面统一的问题。本章将重点学习jQuery Mobile 的使用方法和技巧。

19.1 jQuery Mobile 概述

jQuery Mobile 是 jQuery 在手机和平板设备上的版本。jQuery Mobile 不仅会给主流移动平台带来 jQuery 核心库,还会发布一个完整统一的 jQuery 移动 UI 框架。通过 jQuery Mobile 制作出来的网页能够支持全球主流的移动平台,而且在浏览网页时能够拥有操作应用软件一样的触碰和滑动效果。

jQuery Mobile 的优势如下:

(1)简单易用:jQuery Mobile 简单易用。页面开发主要使用标记,无须或仅需很少JavaScript。jQuery Mobile 通过 HTML5 标记和 CSS3 规范来配置和美化页面,对于已经熟悉HTML5 和 CSS3 的读者来说,上手非常容易,架构清晰。

(2)跨平台:目前大部分的移动设备浏览器都支持 HTML5 标准和 jQuery Mobile,所以可以实现跨不同的移动设备,例如 Android、Apple IOS、BlackBerry、Windows Phone、Symbian和 MeeGo 等。

(3)提供丰富的函数库:常见的键盘、触碰功能等,开发人员不用编写代码,只需要经过简单的设置,就可以实现需要的功能,大大减少了程序员开发的时间。

(4)富的布景主题和 ThemeRoller 工具:jQuery Mobile 提供了布局主题,通过这些主题可以轻轻松松地快速创建绚丽多彩的网页。通过使用 jQuery UT 的 ThemeRoller 在线工具,只需要在下拉菜单中进行简单的设置,就可以制作出丰富多彩的网页风格,并且可以将代码下载下来应用。

jQuery Mobile 的操作流程如下:

（1）创建 HTML5 文件。

（2）载入 jQuery、jQuery Mobile 和 jQuery Mobile CSS 链接库。

（3）使用 jQuery Mobile 定义的 HTML 标准，编写网页架构和内容。

19.2　跨平台移动设备网页

学习移动设备的网页设计开发，遇到最大的难题就是跨浏览器支持的问题。为了解决这个问题，jQuery 推出了新的函数库 jQuery Mobile，主要用于统一当前移动设备的用户界面。

19.2.1　移动设备模拟器

网页制作完成后，需要在移动设备上预览最终的效果。为了方便预览效果，用户可以使用移动设备模拟器，常见的移动设备模拟器是 Opera Mobile Emulator。

Opera Mobile Emulator 是一款针对电脑桌面开发的模拟移动设备的浏览器，几乎完全重现 Opera Mobile 手机浏览器的使用效果，可自行设置需要模拟的不同型号的手机和平板电脑配置，然后在电脑上模拟各类手机等移动设备访问网站。

Opera Mobile Emulator 的下载网址为 http://www.opera.com/zh-cn/developer/mobile-emulator/，可根据不同的系统选择不同的版本，这里选择 Windows 系统下的版本，如图 19-1 所示。

图 19-1　Opera Mobile Emulator 的下载页面

下载并安装之后启动 Opera Mobile Emulator，打开如图 19-2 所示的窗口，在【资料】列表中选择移动设备的类型，这里选择【LG Optimus 3D】选项，单击【启动】按钮。

打开欢迎界面，用户可以单击不同的链接，查看该软件的功能，如图 19-3 所示。

图 19-2　参数设置界面　　　　　　　图 19-3　欢迎界面

单击【接受】按钮，打开手机模拟器窗口，在【输入网站】文本框中输入需要查看网页效果的地址即可，如图 19-4 所示。

例如，这里直接单击【当当网】图标，即可查看当当网在该移动设备模拟器中的效果，如图 19-5 所示。

图 19-4　手机模拟器窗口　　　　　　图 19-5　查看预览效果

Opera Mobile Emulator 不仅可以查看移动网页的效果，还可以任意调整窗口的大小，从而查看不同屏幕尺寸的效果，这点也是 Opera Mobile Emulator 与其他移动设备模拟器相比最大的优势。

19.2.2 jQuery Mobile 的安装

想要开发 jQuery Mobile 网页，必须要引用 JavaScript 函数库（.js）、CSS 样式表和配套的 jQuery 函数库文件。常见的引用方法有以下两种：

1. 直接引用 jQuery Mobile 库文件

从 jQuery Mobile 的官网下载该库文件（网址是 http://jquerymobile.com/download/），如图 19-6 所示。

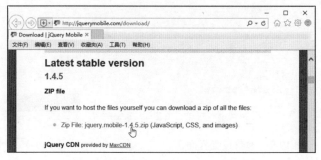

图 19-6　下载 jQuery Mobile 库文件

下载完成即可解压，将解压后的文件放入 jquery 文件夹中，然后直接引用文件即可，代码如下：

```
<head>
<meta name="viewport" content="width=device-width, initial-scale=1">
<link rel="stylesheet" href="jquery\jquery.mobile-1.4.5.css">
<script src="jquery\jquery.js"></script>
<script src="jquery\jquery.mobile-1.4.5.js"></script>
</head>
```

注意：将下载的文件解压到和网页位于同一目录下，否则会因无法引用而报错。

细心的读者会发现，在<script>标签中没有插入 type="text/javascript"，这是什么原因呢？因为所有的浏览器中 HTML5 的默认脚本语言就是 JavaScript，所以在 HTML5 中已经不再需要该属性。

2. 从 CDN 中加载 jQuery Mobile

CDN 的全称是 Content Delivery Network，即内容分发网络。其基本思路是尽可能避开互联网上有可能影响数据传输速度和稳定性的瓶颈和环节，使内容传输得更快、更稳定。

使用 CDN 加载 jQuery Mobile，用户不需要在电脑上安装任何东西。用户仅仅需要在网页中加载层叠样式(.css)和 JavaScript 库 (.js) 就能够使用 jQuery Mobile。

用户可以从 jQuery Mobile 官网中查找引用路径，网址是 http://jquerymobile.com/download/，

进入该网站后，找到 jQuery Mobile 的引用链接，然后将其复制后添加到 HTML 文件<head>标记中即可，如图 19-7 所示。

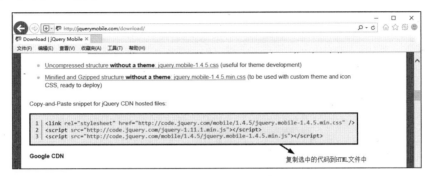

图 19-7　下载 jQuery Mobile 库文件

将代码复制到<head>标记块内，代码如下所示。

```
<head>
<!-- meta使用viewport以确保页面可自由缩放 -->
<meta name="viewport" content="width=device-width, initial-scale=1">
<!-- 引入 jQuery Mobile 样式 -->
 <link rel="stylesheet"
href="http://code.jquery.com/mobile/1.4.5/jquery.mobile-1.4.5.min.css">
 <!-- 引入 jQuery 库 -->
 <script src="http://code.jquery.com/jquery-1.11.3.min.js"></script>
 <!-- 引入 jQuery Mobile 库 -->
 <script
src="http://code.jquery.com/mobile/1.4.5/jquery.mobile-1.4.5.min.js"></script>
 </head>
```

注意：由于 jQuery Mobile 函数库仍然在开发中，因此引用的链接中的版本号可能会与本书不同，请使用官方提供的最新版本，只要按照上述方法将代码复制下来引用即可。

19.3　jQuery Mobile 网页的架构

jQuery Mobile 网页是由 header、content 与 footer 3 个区域组成的架构，利用<div>标记加上 HTML5 自定义属性 data-*来定义移动设备网页组件样式，最基本的属性 data-role 可以用来定义移动设备的页面架构，语法格式如下：

```
<div data-role="page">
<!—开始一个page-->
  <div data-role="header">
    <h1>这个是标题</h1>
  </div>
```

```
<div data-role="main" class="ui-content">
  <p>这里是内容</p>
</div>
<div data-role="footer">
  <h1>底部文本</h1>
</div>
</div>
```

在模拟器中的预览效果如图 19-8 所示。

图 19-8　程序预览效果

从结果可以看出，jQuery Mobile 网页以页（page）为单位，一个 HTML 页面可以放一个页面，也可以放多个页面，只是浏览器每次只会显示一页。如果有多个页面，需要在页面中添加超链接，从而实现多个页面的切换。

jQuery Mobile 网页架构的具体含义如下：

（1）data-role="page" 是在浏览器中显示的页面。

（2）data-role="header" 是在页面顶部创建的工具条，通常用于标题或者搜索按钮。

（3）data-role="main" 定义了页面的内容，比如文本、图片、表单、按钮等。

（4）"ui-content" 类用于在页面添加内边距和外边距。

（5）data-role="footer" 用于创建页面底部工具条。

19.4　使用 UI 组件

jQuery Mobile 提供很多可视化的 UI 组件，只要套用之后，就可以生成绚丽并且适合移动设备使用的组件。jQuery Mobile 中各种可视化的 UI 组件与 HTML5 标记大同小异。下面介绍常用组件的用法。

在 jQuery Mobile 中，经常使用的表单控件如下：

1. 文本输入框

文本输入框的语法规则如下：

```
<input type="text" name="fname" id="fname" value=" ">
```

其中，value 属性用来设置文本框中显示的内容，也可以使用 placeholder 来指定一个简短的描述，用来描述输入内容的含义。

【例 19.1】（实例文件：ch19\19.1.html）

```
<!DOCTYPE html>
<html>
<head>
<meta name="viewport" content="width=device-width, initial-scale=1">
<link rel="stylesheet"
href="http://apps.bdimg.com/libs/jquerymobile/1.4.5/jquery.mobile-1.4.5.min
.css">
<script
src="http://apps.bdimg.com/libs/jquery/1.10.2/jquery.min.js"></script>
<script
src="http://apps.bdimg.com/libs/jquerymobile/1.4.5/jquery.mobile-1.4.5.min.
js"></script>
</head>
<body>
<div data-role="first">
  <div data-role="header">
  <h1>输入学生信息</h1>
  </div>
  <div data-role="main" class="ui-content">
    <form method="post" action="demo_form.php">
      <div class="ui-field-contain">
        <label for="fullname">姓名: </label>
        <input type="text" name="fullname" id="fullname">
        <label for="bday">出生年月: </label>
        <input type="date" name="bday" id="bday">
        <label for="">家庭住址:</label>
        <input type="text" name="address" id="address" placeholder="输入您
的家庭住址">
      </div>
      <input type="submit" data-inline="true" value="提交">
    </form>
  </div>
</div>
</body>
</html>
```

模拟器中的预览效果如图 19-9 所示。单击【入库日期】文本框时，会自动打开日期选择器，用户直接选择相应的日期即可，如图 19-10 所示。

图 19-9　程序预览效果

图 19-10　日期选择器

2. 文本域

使用<textarea>可以实现多行文本输入效果。

【例 19.2】（实例文件：ch19\19.2.html）

```
<!DOCTYPE html>
<html>
<head>
<meta name="viewport" content="width=device-width, initial-scale=1">
<link rel="stylesheet"
href="http://code.jquery.com/mobile/1.4.5/jquery.mobile-1.4.5.min.css">
<script src="http://code.jquery.com/jquery-1.11.3.min.js"></script>
 <script
src="http://code.jquery.com/mobile/1.4.5/jquery.mobile-1.4.5.min.js"></scri
pt>
 </head>
<body>
<div data-role="first">
  <div data-role="header">
  <h1>文本框</h1>
  </div>
  <div data-role="main" class="ui-content">
    <form>
      <div class="ui-field-contain">
        <label for="info">您最喜欢的一句名言:</label>
        <textarea name="addinfo" id="info"></textarea>
      </div>
        <input type="submit" data-inline="true" value="提交">
```

```
      </form>
    </div>
  </div>
</body>
</html>
```

在模拟器中的预览效果如图 19-11 所示。输入多行内容时，文本框会根据输入的内容自动调整文本框的高度，如图 19-12 所示。

图 19-11　程序预览效果

图 19-12　选择日期

3. 搜索输入框

HTML5 中新增的 type="search"类型为搜索输入框，为输入搜索定义文本字段。

搜索输入框的语法规则如下：

```
<input type="search" name="search" id="search" placeholder="搜索内容">
```

搜索输入框的效果如图 19-13 所示。

```
🔍 搜索内容
```

图 19-13　搜索输入框

4. 范围滑动条

使用<input type="range">控件，即可创建范围滑动条，语法格式如下：

```
<input type="range" name="points" id="points" value="50" min="0" max="100"
data-show-value="true">
```

其中，max 属性规定允许的最大值；min 属性规定允许的最小值；step 属性规定合法的数字间隔；value 属性规定默认值；data-show-value 属性规定是否在按钮上显示进度的值，如果设置为 true，就表示显示进度的值；如果设置为 false，就表示不显示进度的值。

【例 19.3】（实例文件：ch19\19.3.html）

```html
<!DOCTYPE html>
<html>
<head>
<meta name="viewport" content="width=device-width, initial-scale=1">
<link rel="stylesheet"
href="http://code.jquery.com/mobile/1.4.5/jquery.mobile-1.4.5.min.css">
<script src="http://code.jquery.com/jquery-1.11.3.min.js"></script>
<script
src="http://code.jquery.com/mobile/1.4.5/jquery.mobile-1.4.5.min.js"></script>
</head>
<body>
<div data-role="first">
  <div data-role="header">
    <h1>范围滑动条</h1>
  </div>
  <div data-role="main" class="ui-content">
    <form>
      <label for="points">目前项目的进度:</label>
      <input type="range" name="points" id="points" value="50" min="0"
max="100" data-show-value="true">
      <input type="submit" data-inline="true" value="提交">
    </form>
  </div>
</div>
</body>
</html>
```

在模拟器中的预览效果如图 19-14 所示。用户可以拖动滑块选择需要的值，也可以通过加减按钮精确选择进度的值。

图 19-14　程序预览效果

使用 data-popup-enabled 属性可以设置小弹窗效果，代码如下：

```
<input type="range" name="points" id="points" value="50" min="0" max="100"
data-popup-enabled="true">
```

添加后的效果如图 19-15 所示。

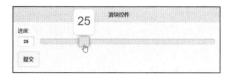

图 19-15 进度值显示效果

使用 data-highlight 属性可以亮度显示滑动条的值，代码如下：

```
<input type="range" name="points" id="points" value="50" min="0" max="100"
data-highlight="true">
```

添加后的效果如图 19-16 所示。

图 19-16 高亮度显示进度值效果

5. 表单按钮

表单按钮分为三种：普通按钮、提交按钮和取消按钮。只需要在 type 属性中设置表单的类型即可，代码如下：

```
<input type="submit" value="提交按钮">
<input type="reset" value="取消按钮">
<input type="button" value="普通按钮">
```

在模拟器中的预览效果如图 19-17 所示。

图 19-17 表单按钮预览效果

当用户在有限数量的选择中仅选取一个选项时，经常用到表单中的单选按钮。可以通过 type="radio"来创建一系列的单选按钮，代码如下：

```
<fieldset data-role="controlgroup">
<legend>请选择您的年级：</legend>
  <label for="one">一年级</label>
  <input type="radio" name="grade" id="one" value="one">
  <label for="two">二年级</label>
  <input type="radio" name="grade" id="two" value="two">
  <label for="three">三年级</label>
  <input type="radio" name="grade" id=" three" value=" three">
</fieldset>
```

在模拟器中的预览效果如图 19-18 所示。

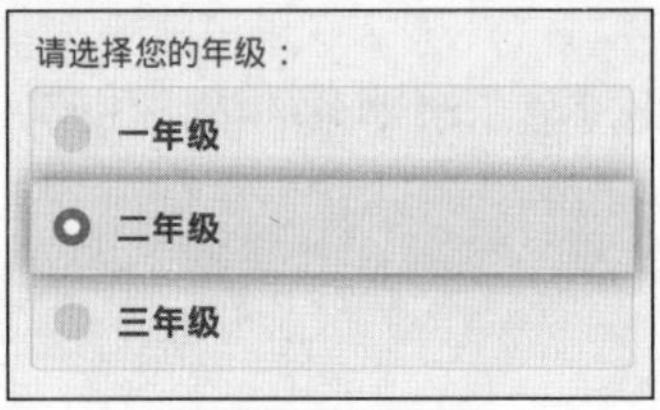

图 19-18　单选按钮

提示：<fieldset>标记用来创建按钮组，组内各个组件保持自己的功能。在<fieldset>标记内添加 data-role="controlgroup"，这样这些单选按钮样式统一，看起来像一个组合。其中，<legend>标签用来定义按钮组的标题。

6. 复选框

当用户在有限数量的选择中选取一个或多个选项时，需要使用复选框，代码如下：

```
<fieldset data-role="controlgroup">
  <legend>请选择您喜爱的季节：</legend>
  <label for="spring">春天</label>
  <input type="checkbox" name="season" id="spring" value="spring">
  <label for="summer">夏天</label>
  <input type="checkbox" name="season" id="summer" value="summer">
  <label for="fall">秋天</label>
  <input type="checkbox" name="season" id="fall" value="fall">
  <label for="winter">冬天</label>
  <input type="checkbox" name="season" id="winter" value="winter">
</fieldset>
```

在模拟器中的预览效果如图 19-19 所示。

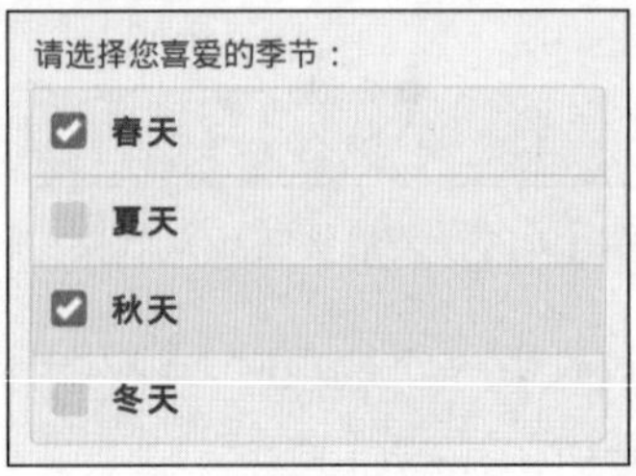

图 19-19　复选框

6. 选择菜单

使用\<select\>标签可以创建带有若干选项的下拉列表。\<select\>标签内的\<option\>属性定义了列表中的可用选项，代码如下：

```
<fieldset data-role="fieldcontain">
        <label for="day">选择值日时间：</label>
        <select name="day" id="day">
         <option value="mon">星期一</option>
         <option value="tue">星期二</option>
         <option value="wed">星期三</option>
         <option value="thu">星期四</option>
         <option value="fri">星期五</option>
         <option value="sat">星期六</option>
         <option value="sun">星期日</option>
        </select>
</fieldset>
```

在模拟器中的预览效果如图 19-20 所示。

图 19-20　选择菜单

如果菜单中的选项还需要再次分组，可以使用\<select\>内的\<optgroup\>标签，添加后的代码如下：

```
<fieldset data-role="fieldcontain">
        <label for="day">选择值日时间：</label>
        <select name="day" id="day">
        <optgroup label="工作日">
         <option value="mon">星期一</option>
         <option value="tue">星期二</option>
         <option value="wed">星期三</option>
         <option value="thu">星期四</option>
         <option value="fri">星期五</option>
        </optgroup>
        <optgroup label="休息日">
         <option value="sat">星期六</option>
         <option value="sun">星期日</option>
```

```
      </optgroup>
      </select>
</fieldset>
```

在模拟器中的预览效果如图 19-21 所示。

图 19-21 菜单选项分组后的效果

如果想选择菜单中的多个选项，就需要设置<select>标签的 multiple 属性，代码如下：

```
<select name="day" id="day" multiple data-native-menu="false">
```

例如，把上面的代码修改如下：

```
<fieldset data-role="fieldcontain">
      <label for="day">选择值日时间: </label>
      <select name="day" id="day" multiple data-native-menu="false">
      <optgroup label="工作日">
       <option value="mon">星期一</option>
       <option value="tue">星期二</option>
       <option value="wed">星期三</option>
       <option value="thu">星期四</option>
       <option value="fri">星期五</option>
      </optgroup>
      <optgroup label="休息日">
       <option value="sat">星期六</option>
       <option value="sun">星期日</option>
      </optgroup>
      </select>
</fieldset>
```

在模拟器中预览，选择菜单时的效果如图 19-22 所示。选择完成后，即可看到多个菜单选项被选择，如图 19-23 所示。

图 19-22 厦门站多个菜单选项　　　　　　　图 19-23 多个菜单选项被选择后的效果

8. 翻转波动开关

设置<input type="checkbox">标签的 data-role 为"flipswitch"时，可以创建翻转波动开关，代码如下：

```
<form>
    <label for="switch">切换开关：</label>
     <input type="checkbox" data-role="flipswitch" name="switch"
id="switch">
</form>
```

在模拟器中的预览效果如图 19-24 所示。

同时，用户还可以使用"checked"属性来设置默认的选项，代码如下：

```
<input type="checkbox" data-role="flipswitch" name="switch" id="switch"
checked>
```

修改后的预览效果如图 19-25 所示。

默认情况下，开关切换的文本为"On"和"Off"。可以使用 data-on-text 和 data-off-text 属性来修改，代码如下：

```
<input type="checkbox" data-role="flipswitch" name="switch" id="switch"
data-on-text="打开" data-off-text="关闭">
```

修改后的预览效果如图 19-26 所示。

图 19-24　开关默认效果　　图 19-25　修改默认选项后的效果　　图 19-26　修改切换开关文本后的效果

19.5　导航条

导航条通常位于页面的头部或尾部，主要作用是便于用户快速访问需要的页面。本节将重点学习导航条的使用方法和技巧。

在 jQuery Mobile 中，使用 data-role="navbar" 属性来定义导航栏。需要特别注意的是，导航栏中的链接将自动变成按钮，不需要使用 data-role="button"属性。

例如：

```html
<div data-role="header">
  <h1>鸿鹄网购平台</h1>
  <div data-role="navbar">
   <ul>
     <li><a href="#">主页</a></li>
     <li><a href="#">团购</a></li>
     <li><a href="#">搜索商品</a></li>
   </ul>
  </div>
</div>
```

在模拟器中的预览效果如图 19-27 所示。

图 19-27　程序预览效果

通过前面章节的学习，用户还可以为导航添加按钮图标。例如，将以上代码修改如下：

```html
<div data-role="header">
  <h1>鸿鹄网购平台</h1>
  <div data-role="navbar">
   <ul>
     <li><a href="#" data-icon="home">主页</a></li>
     <li><a href="#" data-icon="arrow-d">团购</a></li>
     <li><a href="#" data-icon="search">搜索商品</a></li>
   </ul>
  </div>
</div>
```

在模拟器中的预览效果如图 19-28 所示。

图 19-28　程序预览效果

细心的读者会发现，导航按钮的图标默认位置是位于文字的上方，这个普通的按钮图片是不一样的。如果需要修改导航按钮图标的位置，可以通过设置 data-iconpos 属性来指定位置，包括 left（左侧）、right（右侧）、bottom（底部）。

例如，修改导航按钮图标的位置为文本的左侧，代码如下：

```
<div data-role="header">
  <h1>鸿鹄网购平台</h1>
  <div data-role="navbar" data-iconpos="left">
   <ul>
     <li><a href="#" data-icon="home" >主页</a></li>
     <li><a href="#" data-icon="arrow-d" >团购</a></li>
     <li><a href="#" data-icon="search">搜索商品</a></li>
   </ul>
  </div>
</div>
```

在模拟器中的预览效果如图 19-29 所示。

图 19-29　程序预览效果

注意：和设置普通按钮图标位置不同的是，这里 data-iconpos="left"属性只能添加到<div>标签中，而不能添加到<li>标签中，否则是无效的，读者可以自行检测。

默认情况下，当单击导航按钮时，按钮的样式会发生变换。例如，这里单击【搜索商品】导航按钮，发现按钮的底纹颜色变成了蓝色，如图 19-30 所示。

图 19-30　导航按钮的样式变化

如果用户想取消上面的样式变化，添加 class="ui-btn-active"属性即可，例如：

```
<li><a href="#anylink" class="ui-btn-active">首页</a></li>
```

修改完成后，再次单击【主页】导航按钮时，样式不会发生变化。

对于多个页面的情况，往往用户展示哪个页面，对应导航按钮会处于被选中状态，下面通过一个案例来讲解。

【例 19.4】（实例文件：ch19\19.4.html）

```
<!DOCTYPE html>
```

```html
<html>
<head>
<meta name="viewport" content="width=device-width, initial-scale=1">
<link rel="stylesheet"
href="http://code.jquery.com/mobile/1.4.5/jquery.mobile-1.4.5.min.css">
<script src="http://code.jquery.com/jquery-1.11.3.min.js"></script>
<script
src="http://code.jquery.com/mobile/1.4.5/jquery.mobile-1.4.5.min.js"></script>
</head>
<body>
<div data-role="page" id="first">
  <div data-role="header">
  <h1>鸿鹄购物平台</h1>
    <div data-role="navbar">
      <ul>
        <li><a href="#" class="ui-btn-active ui-state-persist">主页
</a></li>
        <li><a href="#second">团购</a></li>
        <li><a href="#">搜索商品</a></li>
      </ul>
    </div>
  </div>
    <div data-role="content" class="content">
  <p>这里是首页显示的内容</p>
  </div>
  <div data-role="footer">
     <h1>首页</h1>
  </div>
</div>

<div data-role="page" id="second">
  <div data-role="header">
  <h1>鸿鹄购物平台</h1>
    <div data-role="navbar">
      <ul>
        <li><a href="#first">主页</a></li>
        <li><a href="#" class="ui-btn-active ui-state-persist">团购
</a></li>
        <li><a href="#">搜索商品</a></li>
      </ul>
    </div>
  </div>
    <div data-role="content" class="content">
  <p>这里是团购显示的内容</p>
  </div>
  <div data-role="footer">
     <h1>团购页面</h1>
  </div>
</div>
</body>
</html>
```

在模拟器中的预览效果如图 19-31 所示。此时默认显示首页的内容,【主页】导航按钮处于选中状态。切换到团购页面后,【团购】导航按钮处于选中状态,如图 19-32 所示。

 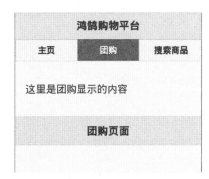

图 19-31　程序预览效果　　　　图 19-32　【团购】导航按钮处于选中状态

19.6　使用 jQuery Mobile 主题

用户在设计移动网站时,往往需要配置背景颜色、导航颜色、布局颜色等,这些工作是非常耗费时间的。为此,jQuery Mobile 提供了两种不同的主题样式,每种主题颜色的按钮、导航、内容等颜色都是配置好的,效果也不相同。

这两种主题分别为 a 和 b,可以通过设置 data-theme 属性来引用,代码如下:

```
<div data-role="page" id="first" data-theme="a">
<div data-role="page" id="first" data-theme="b">
```

1. 主题 a

页面为灰色背景、黑色文字;头部与底部均为灰色背景、黑色文字;按钮为灰色背景、黑色文字;激活的按钮和链接为白色文本、蓝色背景;input 输入框中 placeholder 属性值为浅灰色,value 值为黑色。

下面通过一个案例来讲解主题 a 的样式效果。

【例 19.5】(实例文件:ch19\19.5.html)

```
<!DOCTYPE html>
<html>
<head>
<meta name="viewport" content="width=device-width, initial-scale=1">
<link rel="stylesheet"
href="http://code.jquery.com/mobile/1.4.5/jquery.mobile-1.4.5.min.css">
    <script src="http://code.jquery.com/jquery-1.11.3.min.js"></script>
    <script
src="http://code.jquery.com/mobile/1.4.5/jquery.mobile-1.4.5.min.js"></script>
    </head>
```

```
<body>
<div data-role="page" id="first" data-theme="a">
  <div data-role="header">
    <h1>古诗鉴赏</h1>
  </div>
  <div data-role="content " class="content">
    <p>秋风起兮白云飞，草木黄落兮雁南归。兰有秀兮菊有芳，怀佳人兮不能忘。泛楼船兮济汾
河，横中流兮扬素波。</p>
    <a href="#">秋风辞</a>
    <a href="#" class="ui-btn">更多古诗</a>
    <p>唐诗:</p>
    <ul data-role="listview" data-autodividers="true" data-inset="true">
      <li><a href="#">将进酒</a></li>
      <li><a href="#">春望</a></li>
    </ul>
    <label for="fullname">请输入喜欢诗的名字:</label>
    <input type="text" name="fullname" id="fullname" placeholder="诗词名
称..">
    <label for="switch">切换开关:</label>
    <select name="switch" id="switch" data-role="slider">
      <option value="on">On</option>
      <option value="off" selected>Off</option>
    </select>
  </div>
  <div data-role="footer">
    <h1>经典诗歌</h1>
  </div>
</div>
</body>
</html>
```

主题 a 的样式效果如图 19-33 所示。

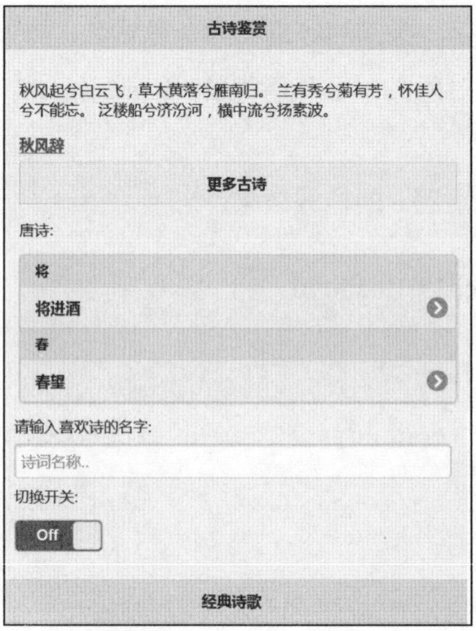

图 19-33　主题 a 样式效果

2. 主题 b

页面为黑色背景、白色文字；头部与底部均为黑色背景、白色文字；按钮为白色文字、木炭背景；激活的按钮和链接为白色文本、蓝色背景；input 输入框中 placeholder 属性值为浅灰色、value 值为白色。

为了对比主题 a 的样式效果，将上面案例的中代码：

```
<div data-role="page" id="first" data-theme="a">
```

修改如下：

```
<div data-role="page" id="first" data-theme="a">
```

主题 b 的样式效果如图 19-34 所示。

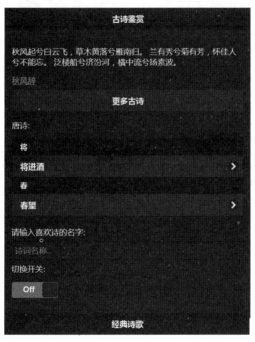

图 19-34　主题 b 样式效果

主题样式 a 和 b 不仅可以应用到页面，也可以单独应用到页面的头部、内容、底部、导航条、按钮、面板、列表、表单等元素上。

例如，将主题样式 b 添加到页面的头部和底部，代码如下：

```
<div data-role="header" data-theme="b"></div>
<div data-role="footer" data-theme="b"></div>
```

将主题样式 b 添加到对话框的头部和底部，代码如下：

```
<div data-role="page" data-dialog="true" id="second">
  <div data-role="header" data-theme="b"></div>
  <div data-role="footer" data-theme="b"></div>
</div>
```

将主题样式 b 添加到按钮上时，需要使用 class="ui-btn- a|b "来设置按钮颜色为灰色或黑色。
例如，将样式 b 的样式应用到按钮上，代码如下：

```
<a href="#" class="ui-btn">灰色按钮(默认)</a>
<a href="#" class="ui-btn ui-btn-b">黑色按钮</a>
```

预览效果如图 19-35 所示。

图 19-35　按钮添加主题后的效果

在弹窗上应用主题样式的代码如下：

```
<div data-role="popup" id="myPopup" data-theme="b">
```

在头部和底部的按钮上也可以添加主题样式，例如：

```
<div data-role="header">
  <a href="#" class="ui-btn ui-btn-b">主页</a>
  <h1>古诗欣赏</h1>
  <a href="#" class="ui-btn">搜索</a>
</div>

<div data-role="footer">
  <a href="#" class="ui-btn ui-btn-b">上传古诗图文</a>
  <a href="#" class="ui-btn">名句欣赏鉴别</a>
  <a href="#" class="ui-btn ui-btn-b">联系我们</a>
</div>
```

预览效果如图 19-36 所示。

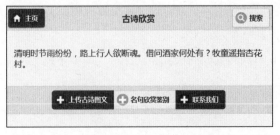

图 19-36　头部和底部的按钮添加主题后的效果

19.7　创建多页面的 jQuery Mobile 网页

本案例将使用 jQuery Mobile 制作一个多页面的 jQuery Mobile 网页，并创建多个页面。使用不同的 id 属性来区分不同的页面。

【例 19.6】（案例文件：ch19\19.6.html）

```
<!DOCTYPE html>
<html>
<head>
<meta name="viewport" content="width=device-width, initial-scale=1">
<link rel="stylesheet"
href="http://code.jquery.com/mobile/1.4.5/jquery.mobile-1.4.5.min.css">
<script src="http://code.jquery.com/jquery-1.11.3.min.js"></script>
<script
src="http://code.jquery.com/mobile/1.4.5/jquery.mobile-1.4.5.min.js"></script>
</head>
<body>
<div data-role="page" id="first">
  <div data-role="header">
    <h1>古诗欣赏</h1>
  </div>
  <div data-role="main" class="ui-content">
    <p>几回花下坐吹箫，银汉红墙入望遥。</p>
    <a href="#second">下一页</a>
  </div>
  <div data-role="footer">
    <h1>清代诗人</h1>
  </div>
</div>
<div data-role="page" id="second">
  <div data-role="header">
    <h1>古诗欣赏</h1>
  </div>
  <div data-role="main" class="ui-content">
    <p>似此星辰非昨夜，为谁风露立中宵。</p>
    <a href="#first">上一页</a>
  </div>
  <div data-role="footer">
    <h1>清代诗人</h1>
  </div>
</div>
</body>
</html>
```

在模拟器中的预览效果如图 19-37 所示。单击【下一页】超链接，即可进入第二页，如图 19-38 所示。单击【上一页】超链接，即可返回到第一页中。

图 19-37　程序预览效果

图 19-38　第二页预览效果

19.8　制作对话框效果

对话框用于页面信息显示或者表单信息的输入。在 jQuery Mobile 中，通过在链接中添加如下属性，即可将页面作为对话框使用：

```
data-dialog="true"
```

【例 19.7】（案例文件：ch19\19.7.html）

```
<!DOCTYPE html>
<html>
<head>
<meta name="viewport" content="width=device-width, initial-scale=1">
<link rel="stylesheet"
href="http://code.jquery.com/mobile/1.4.5/jquery.mobile-1.4.5.min.css">
<script src="http://code.jquery.com/jquery-1.11.3.min.js"></script>
 <script
src="http://code.jquery.com/mobile/1.4.5/jquery.mobile-1.4.5.min.js"></script>
</head>
<body>
<div data-role="page" id="first">
  <div data-role="header">
    <h1>古诗鉴赏</h1>
  </div>
  <div data-role="main" class="ui-content">
    <p>浩荡离愁白日斜，吟鞭东指即天涯。落红不是无情物，化作春泥更护花。</p>
```

```
        <a href="#second">查看详情</a>
    </div>
    <div data-role="footer">
      <h1>清代诗词</h1>
    </div>
  </div>
  <div data-role="page" data-dialog="true" id="second">
    <div data-role="header">
      <h1>诗词鉴赏</h1>
    </div>
    <div data-role="main" class="ui-content">
      <p>这首诗是《己亥杂诗》的第五首，写诗人离京的感受。虽然载着"浩荡离愁"，却表示仍
然要为国为民尽自己最后一份心力。</p>
      <a href="#first">上一页</a>
    </div> .
    <div data-role="footer">
      <h1>清代诗词</h1>
    </div>
  </div>
  </body>
  </html>
```

在模拟器中的预览效果如图 19-39 所示。单击【查看详情】超链接，即可打开一个对话框，如图 19-40 所示。

图 19-39　程序预览效果

图 19-40　对话框预览效果

从结果可以看出，对话框与普通页面不同，它显示在当前页面上，但又不会填充完整的页面，顶部 ⊗ 图标用于关闭对话框，单击【上一页】链接，也可以关闭对话框。

19.9　绚丽多彩的页面切换效果

jQuery Mobile 提供了各种切换到下一个页面的效果，主要通过设置 data-transition 属性来完成，语法规则如下：

```
<a href="#link" data-transition="切换效果">切换下一页</a>
```

其中切换效果有很多，如表 19.1 所示。

表 19.1　页面切换效果

页面效果参数	含义
fade	默认的切换效果，淡入到下一页
none	无过渡效果
flip	从后向前翻转到下一页
flow	抛出当前页，进入下一页
pop	像弹出窗口那样转到下一页
slide	从右向左滑动到下一页
slidefade	从右向左滑动并淡入到下一页
slideup	从下到上滑动到下一页
slidedown	从上到下滑动到下一页
turn	转向下一页

注意：在 jQuery Mobile 的所有链接上，默认使用淡入淡出的效果。

例如，设置页面从右向左滑动到下一页，代码如下：

```
<a href="#second" data-transition="slide">切换下一页</a>
```

上面的所有效果支持后退行为。例如，用户想让页面从左向右滑动，可以添加 data-direction 属性为"reverse" 值，代码如下：

```
<a href="#second" data-transition="slide" data-direction="reverse">切换下一页</a>
```

【例 19.9】（案例文件：ch19\19.8.html）

```
<!DOCTYPE html>
<html>
<head>
<meta name="viewport" content="width=device-width, initial-scale=1">
<link rel="stylesheet"
href="http://code.jquery.com/mobile/1.4.5/jquery.mobile-1.4.5.min.css">
```

```
<script src="http://code.jquery.com/jquery-1.11.3.min.js"></script>
 <script
src="http://code.jquery.com/mobile/1.4.5/jquery.mobile-1.4.5.min.js"></scri
pt>
    </head>
    <body>
    <div data-role="page" id="first">
       <div data-role="header">
          <h1>古诗欣赏</h1>
       </div>
       <div data-role="main" class="ui-content">
          <p>老农家贫在山住，耕种山田三四亩。</p>
    <!--实现从右到左切换到下一页 -->
          <a href="#second" data-transition="slide" >下一页</a>
       </div>
       <div data-role="footer">
          <h1>野老歌</h1>
       </div>
    </div>
    <div data-role="page" id="second">
       <div data-role="header">
          <h1>古诗欣赏</h1>
       </div>
       <div data-role="main" class="ui-content">
          <p>岁暮锄犁傍空室，呼儿登山收橡实。</p>
    <!--实现从左到右切换到下一页 -->
          <a href="#first" data-transition="slide" data-direction="reverse">上
一页</a>
       </div>
       <div data-role="footer">
          <h1>野老歌</h1>
       </div>
    </div>
    </body>
    </html>
```

　　在模拟器中的预览效果如图 19-41 所示。单击【下一页】超链接，即可从右到左滑动进入第二页，如图 19-42 所示。单击【上一页】超链接，即可从左到右滑动返回到第一页中。

图 19-41　程序预览效果　　　　　　　　图 19-42　第二页预览效果

19.10　大神解惑

疑问 1：如何制作一个弹窗效果？

弹窗是一个非常流行的对话框，可以覆盖在页面上展示。弹窗可用于显示一段文本、图片、地图或其他内容。创建一个弹窗，需要使用<a>和<div>标签。在<a>标签上添加 data-rel="popup" 属性，在<div>标签上添加 data-role="popup"属性。然后为<div>设置 id，设置<a>的 href 值为<div> 指定的 id，其中<div>中的内容为弹窗显示的内容，代码如下：

```
<a href="#firstpp" data-rel="popup">显示弹窗</a>
<div data-role="popup" id="firstpp">
  <p>这是弹出窗口显示的内容</p>
</div>
```

疑问 2：如何制作一个面板效果？

在 jQuery Mobile 中可以添加面板，面板会在屏幕上从左到右划出。通过为<div>标签添加 data-role="panel"属性来创建面板。具体思路如下：

（1）通过<div>标签来定义面板的内容，并定义 id 属性，例如：

```
<div data-role="panel" id="myPanel">
    <h2>长恨歌</h2>
    <p>天生丽质难自弃，一朝选在君王侧。回眸一笑百媚生，六宫粉黛无颜色。</p>
</div>
```

注意：定义的面板内容必须置于头部、内容和底部组成的页面之前或之后。

（2）要访问面板，需要创建一个指向面板<div>的链接，单击该链接即可打开面板。例如：

```
<a href="#myPanel" class="ui-btn ui-btn-inline">最喜欢的诗句</a>
```

第20章 项目实训1
——设计企业门户网站

作为小型软件企业的网站，一般规模不是太大，通常包含3~5个栏目，例如产品、客户和联系我们栏目等，有的栏目甚至只包含一个页面，例如"联系我们"栏目。此类网站通常都是为了展示公司形象而说明一下公司的业务范围和产品特色等。一般实现这样的网站的就是一个首页加上若干内容。

20.1 构思布局

本实例是模拟一个小型软件公司的网站，其公司主要承接电信方面的各种软件项目。网站包括首页、产品信息、客户信息和联系我们等栏目。在本实例中，红色和白色配合使用，红色部分显示导航菜单，白色部分显示文本信息。在 IE 11.0 中的浏览效果如图 20-1 所示。

图 20-1 计算机网站首页

20.1.1 设计分析

作为一个软件公司网站首页，其页面应简单、明了，给人以清晰的感觉。页头部分主要放置导航菜单和公司 Logo 信息等，其 Logo 可以是一张图片或者文本信息等；页面主体分为两个部分，页面主体左侧是公司介绍，对于公司介绍可以在首页上概括性描述；页面主体右侧是新闻、产品和客户信息等，其中产品和客户的链接信息以列表形式对重要信息进行介绍，也可以通过页面顶部导航菜单进入相应页面介绍。

对于网站的其他子页面，篇幅可以比较短，其重点是介绍软件公司业务、联系方式、产品信息等，页面与首页风格相同即可。

20.1.2　排版架构

从上面的效果图可以看出，页面结构并不是太复杂，采用的是上中下结构，页面主体部分又嵌套了一个左右版式结构，其效果如图 20-2 所示。

图 20-2　页面总体框架

在 HTML 页面中，通常使用 DIV 层对应上面不同的区域，可以是一个 DIV 层对应一个区域，也可以是多个 DIV 层对应同一个区域。本实例的 DIV 代码如下所示。

```
<div id="container">/*页面布局容器*/
http://stockhtm.finance.qq.com/sstock/ggcx/600132.shtml?pgv_ref=fi_quot
e_my_select<div id="top">
</div><!--end top-->
<div id="header">
</div><!--end header-->
<div id=me>/*导航菜单*/
</div>
<div id="content">
<div id="text">/*页面主体左侧内容*/
</div><!--end text-->
<div id="column">/*页面主体右侧内容*/
</div><!--end column-->
</div><!--end content-->
<div id="footer">/*页脚部分*/
</div><!--end footer-->
</div><!--end container-->
```

在上面的代码中，ID 名称为 container 的层是整个页面的布局容器，top、header 和 me 层共同组成了页头部分。其中，top 层用于显示页面 Logo，header 层用于显示页头文本信息，me 层用于显示页头导航菜单信息。页面主体是 content 层，其包含了两个层，即 text 层和 column 层：text 层是页面主体左侧内容，显示公司介绍信息；column 层是页面主体右侧内容，显示公司常用的导航链接。footer 层是页脚部分，用于显示版权信息和地址信息。

在 CSS 文件中，对应 container 层和 content 层的 CSS 代码如下所示。

```
#container
{
margin: 0pt auto;
width: 770px;
position: relative; }
#content {
  background: transparent url('images/content.gif') repeat-y;
clear: both;
margin-top: 5px;
width: 770px;
}
```

在上面的代码中，#container 选择器定义了整个布局容器的宽度、外边距和定位方式。#content 选择器定义了背景图片、宽度和顶部边距。

20.2 模块分割

当页面整体架构完成后，就可以动手制作不同的模块区域了。其制作流程采用自上而下、从左到右的顺序。完成后，再对页面样式进行整体调整。

20.2.1 Logo 与导航菜单

一般情况下，Logo 信息和导航菜单都放在页面顶部，作为页头部分。其中，Logo 信息作为公司标志，通常放在页面的左上角或右上角；导航菜单放在页头部分和页面主体二者之间，用于链接其他的页面。在 IE 11.0 中的浏览效果如图 20-3 所示。

图 20-3　页面 Logo 和导航菜单

在 HTML 文件中，用于实现页头部分的 HTML 代码如下所示。

```
<div id="top">
```

```
</div><!--end top-->
<div id="header">
<h1>计算机 网站</h1>
</div><!--end header-->
<div id=me>
<ul id="menu">
<li><a href="#" class="actual">首页</a></li>
<li><a href="#" >产品</a></li>
<li><a href="#">客户</a></li>
<li><a href="#">联系方式</a></li>
</ul>
</div>
```

在上面的代码中，top 层用于显示页面 Logo；header 层用于显示页头的文本信息，例如公司名称；me 层用于显示页头导航菜单。在 me 层中有一个无序列表，用于制作导航菜单，每个选项都由超链接组成。

在 CSS 样式文件中，对应上面标记的 CSS 代码如下所示。

```
#top{
background: transparent url('images/top.jpg') no-repeat;
height:50px;
}
#top p{
margin:0pt;
padding:0pt;
}
#header{
background:transparent url('images/header.jpg') no-repeat;
height:150px;
margin-top:5px;
}
#menu{
position:absolute;
top:180px;
left:15px;
}
#header h1{
margin:5px 0pt 0pt 50px;
padding:0pt;
font-size:1.7em;
}
#header h2{
margin:10px 0pt 0pt 90px;
padding:0pt;
font-size:1.2em;
color:rgb(223,139,139);
}
```

```
ul#menu{
margin:0pt;
}
#menu li{
list-style-type:none;
float:left;
text-align:center;
width:104px;
margin-right:3px;
font-size:1.05em;
}
#menu a{
background:transparent url('images/menu.gif') no-repeat;
overflow:hidden;
display:block;
height:28px;
padding-top:3px;
text-decoration:none;
twidth:100%;
font-size:1em;
font-family:Verdana,"Geneva CE",lucida,sans-serif;
color:rgb(255,255,255);
}
#menu li>a,#menu li>strong{
width:auto;
}
#menu a.actual{
background:transparent url('images/menu-actual.gif') no-repeat;
color:rgb(149,32,32);
}
#menu a:hover{
color:rgb(149,32,32);
}
```

在上面的代码中，#top 选择器定义了背景图片和层高；#header 定义了背景图片、高度和顶部外边距；#menu 层定义了层定位方式和坐标位置。其他选择器分别定义了上面三个层中元素的显示样式，例如段落显示样式、标题显示样式、超级链接样式等。

20.2.2 左侧文本介绍

在页面主体中，其左侧版式主要介绍公司相关信息。左侧文本采用的是左浮动并且固定宽度的版式设计，重点在于调节宽度使不同浏览器之间能够效果一致，并且颜色上配合 Logo 和左侧的导航菜单，使整个网站和谐、大气。在 IE 11.0 中的浏览效果如图 20-4 所示。

图 20-4　页面左侧文本介绍

在 HTML 文件中，创建页面左侧内容介绍的代码如下所示。

```
<div id="content">
<div id="text">
<h3 class="headlines"><a href="#" title="testing">欢迎来到我们的网站
</a></h3>
    <p><img src="images/fotos.jpg" alt="fotos" align="right" />
远大公司成立于1998年，注册资本1700万元，是国家认定的高新技术企业、软件企业，是专业的
电信系统仿软件和应用服务供应商。</p><p>
        公司坚持走自立创新、稳步发展的道路，以创立品牌为自己的基本策略，以产品自身的品质、
先进的技术和良好的服务取信于用户。2002年至今公司先后有多个软件产品获得了河南省信息产业厅颁
发的《软件产品登记证书》和国家版权局颁发的《软件著作权登记证书》。同时远大的进步和发展，也
得到了政府部门的大力支持和关注，获得国家科技部和省、市政府部门技术创新基金无偿资助百余万元，
并正式获得中国质量体系认证中心颁发的ISO9001:2008质量管理体系认证证书。
    </p>
<p> </p>
</div><!--end text-->
</div>
```

在上面的代码中，content 层是页面主体，text 层是页面主体中的左侧部分。text 层包含了
标题和段落信息，段落中包含一张图片。

在 CSS 文件中，对于上面 HTML 标记的 CSS 代码如下所示。

```
#text{
background: rgb(255,255,255) url('text-top.gif') no-repeat;
width:518px;
color:rgb(0,0,0);
float:left;

}
#text h1,#text h2,#text h3,#text h4{
color:rgb(140,9,9);
```

```
}
#text h3.headlines a{
color:rgb(140,9,9);
}
```

在上面的代码中，#text 层定义了背景图片、背景颜色、字体颜色和页面左浮动。下面的选择器定义了标题显示样式，例如字体颜色等。#text h3.headlines a 选择器定义了标题 3、类 headlines 和超级链接显示样式。

20.2.3 右侧导航链接

在页面主体右侧版式中，其文本信息不是太多，但非常重要，是首页用于链接其他页面的导航链接，例如客户详细信息、最新消息等。同样，右侧需要设置为固定宽度并且向左浮动的版式。在 IE 11.0 中的浏览效果如图 20-5 所示。

图 20-5 页面右侧链接

从上面的效果图可以看出，页面中需要包含几个无序列表和标题，其中列表选项为超链接。在 HTML 文件中，用于创建页面主体右侧版式的代码如下所示。

```
<div id="column">
<h3><span>最新消息</span></h3>
<ul class="category_list"><li><a href="#">公司组织员工连云港旅游</a></li>
<li><a href="#">2011员工乒乓球大赛开幕</a></li>
<li><a href="#">公司总经理会见实习大学生</a></li>
<li><a href="#">公司销售部门再传捷报</a></li></ul>
<h3><span>产品展示</span></h3>
<ul class="recent_articles"><li><a href="#">在线人员素质考核系统</a></li>
<li><a href="#">线损计算机系统</a></li>
<li><a href="#">质量运用管理系统</a></li></ul>
<h3><span>客户</span></h3>
<ul class="wet_recent_comments"><li><a href="#"><cite>华中地区
</cite></a><p>河南地区</p></li>
```

```
<li><a href="#"><cite>华东地区</cite></a><p>上海地区</p></li></ul>
</div><!--end column-->
<div id="content-bottom"> </div>
```

在上面的代码中创建了两个层，分别为 column 层和 content-bottom 层。其中，column 层用于显示页面主体中右侧的链接，并包含了三个标题和三个超级链接；content-bottom 层用于消除上面层的 float 浮动效果。

在 CSS 文件中，用于修饰上面 HTML 标记的 CSS 代码如下所示。

```
#column{
background:rgb(142,14,14) url('images/column.gif') no-repeat;
float:right;
width:247px;}
#column p{font-size:0.7em;}
#column ul{font-size:0.8em;}
#column h3{
background:transparent url('images/h3-column.gif') no-repeat;
position:relative;
left:-18px;
height:26px;
width:215px;
margin-top:10px;
padding-top:6px;
padding-left:6px;
font-size:0.9em;
z-index:1;
font-family:Verdana,"Geneva CE",lucida,sans-serif;
}
#column h3 span{margin-left:10px;}
#column span.name{
text-align:right;
color:rgb(223,58,0);
margin-right:5px;
}
#column a{color:rgb(255,255,255);}
#column a:hover{color:rgb(80,210,122);}
p.comments{
text-align:right;
font-size:0.8em;
font-weight:bold;
padding-right:10px;
}
#content-bottom{
background: transparent url('images/content-bottom.gif') no-repeat scroll
left bottom;
clear:both;
display:block;
```

```
width:770px;
height:13px;
font-size:0pt;
}
```

在上面的代码中，#column 选择器定义背景图片、背景颜色、页面右浮动和宽度。#content-bottom 选择器定义背景图片、宽度、高度、字体大小和以块显示，并且使用 clear 消除前面层使用 float 的影响。其他选择器主要定义 column 层中其他元素的显示样式，例如无序列表样式、列表选项样式和超链接样式等。

20.2.4　版权信息

版权信息一般放置到页面底部，用于介绍页面的作者、地址信息等，是页脚的一部分。页脚部分和其他网页部分一样，需要保持简单、清晰的风格。在 IE 11.0 中的浏览效果如图 20-6 所示。

图 20-6　页脚部分

从上面的效果图可以看出，此页脚部分非常简单，只包含了一个作者信息的超链接，因此设置起来比较方便，其代码如下：

```
<div id="footer">
<p id="ivorius"><a href="#">网页设计者：李四工作室</a></p>
</div><!--end footer-->
```

在上面的代码中，层 footer 包含了一个段落信息，其中段落的 id 是 ivorius。

在 CSS 文件中，用于修饰上面 HTML 标记的样式代码如下所示。

```
#footer{
background:transparent url('images/footer.png') no-repeat scroll left
bottom;
margin-top:5px;
padding-top:2px;
height:33px;
}
#footer p{text-align: center;}
#footer a{color:rgb(255,255,255);}
#footer a:hover{color:rgb(223,58,0); }
p#ivorius{
float:right;
margin-right:13px;
font-size:0.75em;
```

```
}
p#ivorius a{color:rgb(80,210,122); }
```

在上面的代码中，#footer 选择器定义了页脚背景图片、内外边距的顶部距离和高度。其他
选择器定义了页脚部分文本信息的对齐方式、超链接样式等。

20.3 整体调整

在前面的各个小节中，完成了首页中不同部分的制作，其整个页面基本上已经成形。在制
作完成后，需要根据页面实际效果做一些细节上的调整，从而使页面整体效果更加完善。例如，
各块之间的 padding 和 margin 值是否与页面整体协调、各个子块之间是否协调统一等。页面效
果调整前，在 IE 11.0 中的浏览效果如图 20-7 所示。

图 20-7　页面调整前效果

从图 20-7 中可以发现页面段落没有缩进、页面右侧列表选项之间的距离太小等问题。这
时可以利用 CSS 属性调整，其代码如下所示。

```
p{margin:0.4em 0.5em;font-size:0.85em;text-indent:2em;}
a{color:rgb(25,126,241);text-decoration:underline;}
a:hover{color:rgb(223,58,0);text-decoration:none;}
a img{border:medium none;}
ul,ol{margin:0.5em 2.5em;}
h2{margin:0.6em 0pt 0.4em 0.4em;}
h3,h4,h5{margin:1em 0pt 0.4em 0.4em;}
*{margin:0pt;padding:0pt;}
body{background:rgb(61,62,63) url('images/body.gif') repeat;color:white;
font-size: 1em;font-family:"Trebuchet MS",Tahoma,"Geneva CE",lucida;}
```

在上面的代码中，全局选择器*设置了内外边距距离，body 标记选择器设置了背景颜色、

图片、字体大小，字体颜色和字形等。其他选择器分别设置了段落、超链接、标题和列表等样式信息。

20.4   专家解惑

1. 在 Firefox 和 IE 浏览器中，如何处理负边界问题？

在 IE 中，超出父元素的部分会被父元素覆盖。在 Firefox 中，超出父元素的部分会覆盖父元素，但前提是父元素有边框或内边距，不然负边距会显示在父元素上，使得父元素拥有负边距。在进行网页设计时，针对上面的情况可以对元素进行相对定位。

2. 在定义子元素的上边距时，超出元素高度该怎么处理？

在 IE 浏览器中，子元素上边距显示正常。在 Firefox 浏览器中，子元素上边距会显示在父元素上方。其解决办法是在父元素中增加"overflow:hidden"语句或给父元素增加边框或内边距。

第21章　项目实训2
——设计星际争霸的网页游戏

HTML5 作为下一代 Web 开发标准，成为主流的日子已经不远。它对音频、视频、事件处理、绘图等的支持让我们非常期待。本章主要通过一个 HTML5 的游戏让读者轻松掌握 HTML5、CSS 和 JavaScript 的新特性，并灵活应用到 Web 开发中。

21.1　游戏概述

本实例将制作一个星际争霸的游戏。游戏需要实现的效果如下：

玩家按 Enter 键开始游戏，进入游戏主界面后，按键盘上的左右键控制游戏的移动方向，按 A 键开始射击。默认情况下，玩家的生命值为 100，如果玩家没有射击到敌机，就分为两种情况：敌机和玩家的战机相撞，减少玩家生命值 10 分；敌机没有和玩家的战机相撞，玩家的生命值不减少。

游戏开始页面的效果如图 21-1 所示。

图 21-1　游戏开始界面

按 Enter 键，进入游戏运行页面，按左右键控制方向，按 A 键射击敌机，效果如图 21-2 所示。

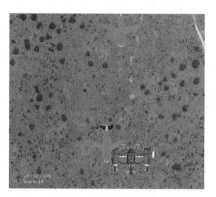

图 21-2　游戏主界面

21.2　游戏需求分析

创建星际争霸游戏，主要的文件夹列表如图 21-3 所示。

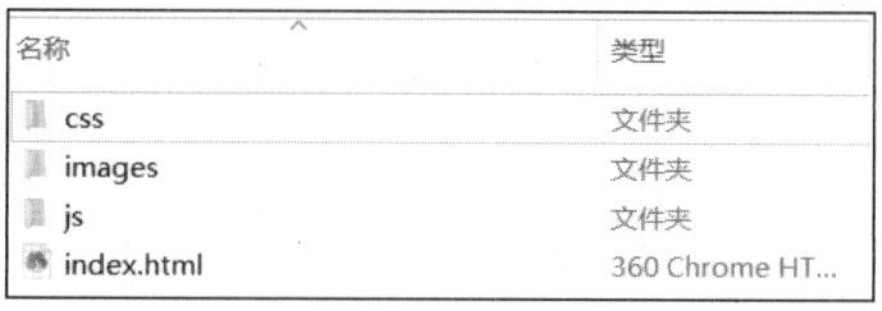

名称	类型
css	文件夹
images	文件夹
js	文件夹
index.html	360 Chrome HT...

图 21-3　游戏的主要文件夹列表

其中，css 文件夹下主要包括游戏网页的样式表，文件名称为 main.css。images 文件夹下主要包括游戏的飞机和环境背景图等。js 文件夹下主要包括 jquery.js 和 script.js 两个文件。其中，jquery.js 主要定义了 JavaScript 脚本的框架，script.js 文件主要是为了实现游戏功能。index.html 是游戏启动的主页面。

images 文件夹下的图片效果如图 21-4 所示。

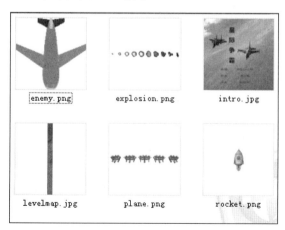

图 21-4　游戏需要的主要图片

21.3　HTML5、CSS 和 JavaScript 搭配实现

下面查看游戏实现所需要的 HTML5、CSS 和 JavaScript 的技术。

21.3.1　基本的 HTML5 结构和标记

用户首先需要创建 index.html，实现基本的结构和标记，具体的代码如下：

```html
<!DOCTYPE html>
<html lang="en" >
<head>
<meta charset="GB2312" />
<title>星际争霸游戏</title>
<!-- 添加样式表 -->
<link href="css/main.css" rel="stylesheet" type="text/css" />
<!-- 添加scripts 脚本代码-->
<!--[if lt IE 9]>
<script
src="http://html5shiv.googlecode.com/svn/trunk/html5.js"></script>
<![endif]-->
<script src="js/jquery.js"></script>
<script src="js/script.js"></script>
</head>
<body>
<header>
<h2>星际争霸</h2>
</header>
<div class="container">
  <canvas id="scene" width="700" height="700" tabindex="1"></canvas>
</div>
</body>
</html>
```

其中，<!--[if lt IE 9]>表示如果浏览器版本小于IE 9就加载<script src="http://html5shiv.googlecode.com/svn/trunk/html5.js"></script>JavaScript 脚本代码；<script src="js/jquery.js"></script> 和 <script src="js/script.js"></script>代码表示加载 JavaScript 脚本；<canvas id="scene" width="700" height="700" tabindex="1"></canvas>表示绘图的宽、高分别为 700 像素，tabindex="1"表示键盘移动顺序。

运行效果如图 21-5 所示。

星际争霸

图 21-5　未设置样式的游戏主界面

HTML5 重要的新特征主要包括 canvas。这个新技术为开发人员提供了一个新途径，可以采用一种完全自由的方式绘图、包含图像以及放置文本。与早起的 HTML 版本相比，这是一个比较显著的改进。在早起的版本中，虽然也能完成一些简单的图形或者使用 JavaScript 脚本实现，但是使用 canvas 可以在画布上自由绘图。

21.3.2 使用 CSS 修改页面

CSS 允许用户为 HTML5 文档中的各个部分指定格式，特别是对于静态的 HTML，CSS 的功能十分强大。此游戏的 CSS 样式表的名称为 main.css 文件，代码如下。

```css
* {
    margin: 0;
    padding: 0;
}
html {
    background-attachment: fixed;
    background: #bda9a2;
    background: -moz-linear-gradient(top,  #bda9a2 0%, #90817a 47%, #6f6059
100%);
    background: -webkit-gradient(linear, left top, left bottom,
color-stop(0%,#bda9a2), color-stop(47%,#90817a), color-stop(100%,#6f6059));
    background: -webkit-linear-gradient(top,  #bda9a2 0%,#90817a
47%,#6f6059 100%);
    background: -o-linear-gradient(top,  #bda9a2 0%,#90817a 47%,#6f6059
100%);
    background: -ms-linear-gradient(top,  #bda9a2 0%,#90817a 47%,#6f6059
100%);
    background: linear-gradient(to bottom,  #bda9a2 0%,#90817a 47%,#6f6059
100%);
    filter:
progid:DXImageTransform.Microsoft.gradient( startColorstr='#bda9a2',
endColorstr='#6f6059',GradientType=0 );
    height: 100%;
}
header {
    background-color:rgba(33, 33, 33, 0.9);
    color:#fff;
    display:block;
    font: 14px/1.3 Arial,sans-serif;
    height:50px;
    position:relative;
}
header h2{
    font-size: 22px;
    margin: 0px auto;
    padding: 10px 0;
```

```
    width: 80%;
    text-align: center;
}
header a, a:visited {
    text-decoration:none;
    color:#fcfcfc;
}
#scene {
    display: block;
    height: 700px;
    margin: 10px auto;
    position: relative;
    width: 700px;
}
```

经过 CSS 样式表修改后，效果如图 21-6 所示。

图 21-6　CSS 修饰过的界面

21.3.3　编写 JavaScript 程序

JavaScript 是一种脚本编程语言，提供了不少内置的函数来访问 HTML 文档的各个部分，包括 CSS 元素的样式。

另外，本游戏使用的是 jQuery 框架，jQuery 是继 prototype 之后又一个优秀的 JavaScript 框架。它是轻量级的 JS 库，兼容 CSS3，还兼容各种浏览器。jQuery 使用户能更方便地处理 HTML documents、events 以及实现动画效果。

其中，JavaScript 文件的内容和作用如下：

```
// 定义图像对象
var backgroundImage;
var oRocketImage;
var oExplosionImage;
var introImage;
var oEnemyImage;
var iBgShiftY = 9300; //水平宽度10000 - canvas高度700
var bPause = true; // 游戏暂停
var plane = null; // 定义飞机对象
var rockets = []; // 定义飞机移动数组
```

```javascript
var enemies = []; // 定义敌机数组
var explosions = []; // 定义飞机爆炸数组
var planeW = 200; // 定义飞机的宽度
var planeH = 110; // 定义飞机的高度
var iSprPos = 2; // 飞机的初始框架
var iMoveDir = 0; // 定义移动方向
var iEnemyW = 128; // 敌机宽度
var iEnemyH = 128; // 敌机高度
var iRocketSpeed = 10; // 初始飞机的移动速度
var iEnemySpeed = 5; // 初始敌机的移动速度
var pressedKeys = []; // 定义按键数组
var iScore = 0; // 初始化分数
var iLife = 100; // 初始化生命值
var iDamage = 10; // 敌机撞击玩家的飞机后的损坏值
var enTimer = null; // 随机出现一个敌机
// 定义飞机函数对象
function Plane(x, y, w, h, image) {
    this.x = x;
    this.y = y;
    this.w = w;
    this.h = h;
    this.image = image;
    this.bDrag = false;
}
// 定义攻击函数对象
function Rocket(x, y, w, h, speed, image) {
    this.x = x;
    this.y = y;
    this.w = w;
    this.h = h;
    this.speed = speed;
    this.image = image;
}
// 定义敌机函数对象
function Enemy(x, y, w, h, speed, image) {
    this.x = x;
    this.y = y;
    this.w = w;
    this.h = h;
    this.speed = speed;
    this.image = image;
}
// 定义爆炸函数对象
function Explosion(x, y, w, h, sprite, image) {
    this.x = x;
    this.y = y;
    this.w = w;
    this.h = h;
```

```
            this.sprite = sprite;
            this.image = image;
        }
        // 从X和Y中随机获取字母的函数
        function getRand(x, y) {
            return Math.floor(Math.random()*y)+x;
        }
        // 初始显示函数
        function displayIntro() {
            ctx.clearRect(0, 0, ctx.canvas.width, ctx.canvas.height);
            ctx.drawImage(introImage, 0, 0,700, 700);
        }
        // 绘制主要的场景函数
        function drawScene() {
            if (! bPause) {
                iBgShiftY -= 2; // 飞机移动的范围
                if (iBgShiftY < 5) {
                    bPause = true;
                    // 绘制场景
                    ctx.font = '40px Verdana';
                    ctx.fillStyle = '#fff';
                    ctx.fillText('Finish, your score: ' + iScore * 10 + ' points',
50, 200);
                    return;
                }
                // 通过按键控制飞机
                processPressedKeys();
                // 清除绘图
                ctx.clearRect(0, 0, ctx.canvas.width, ctx.canvas.height);
                // 绘制游戏背景
                ctx.drawImage(backgroundImage, 0, 0 + iBgShiftY, 700, 700, 0, 0, 700,
700);
                // 绘制游戏飞机
                ctx.drawImage(plane.image, iSprPos*plane.w, 0, plane.w, plane.h,
plane.x - plane.w/2, plane.y - plane.h/2, plane.w, plane.h);
                // 绘制爆炸效果
                if (rockets.length > 0) {
                    for (var key in rockets) {
                        if (rockets[key] != undefined) {
                            ctx.drawImage(rockets[key].image, rockets[key].x,
rockets[key].y);
                            rockets[key].y -= rockets[key].speed;
                            // 如果攻击在屏幕范围之外，则忽略攻击
                            if (rockets[key].y < 0) {
                                delete rockets[key];
                            }
                        }
                    }
                }
```

```
            }
            // 绘制爆炸
        if (explosions.length > 0) {
            for (var key in explosions) {
                if (explosions[key] != undefined) {
                    // 显示爆炸效果
                    ctx.drawImage(explosions[key].image,
explosions[key].sprite*explosions[key].w, 0, explosions[key].w,
explosions[key].h, explosions[key].x - explosions[key].w/2, explosions[key].y
- explosions[key].h/2, explosions[key].w, explosions[key].h);
                    explosions[key].sprite++;
                    // 如果敌机被击毙，则消除爆炸对象
                    if (explosions[key].sprite > 10) {
                        delete explosions[key];
                    }
                }
            }
        }
        // 绘制敌机
        if (enemies.length > 0) {
            for (var ekey in enemies) {
                if (enemies[ekey] != undefined) {
                    ctx.drawImage(enemies[ekey].image, enemies[ekey].x,
enemies[ekey].y);
                    enemies[ekey].y -= enemies[ekey].speed;
                    // 假如敌机在屏幕之外，则忽略敌机对象
                    if (enemies[ekey].y > canvas.height) {
                        delete enemies[ekey];
                    }
                }
            }
        }
        if (enemies.length > 0) {
            for (var ekey in enemies) {
                if (enemies[ekey] != undefined) {
                    // 碰撞的爆炸效果
                    if (rockets.length > 0) {
                        for (var key in rockets) {
                            if (rockets[key] != undefined) {
                                if (rockets[key].y < enemies[ekey].y +
enemies[ekey].h/2 && rockets[key].x > enemies[ekey].x && rockets[key].x +
rockets[key].w < enemies[ekey].x + enemies[ekey].w) {
                                    explosions.push(new
Explosion(enemies[ekey].x + enemies[ekey].w / 2, enemies[ekey].y +
enemies[ekey].h / 2, 120, 120, 0, oExplosionImage));
                                    // 消除敌机和爆炸，然后增加1分
                                    delete enemies[ekey];
                                    delete rockets[key];
```

```
                                              iScore++;
                                          }
                                      }
                                  }
                              }
                          // 飞机的碰撞
                          if (enemies[ekey] != undefined) {
                              if (plane.y - plane.h/2 < enemies[ekey].y +
enemies[ekey].h/2 && plane.x - plane.w/2 < enemies[ekey].x + enemies[ekey].w
&& plane.x + plane.w/2 > enemies[ekey].x) {
                                  explosions.push(new Explosion(enemies[ekey].x +
enemies[ekey].w / 2, enemies[ekey].y + enemies[ekey].h / 2, 120, 120, 0,
oExplosionImage));
                                  // 消除敌机和制作损坏
                                  delete enemies[ekey];
                                  iLife -= iDamage;
                                  if (iLife <= 0) { // 游戏结束
                                      bPause = true;
                                      // 计算总得分
                                      ctx.font = '38px Verdana';
                                      ctx.fillStyle = '#fff';
                                      ctx.fillText('Game over, your score: ' + iScore
* 10 + ' points', 25, 200);
                                      return;
                                  }
                              }
                          }
                      }
                  }
              }
          // 显示生命值和得分
          ctx.font = '14px Verdana';
          ctx.fillStyle = '#fff';
          ctx.fillText('Life: ' + iLife + ' / 100', 50, 660);
          ctx.fillText('Score: ' + iScore * 10, 50, 680);
      }
  }
  // 游戏过程中的按键函数
  function processPressedKeys() {
      if (pressedKeys[37] != undefined) { // 左键控制效果
          if (iSprPos > 0) {
              iSprPos--;
              iMoveDir = -7;
          }
          if (plane.x - plane.w / 2 > 10) {
              plane.x += iMoveDir;
          }
      }
```

```
        else if (pressedKeys[39] != undefined) { // 右键控制效果
            if (iSprPos < 4) {
                iSprPos++;
                iMoveDir = 7;
            }
            if (plane.x + plane.w / 2 < canvas.width - 10) {
                plane.x += iMoveDir;
            }
        }
    }
    // 增加随机的敌机函数
    function addEnemy() {
        clearInterval(enTimer);
        var randX = getRand(0, canvas.height - iEnemyH);
        enemies.push(new Enemy(randX, 0, iEnemyW, iEnemyH, - iEnemySpeed,
oEnemyImage));
        var interval = getRand(1000, 4000);
        enTimer = setInterval(addEnemy, interval); // 函数循环执行
    }
    // 主要的默认函数
    $(function(){
        canvas = document.getElementById('scene');
        ctx = canvas.getContext('2d');
        // 载入背景图片
        backgroundImage = new Image();
        backgroundImage.src = 'images/levelmap.jpg';
        backgroundImage.onload = function() {
        }
        backgroundImage.onerror = function() {
            console.log('Error loading the background image.');
        }
        introImage = new Image();
        introImage.src = 'images/intro.jpg';
        // 初始化敌机攻击效果
        oRocketImage = new Image();
        oRocketImage.src = 'images/rocket.png';
        oRocketImage.onload = function() { }
        // 初始化爆炸图片
        oExplosionImage = new Image();
        oExplosionImage.src = 'images/explosion.png';
        oExplosionImage.onload = function() { }
        // 初始化敌机
        oEnemyImage = new Image();
        oEnemyImage.src = 'images/enemy.png';
        oEnemyImage.onload = function() { }
        // 初始化玩家战机
        var oPlaneImage = new Image();
        oPlaneImage.src = 'images/plane.png';
```

```
        oPlaneImage.onload = function() {
            plane = new Plane(canvas.width / 2, canvas.height - 100, planeW,
planeH, oPlaneImage);
        }
        $(window).keydown(function (evt){ // 手动控制飞机的事件
            var pk = pressedKeys[evt.keyCode];
            if (! pk) {
                pressedKeys[evt.keyCode] = 1; // 将按键添加进数组
            }
            if (bPause && evt.keyCode == 13) { // 按下Enter 键效果
                bPause = false;
                // 开始游戏
                setInterval(drawScene, 30); // 循环绘制游戏场景
                // 添加一个敌机
                addEnemy();
            }
        });
        $(window).keyup(function (evt) {
    // 松开按键后的事件
            var pk = pressedKeys[evt.keyCode];
            if (pk) {
                delete pressedKeys[evt.keyCode];
    // 从数组中移除按键
            }
            if (evt.keyCode == 65) { // 按A键开始攻击
                rockets.push(new Rocket(plane.x - 16, plane.y - plane.h, 32, 32,
iRocketSpeed, oRocketImage));
            }
            if (evt.keyCode == 37 || evt.keyCode == 39) {
                // revert plane sprite to default position
                if (iSprPos > 2) {
                    for (var i = iSprPos; i >= 2; i--) {
                        iSprPos = i;
                        iMoveDir = 0;
                    }
                } else {
                    for (var i = iSprPos; i <= 2; i++) {
                        iSprPos = i;
                        iMoveDir = 0;
                    }
                }
            }
        });
        // 当游戏开场条件准备好后开始游戏
        introImage.onload = function() {
            displayIntro();
        }
    });
```

第22章 项目实训3
——设计手机移动类网站

在互联网行业发展的过程中,移动互联网已经成为热门,本章将使用 jQuery Mobile 框架来开发一个移动端宠物店的小项目。通过本章的学习,读者可以了解 jQuery Mobile 插件的使用方法、掌握 Camera 插件实现焦点轮播图的方法和使用 Swipebox 插件实现灯箱效果的方法。

22.1 项目概述

宠物店项目中主要的文件和文件夹如图 22-1 所示。该项目主要包括 4 个页面,分别是首页、注册页面、宠物图片展示页面和咨询页面。

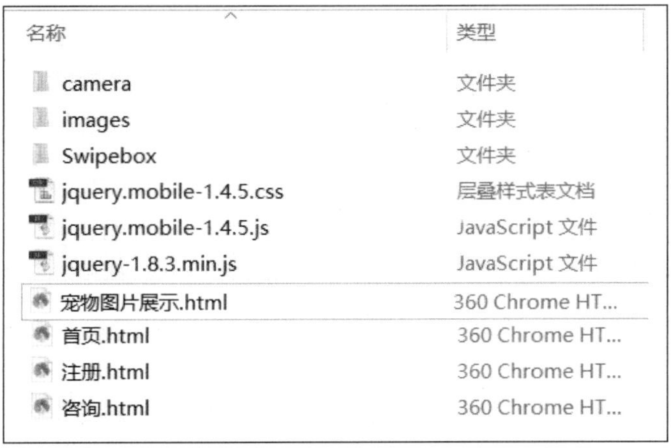

名称	类型
camera	文件夹
images	文件夹
Swipebox	文件夹
jquery.mobile-1.4.5.css	层叠样式表文档
jquery.mobile-1.4.5.js	JavaScript 文件
jquery-1.8.3.min.js	JavaScript 文件
宠物图片展示.html	360 Chrome HT...
首页.html	360 Chrome HT...
注册.html	360 Chrome HT...
咨询.html	360 Chrome HT...

图 22-1 宠物店项目中的文件目录

22.2 项目开发前必备知识

本项目主要使用 Camera 插件和 Swipebox 插件,下面开始讲述这两个插件的基础知识。

22.2.1　Camera 插件

Camera 插件是一个基于 jQuery 插件的开源项目，主要用来实现轮播图特效。在轮播中，用户可以查看每一张图片的主题信息，手动终止播放过程。

Camera 插件的官方下载地址如下：

```
https://github.com/pixedelic/Camera
```

下面通过案例来讲述如何使用 Camera 插件实现轮播效果。

【例 22.1】（实例文件：ch22\22.1.html）

```html
<!DOCTYPE html>
<html>
<head>
<title>camera 插件应用程序</title>
<meta name="viewport" content="width=device-width, initial-scale=1">
<link rel="stylesheet" href="jquery.mobile-1.4.5.css">
<script src="jquery-1.8.3.min.js"></script>
<script src="jquery.mobile-1.4.5.js"></script>
<link rel="stylesheet" href="camera/css/camera.css">
<script src="camera/js/jquery.easing.1.3.js"></script>
<script src="camera/js/camera.js"></script>
</head>
<body>
<div data-role="page">
    <div data-role="header">
        <h1>camera 插件</h1>
    </div>
    <div data-role="main" class="camera_wrap camera_azure_skin"
id="camera1">
        <div data-src="image/01.jpg">
            <div class="camera_caption fadeFromBottom">
                第一张
            </div>
        </div>
        <div data-src="image/02.jpg">
            <div class="camera_caption fadeFromBottom">
                第二张
            </div>
        </div>
        <div data-src="image/03.jpg">
            <div class="camera_caption fadeFromBottom">
                第三张
            </div>
        </div>
        <div data-src="image/04.jpg">
```

```
                <div class="camera_caption fadeFromBottom">
                    第四张
                </div>
            </div>
        </div>
        <div data-role="footer" data-position="fixed">
            <h4>尾部</h4>
        </div>
    </div>
</body>
<script>
    $(function() {
        $('#camera1').camera({
            time: 1000,
            thumbnails:false
        })
    });
</script>
</html>
```

在 Opera Mobile 模拟器中的预览效果如图 22-2 所示。

图 22-2　Camera 实现轮播图

在<head>与</head>标签中添加<meta>标签，设置和加载 jQuery Mobile 函数库代码，与前面的案例相同。然后引入 Camera 插件相应的 CSS 文件和 JavaScript 脚本文件，代码如下：

```
<link rel="stylesheet" href="camera/css/camera.css">
<script src="camera/js/jquery.easing.1.3.js"></script>
<script src="camera/js/camera.js"></script>
```

在\<body>与\</body>标签中编写 jQuery Mobile 页面代码。在内容区域中添加一个\<div>标签作为放置轮播图片的容器，并在该\<div>标签中设置 id 名称为 camera1、类样式名称为 camera_wrap。在该容器中，同时使用\<div>标签添加被轮播的图片，每一个轮播图片的代码结构都是相同的。

在页面中，所有的图片元素都添加完成后，还需要在页面初始化事件中调用 Camera 插件的 camera()方法才能实现执行该页面时图片容器中的图片以幻灯片形式轮播的效果，代码如下：

```
<script>
    $(function() {
        $('#camera1').camera({
            time: 1000,
            thumbnails:false
        })
    });
</script>
```

22.2.2　Swipebox 插件

Swipebox 插件支持手机的触摸手势、桌面电脑的键盘导航、视频的播放和视网膜显示等。对于不支持的 CSS3 过渡特性，可以使用 jQuery 降级的方式来处理。

当用户单击缩略图片时，图片将会以大图尺寸的方式展示。另外，用户还可对同组的图片进行左右切换来查看，非常适合用于做照片画廊以及查看大尺寸图片。

Swipebox 插件的下载地址如下：

```
http://brutaldesign.github.io/swipebox/
```

下面通过案例来讲述如何使用 Swipebox 插件来实现灯箱效果。

【例 22.2】（实例文件：ch22\22.2.html）

```
<!DOCTYPE html>
<html>
<head>
<title>Swipebox插件应用程序</title>
<meta name="viewport" content="width=device-width,initial-scale=1">
<link rel="stylesheet" href="jquery.mobile-1.4.5.css">
<script src="jquery.js"></script>
<script src="jquery.mobile-1.4.5.js"></script>
<link rel="stylesheet" href="Swipebox/css/swipebox.css">
<script src="Swipebox/js/jquery.swipebox.js"></script>
</head>
<body>
<div data-role="page" id="page1">
    <div data-role="header" data-theme="b">
```

```
    <h1>Swipebox插件</h1>
    </div>
    <div data-role="main">
        <a href=" image/01.jpg" class="box1">
            <img src="image/01.jpg" alt="" width="150px">
        </a>
        <a href="image/02.jpg" class="box2">
            <img src="image/02.jpg" alt="" width="150px">
        </a>
        <a href=" image/03.jpg" class="box3">
            <img src="image/03.jpg" alt="" width="150px">
        </a>
        <a href="image/04.jpg" class="box4">
            <img src=" image/04.jpg" alt="" width="150px">
        </a>
    </div>
</div>
</body>
<script>
(function($) {
    $('.box1').swipebox();
    $('.box2').swipebox();
    $('.box3').swipebox();
    $('.box4').swipebox();
})(jQuery);
</script>
</html>
```

在 Opera Mobile 模拟器中的预览效果如图 22-3 所示，单击最后一张图片，将显示对应的大图，如图 22-4 所示。

图 22-3　灯箱效果　　　　　　　　图 22-4　显示大图效果

在<head>与</head>标签中添加<meta>标签，设置和加载 jQuery Mobile 函数库代码，与前面的案例相同。然后需要引入 Swipebox 插件相应的 CSS 文件和 JavaScript 文件脚本文件，代码如下：

```
<link rel="stylesheet" href="jquery.mobile-1.4.5.css">
<link rel="stylesheet" href="Swipebox/css/swipebox.css">
<script src="Swipebox/js/jquery.swipebox.js"></script>
```

在<body>与</body>标签中编写 jQuery Mobile 页面代码。在页面的内容区域中插入各图片的缩略图，为各缩略图添加<a>标签，并设置它的 href 属性值为缩略图对应的原始大图片。在每个<a>标签中设置一个 class 属性，用于与 Swipebox 插件相绑定。

在<script>与</script>标签中的脚本代码用于页面中相对应的类属性元素调用 swipebox 方法，具体如下：

```
<script>
(function($) {
    $('.box1').swipebox();
    $('.box2').swipebox();
    $('.box3').swipebox();
    $('.box4').swipebox();
})(jQuery);
</script>
```

22.3 项目实现

本节是使用 jQuery Mobile 框架开发的，要先引入 jQuery Mobile 函数库，具体步骤在前面第 19 章中详细介绍了，这里就不赘述了。下面来分别说明每个页面的实现过程。

22.3.1 首页

首页的代码如下：

```
<!DOCTYPE html>
<html>
<head>
<meta name="viewport" content="width=device-width, initial-scale=1">
<link rel="stylesheet" href="jquery.mobile-1.4.5.css">
<script src="jquery-1.8.3.min.js"></script>
<script src="jquery.mobile-1.4.5.js"></script>
<link rel="stylesheet" href="camera/css/camera.css">
<script src="camera/js/jquery.easing.1.3.js"></script>
<script src="camera/js/camera.js"></script>
<script>
    $(function() {
        $('#camera_wrap_1').camera({
```

```
            time: 1000,
            thumbnails:false
        })
    });
    </script>
</head>
<body>
<div data-role="page">
    <div data-role="header">
        <a href="注册.html" data-ajax="false">注册</a>
        <a href="#">登录</a>
        <h1>欢迎来到我的宠物店</h1>
        <div data-role="navbar">
            <ul>
                <li><a href="首页.html" data-ajax="false">首页</a></li>
                <li><a href="狗狗图片展示.html" data-ajax="false">狗狗
</a></li>
                <li><a href="咨询.html" data-ajax="false">咨询</a></li>
            </ul>
        </div>
    </div>
    <div data-role="main" class="camera_wrap camera_azure_skin"
id="camera_wrap_1">
        <div data-thumb="camera/image/slides/thumbs/01.png"
data-src="camera/image/slides/01.png">
            <div class="camera_caption fadeFromBottom">
            </div>
        </div>
        <div data-thumb="camera/image/slides/thumbs/02.png"
data-src="camera/image/slides/02.png">
            <div class="camera_caption fadeFromBottom">
            </div>
        </div>
        <div data-thumb="camera/image/slides/thumbs/03.png"
data-src="camera/image/slides/03.png">
            <div class="camera_caption fadeFromBottom">
            </div>
        </div>
        <div data-thumb="camera/image/slides/thumbs/04.png"
data-src="camera/image/slides/04.png">
            <div class="camera_caption fadeFromBottom">
            </div>
        </div>
        <div data-thumb="camera/image/slides/thumbs/05.png"
data-src="camera/image/slides/05.png">
            <div class="camera_caption fadeFromBottom">
            </div>
        </div>
```

```
        </div>
        <p>狗狗列表</p>
        <ul data-role="listview">
            <li>
                <a href="#">
                    <img src="camera/image/slides/01.png" class="ui-li-icon">
                    泰迪剩余数量
                    <span class="ui-li-count">3</span>
                </a>
            </li>
            <li>
                <a href="#">
                    <img src="camera/image/slides/02.png" class="ui-li-icon">
                    哈士奇剩余数量
                    <span class="ui-li-count">5</span>
                </a>
            </li>
            <li>
                <a href="#">
                    <img src="camera/image/slides/03.png" class="ui-li-icon">
                    阿拉斯加剩余数量
                    <span class="ui-li-count">4</span>
                </a>
            </li>
            <li>
                <a href="#">
                    <img src="camera/image/slides/04.png" class="ui-li-icon">
                    金毛剩余数量
                    <span class="ui-li-count">1</span>
                </a>
            </li>
            <li>
                <a href="#">
                    <img src="camera/image/slides/05.png" class="ui-li-icon">
                    柴犬剩余数量
                    <span class="ui-li-count">5</span>
                </a>
            </li>
        </ul>
    </div>
</body>
</html>
```

在 Opera Mobile 模拟器上运行的界面效果如图 22-5 所示。

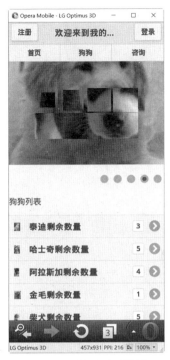

图 22-5　首页页面效果

在本页面中，使用 Camera 插件实现轮播图效果，还用到了 jQuery Mobile 的导航条、计数器和图表等。

22.3.2　宠物图片展示页面

该页面的作用是展示宠物狗图片，页面代码如下：

```
<!DOCTYPE html>
<html>
<head>
<meta name="viewport" content="width=device-width,initial-scale=1">
<link rel="stylesheet" href="jquery.mobile-1.4.5.css">
<script src="jquery-1.8.3.min.js"></script>
<script src="jquery.mobile-1.4.5.js"></script>
<link rel="stylesheet" href="mmenu/css/style.css">
<link rel="stylesheet" href="Swipebox/css/swipebox.css">
<script src="Swipebox/js/jquery.swipebox.js"></script>
<script>
    $(function($) {
        $('.box1').swipebox();
        $('.box2').swipebox();
        $('.box3').swipebox();
        $('.box4').swipebox();
```

```
            $('.box5').swipebox();
            $('.box6').swipebox();
            $('.box7').swipebox();
        });
    </script>
    </head>
    <body>
    <div data-role="page" id="page1">
        <div data-role="header">
            <h1>狗狗图片展示</h1>
            <div data-role="navbar">
                <ul>
                    <li><a href="首页.html" data-ajax="false">首页</a></li>
                    <li><a href="./狗狗图片展示.html" data-ajax="false">狗狗
</a></li>
                    <li><a href="咨询.html" data-ajax="false">咨询</a></li>
                </ul>
            </div>
        </div>
        <div data-role="main">
            <a href="Swipebox/img/01.png" class="box1">
                <img src="Swipebox/img/01.png" alt="" width="150" height="150">
            </a>
            <a href="Swipebox/img/02.png" class="box2">
                <img src="Swipebox/img/02.png" alt="" width="150" height="150">
            </a>
            <a href="Swipebox/img/03.png" class="box3">
                <img src="Swipebox/img/03.png" alt=""  width="150"
height="150">
            </a>
            <a href="Swipebox/img/04.png" class="box4">
                <img src="Swipebox/img/04.png" alt=""  width="150"
height="150">
            </a>
            <a href="Swipebox/img/05.png" class="box5">
                <img src="Swipebox/img/05.png" alt=""  width="150"
height="150">
            </a>
            <a href="Swipebox/img/06.png" class="box6">
                <img src="Swipebox/img/06.png" alt=""  width="150"
height="150">
            </a>
            <a href="Swipebox/img/07.png" class="box7">
                <img src="Swipebox/img/07.png" alt=""  width="150"
height="150">
            </a>
        </div>
    </div>
```

```
</body>
</html>
```

在 Opera Mobile 模拟器上运行的界面效果如图 22-6 所示。

图 22-6　宠物图片展示页面效果

该页面用到了 Swipebox 插件，主要是为了实现灯箱效果。

22.3.3　咨询页面

该页面主要展示咨询信息，代码如下：

```
<!DOCTYPE html>
<html>
<head>
    <meta name="viewport" content="width=device-width, initial-scale=1">
    <link rel="stylesheet" href="jquery.mobile-1.4.5.css">
    <script src="jquery-1.8.3.min.js"></script>
    <script src="jquery.mobile-1.4.5.js"></script>
    <link rel="stylesheet" href="camera/css/camera.css">
    <script src="camera/js/jquery.easing.1.3.js"></script>
    <script src="camera/js/camera.js"></script>
    <script>
        $(function() {
            $('#camera_wrap_1').camera({
                time: 1000,
                thumbnails:false
            })
        });
    </script>
```

```
    </head>
    <body>
    <div data-role="page">
        <div data-role="header">
            <h1>欢迎来到我的宠物店</h1>
            <div data-role="navbar">
                <ul>
                    <li><a href="首页.html" data-ajax="false">首页</a></li>
                    <li><a href="狗狗图片展示.html" data-ajax="false">宠物
</a></li>
                    <li><a href="咨询.html">咨询</a></li>
                </ul>
            </div>
        </div>
        <div data-role="main" class="camera_wrap camera_azure_skin"
id="camera_wrap_1">
            <div data-thumb="camera/image/slides/thumbs/01.png"
data-src="camera/image/slides/01.png">
                <div class="camera_caption fadeFromBottom">
                </div>
            </div>
            <div data-thumb="camera/image/slides/thumbs/02.png"
data-src="camera/image/slides/02.png">
                <div class="camera_caption fadeFromBottom">
                </div>
            </div>
            <div data-thumb="camera/image/slides/thumbs/03.png"
data-src="camera/image/slides/03.png">
                <div class="camera_caption fadeFromBottom">
                </div>
            </div>
            <div data-thumb="camera/image/slides/thumbs/04.png"
data-src="camera/image/slides/04.png">
                <div class="camera_caption fadeFromBottom">
                </div>
            </div>
            <div data-thumb="camera/image/slides/thumbs/05.png"
data-src="camera/image/slides/05.png">
                <div class="camera_caption fadeFromBottom">
                </div>
            </div>
        </div>
        <hr>
        <p>联系人：张先生</p>
        <p>电话：18112345678</p>
        <p>E-mail: 123456789@qq.com/p>
    </div>
    </body>
    </html>
```

在 Opera Mobile 模拟器上运行的界面效果如图 22-7 所示。

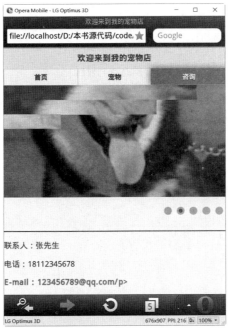

图 22-7 咨询页面效果

22.3.4 注册页面

该页面是用来注册用户的,代码如下:

```
<!DOCTYPE html>
<html>
<head>
<meta name="viewport" content="width=device-width,initial-scale=1">
<link rel="stylesheet" href="jquery.mobile-1.4.5.css">
<script src="jquery-1.8.3.min.js"></script>
<script src="jquery.mobile-1.4.5.js"></script>
<link rel="stylesheet" href="Swipebox/css/swipebox.css">
<script src="Swipebox/js/jquery.swipebox.js"></script>
<script>
    $(function($) {
        $('.box1').swipebox();
        $('.box2').swipebox();
        $('.box3').swipebox();
        $('.box4').swipebox();
        $('.box5').swipebox();
        $('.box6').swipebox();
        $('.box7').swipebox();
    });
</script>
</head>
<body>
<div data-role="page" id="page1">
```

```
        <div data-role="header">
            <h1>注册</h1>
            <div data-role="navbar">
                <ul>
                    <li><a href="首页.html" data-ajax="false">首页</a></li>
                    <li><a href="./狗狗图片展示.html" data-ajax="false">狗狗
</a></li>
                    <li><a href="咨询.html" data-ajax="false">咨询</a></li>
                </ul>
            </div>
        </div><br/>
        <div data-role="main">
            姓名：<input type="text" id="text" name="text">
            年龄：<input type="number" id="number" name="number">
            电话：<input type="tel" id="tel" name="tel">
            邮箱：<input type="email" id="email" name="email">
            <p>确定要提交你的信息吗？</p>
            <div data-role="controlgroup">
                <a href="#" data-role="button" class="ui-btn-active">确定</a>
                <input type="button" value="取消">
            </div>
        </div>
    </div>
    </body>
    </html>
```

在 Opera Mobile 模拟器上运行的界面效果如图 22-8 所示。

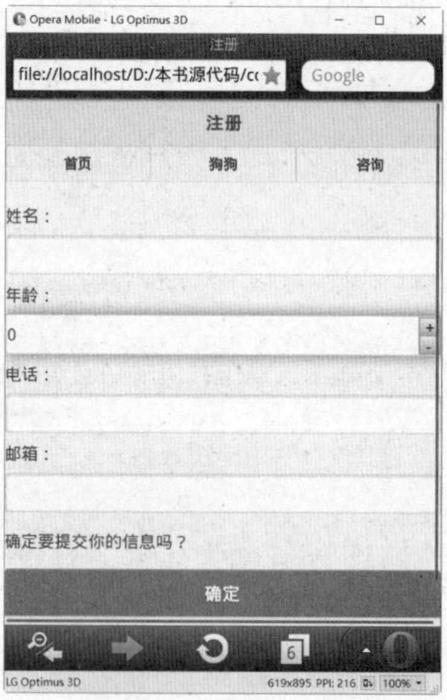

图 22-8　注册页面